技能型人才培训用书
国家职业资格培训教材

涂装工
（技师、高级技师）

国家职业资格培训教材编审委员会　编
刘永海　主编

机械工业出版社

本书是依据《国家职业标准》对涂装技师、高级技师的知识要求和技能要求，按照岗位培训需要的原则编写的。其主要内容包括：涂装专业基础知识，涂膜修补及涂装设备设计知识，涂装材料的应用，涂装工艺管理，涂装技术发展新趋势，涂装环境污染与防治方法，涂装车间设计知识，理论培训和操作指导。每章末附有复习思考题，书末附有与之配套的试题库和答案，还附有一套模拟试卷样例，以便于企业培训、考核鉴定和读者自测自查。

本书主要作为企业培训部门、职业技能鉴定培训机构的培训和考核用书，也可作为技师学院、高级技校、高职院校和各类短训班的教学用书。

图书在版编目（CIP）数据

涂装工（技师、高级技师）/刘永海主编．—北京：机械工业出版社，2008.4（2013.6重印）
国家职业资格培训教材
ISBN 978-7-111-23551-4

Ⅰ．涂…　Ⅱ．刘…　Ⅲ．涂漆—技术培训—教材　Ⅳ．TQ639

中国版本图书馆 CIP 数据核字（2008）第 024071 号

机械工业出版社（北京市百万庄大街22号　邮政编码100037）
责任编辑：崔世荣　责任校对：申春香
封面设计：饶　薇　责任印制：杨　曦
保定市中画美凯印刷有限公司印刷
2013年6月第1版第2次印刷
148mm×210mm・9.125印张・252千字
4001—6000册
标准书号：ISBN 978-7-111-23551-4
定价：23.00元

凡购本书，如有缺页、倒页、脱页，由本社发行部调换

电话服务
社服务中心：(010)88361066
销售一部：(010)68326294
销售二部：(010)88379649
读者购书热线：(010)88379203

网络服务
门户网：http://www.cmpbook.com
教材网：http://www.cmpedu.com

国家职业资格培训教材
编审委员会

本书主编　刘永海
本书副主编　朱　岩
本书参编　徐洪雷　李文刚　荆　宏　李德友
刘祥群
本书主审　金永明

序　一

当前和今后一个时期，是我国全面建设小康社会、开创中国特色社会主义事业新局面的重要战略机遇期。建设小康社会需要科技创新，离不开技能人才。“全国人才工作会议”、“全国职教工作会议”都强调要把“提高技术工人素质、培养高技能人才”作为重要任务来抓。当今世界，谁掌握了先进的科学技术并拥有大量技术娴熟、手艺高超的技能人才，谁就能生产出高质量的产品，创出自己的名牌；谁就能在激烈的市场竞争中立于不败之地。我国有近一亿技术工人，他们是社会物质财富的直接创造者。技术工人的劳动，是科技成果转化为生产力的关键环节，是经济发展的重要基础。

科学技术是财富，操作技能也是财富，而且是重要的财富。中华全国总工会始终把提高劳动者素质，作为一项重要任务，在职工中开展的“当好主力军，建功‘十一五’，和谐奔小康”竞赛中，全国各级工会特别是各级工会职工技协组织注重加强职工技能开发，实施群众性经济技术创新工程，坚持从行业和企业实际出发，广泛开展岗位练兵、技术比赛、技术革新、技术协作等活动，不断提高职工的技术技能和操作水平，涌现出一大批掌握高超技能的能工巧匠。他们以自己的勤劳和智慧，在推动企业技术进步，促进产品更新换代和升级中发挥了积极的作用。

欣闻机械工业出版社配合新的《国家职业标准》，为技术工人编写了这套涵盖41个职业的172种“国家职业资格培训教材”。这套教材由全国各地技能培训和考评专家编写，具有权威性和代表性；将理论与技能有机结合，并紧紧围绕《国家职业标准》的知识点和技能鉴定点编写，实用性、针对性强；既有必备的理论和技能知识，又有考核鉴定的理论和技能题库及答案，编排科学、便于培训和检测。

这套教材的出版非常及时，为培养技能型人才做了一件大好事，我相信这套教材一定会为我们培养更多更好的高技能人才做出贡献！

李永安

（李永安　中国职工技术协会常务副会长）

序　二

为贯彻“全国职业教育工作会议”和“全国再就业会议”精神，落实国家人才发展战略目标，促进农村劳动力转移培训，全面推进技能振兴计划和高技能人才培养工程，加快培养一大批高素质的技能型人才，我们精心策划了这套与劳动和社会保障部最新颁布的《国家职业标准》配套的“国家职业资格培训教材”。

进入21世纪，我国制造业在世界上所占的比重越来越大，随着我国逐渐成为“世界制造业中心”进程的加快，制造业的主力军——技能人才，尤其是高级技能人才的严重缺乏已成为制约我国制造业快速发展的瓶颈，高级蓝领出现断层的消息屡屡见诸报端。据统计，我国技术工人中高级以上技工只占3.5%，与发达国家40%的比例相去甚远。为此，国务院先后召开了“全国职业教育工作会议”和“全国再就业会议”，提出了“三年50万新技师的培养计划”，强调各地、各行业、各企业、各职业院校等要大力开展职业技术培训，以培训促就业，全面提高技术工人的素质。那么，开展职业培训的重要基础是什么呢？

众所周知，“教材是人们终身教育和职业生涯的重要学习工具”。顾名思义，作为职业培训的重要基础，职业培训教材当之无愧！编写出版优秀的职业培训教材，就等于为技能培训提供了一把开启就业之门的金钥匙，搭建了一座高技能人才培养的阶梯。

加快发展我国制造业，作为制造业龙头的机械行业责无旁贷。技术工人密集的机械行业历来高度重视技术工人的职业技能培训工作，尤其是技术工人培训教材的基础建设工作，并在几十年的实践中积累了丰富的教材建设经验。作为机械行业的专业出版社，机械工业出版社在“七五”、“八五”、“九五”期间，先后组织编写出版了“机械工人技术理论培训教材”149种，“机械工人操作技能培训教材”85种，“机械工人职业技能培训教材”66种，“机械工业技师考评培训教材”22种，以及配套的习题集、试题库和各种辅导性教材约800种，基本满足了机械行业技术工人培训的需要。这些教材以其针对性、实用性强，覆盖面广，层次齐备，成龙配套等特点，受到全国各级培训、鉴定和考工部门和技术工人的欢迎。

2000年以来，我国相继颁布了《中华人民共和国职业分类大典》和新的《国家职业标准》，其中对我国职业技术工人的工种、等级、职业的活动范围、工作内容、技能要求和知识水平等根据实际需要进行了重新界定，将国家职业资格分为5个等级：初级（5级）、中级（4级）、高级（3级）、技师（2级）、高级技师（1级）。为与新的《国家职业标准》配套，更好地满足当前各级职业培训和技术工人考工取证的需要，我们精心策划编写了这套“国家职业资格培训教材”。

这套教材是依据劳动和社会保障部最新颁布的《国家职业标准》编写的，为满足各级培训考工部门和广大读者的需要，这次共编写了41个职业172种教材。在职业选择上，除机电行业通用职业外，还选择了建筑、汽车、家电等其他相近行业的热门职业。每个职业按《国家职业标准》规定的工作内容和技能要求编写初级、中级、高级、技师（含高级技师）四本教材，各等级合理衔接、步步提升，为高技能人才培养搭建了科学的阶梯型培训架构。为满足实际培训的需要，对多工种共同需求的基础知识我们还分别编写了《机械制图》、《机械基础》、《电工常识》、《电工基础》、《建筑装饰识图》等近20种公共基础教材。

在编写原则上，依据《国家职业标准》又不拘泥于《国家职业标准》是我们这套教材的创新。为满足沿海制造业发达地区对技能人才细分市场的需要，我们对模具、制冷、电梯等社会需求量大又已单独培训和考核的职业，从相应的职业标准中剥离出来单独编写了针对性较强的培训教材。

为满足培训、鉴定、考工和读者自学的需要，在编写时我们考虑了教材的配套性。教材的章首有培训要点、章末配复习思考题，书末有与之配套的试题库和答案，以及便于自检自测的理论和技能模拟试卷，同时还根据需求为20多种教材配制了VCD光盘。

增加教材的可读性、提升教材的品质是我们策划这套教材的又一亮点。为便于培训、鉴定、考工部门在有限的时间内把最需要的知识和技能传授给学员，同时也便于学员抓住重点，提高学习效率，对需要掌握的重点、难点、考点和知识鉴定点加有旁白提示并采用双色印刷。

为扩大教材的覆盖面和体现教材的权威性，我们组织了上海、江苏、广东、广西、北京、山东、吉林、河北、四川、内蒙古等地相关行业从事技能培训和考工的200多名专家、工程技术人员、教师、技师和高级技师参加编写。

这套教材在编写过程中力求突出“新”字，做到“知识新、工艺新、技术新、设备新、标准新”；增强实用性，重在教会读者掌握必需的专业知识和技能，是企业培训部门、各级职业技能鉴定培训机构、再就业和农民工培训机构的理想教材，也可作为技工学校、职业高中、各种短训班的专业课教材。

在这套教材的调研、策划、编写过程中，曾经得到广东省职业技能鉴定中心、上海市职业技能鉴定中心、江苏省机械工业联合会、中国第一汽车集团公司以及北京、上海、广东、广西、江苏、山东、河北、内蒙古等地许多企业和技工学校的有关领导、专家、工程技术人员、教师、技师和高级技师的大力支持和帮助，在此谨向为本套教材的策划、编写和出版付出艰辛劳动的全体人员表示衷心的感谢！

教材中难免存在不足之处，诚恳希望从事职业教育的专家和广大读者不吝赐教，提出批评指正。我们真诚希望与您携手，共同打造职业培训教材的精品。

国家职业资格培训教材编审委员会

前　言

本书是依据《国家职业标准：涂装工》对技师、高级技师的知识要求和技能要求编写的，技师和高级技师的职业资格培训教材，其主要内容包括：涂装专业基础知识，涂膜修补及涂装设备设计知识，涂装材料的应用，涂装工艺管理*，涂装技术发展新趋势*，涂装环境污染与防治方法*，涂装车间设计知识*，理论培训和操作指导，每章末附有复习思考题，书末附有与之配套的试题库和答案，还附有一套模拟试卷样例，以供企业培训、考核鉴定和读者自测自查。

涂装技师和高级技师应在全面、系统、熟练地掌握初、中、高级涂装工的基础理论和操作技能的基础上进行学习。通过本书的培训，他们的技术理论和操作技能将会有一个更大的提高。

根据本书的技术特点和培训工作的实际需要，编者将书中的要点、重点、难点总结出来并以旁白的形式写出来，既有知识要求又有操作要点。

本书由刘永海主编，朱岩为副主编，参加本书编写的还有：徐洪雷、李文刚、荆宏、李德友、刘祥群。全书由金永明主审。

由于编写时间仓促，编者水平有限，书中错误和缺点在所难免，欢迎广大读者批评指正。

编　者

目录

MU LU

注：目录中标有“＊”的部分为高级技师必须掌握（技师应了解）的内容。

第一章

涂装专业基础知识

培训学习目标 掌握各种化学处理液的测定，化学处理中出现的质量问题及解决办法，熟悉磷化处理、粉末涂装、电泳涂装、静电涂装和烘干原理及其影响因素。

第一节 化学处理液的测定

掌握化学处理液的测定方法。

一、磷化液的游离酸度、总酸度、酸比的测定

1. 游离酸度的测定

磷化液中游离 H^+ 的浓度称为游离酸度。采用 0.1mol/L 的氢氧化钠溶液测定酸度，采用甲基橙作指示剂时测得的是游离酸度。滴定 10mL 磷化液至甲基橙终点时所消耗的氢氧化钠溶液的毫升数即为游离酸的点数。

2. 总酸度的测定

磷化液中游离酸和化合酸的总和称为总酸度。采用 0.1mol/L 的氢氧化钠溶液测定酸度，采用酚酞作指示剂时测得的是总酸度。滴定 10mL 磷化液至酚酞终点时所消耗的氢氧化钠溶液的毫升数即为游离酸的点数。

3. 酸比的测定

总酸度的点数与游离酸度的点数的比值即为酸比。

测定方法：用移液管吸取磷化液试样 10mL 置于 250mL 的锥形瓶中，加水 100mL 及甲基橙指示剂 3～4 滴，以 0.1mol/L 的标准氢氧化钠溶液滴定至橙红色为终点，记录耗用标准氢氧化钠溶液的毫升数（A）。加入酚酞指示剂 2～3 滴，继续用 0.1mol/L 标准氢氧化钠溶液滴定至溶液由黄色转为淡红色为终点。记录总的消耗标准氢氧化钠溶液的毫升数（B）。记录所得的 A 值即为游离酸度，B 值即为总酸度，B/A 值即为酸比。

二、亚硝酸钠含量的测定

亚硝酸钠在涂装工艺中常用作黑色金属涂装前的防锈剂和磷化催化剂，其浓度对防锈和磷化反应影响很大。

1. 防锈水中亚硝酸钠的测定

（1）仪器　300mL 锥形瓶；粗滤纸；25mL 滴定管；加热用的小电炉；玻璃漏斗；2mL 吸管。

（2）试剂　0.1mol/L $KMnO_4$ 溶液；质量分数为 20% 的 H_2SO_4 溶液（化学纯）（或 1∶1 的 HCl 溶液）；蒸馏水。

（3）测定方法

1）用干净滤纸将防锈水过滤在三角烧瓶中，将滤液倾入滴管。

2）在另一三角烧瓶中加入 100mL 蒸馏水及 15mL 质量分数为 20% 的 H_2SO_4 溶液（或 1∶1 的 HCl 溶液），将溶液加热到 50℃，用吸管加入 0.1mol/L $KMnO_4$ 溶液 2mL。

3）用滴管中的滤液滴定，使紫色褪去，记下消耗滤液的毫升数（A）。

2. 磷化液中的 $NaNO_2$ 的测定

（1）仪器　同上。

（2）试剂　质量分数为 50% 的 H_2SO_4 溶液；0.05mol/L $KMnO_4$ 溶液。

（3）测定方法　取 25mL 试样，加入 1～2mL 质量分数为 50% 的 H_2SO_4 溶液予以酸化，然后用 0.05mol/L $KMnO_4$ 溶液滴定，直至粉红色保持在 10s 内不再消失为止。$NaNO_2$ 含量以所消耗的高锰酸钾溶液的毫升数来表示，即每消耗 1mL 0.05mol/L $KMnO_4$ 溶液可记作

1点。

另外，测定磷化液中促进剂亚硝酸钠含量时，还可采用发酵管法，即把磷化液置于发酵管中，装满为止，再加入2～3g的胺磺酸，用手按住管口，迅速正反倒置数次，静置2min，读取发酵管中的气体格数，即为亚硝酸钠的点数。

三、锌含量的测定

有时需要对锌盐磷化工艺中的锌含量进行检测控制。这种情况出现在大量使用碱金属促进剂或中和剂的时候。在这种情况下，碱金属会大量积累使锌离子含量耗尽而总酸度并无变化。在低锌磷化工序中，锌离子含量极易处于临界状态，因此也需要定期的检测。

1. 测定方法

可采用EDTA标准溶液直接滴定测定其含量。

（1）试剂　二甲酚橙指示剂（质量分数为0.5%的水溶液）；标准EDTA溶液（0.05mol/L）；六次甲基四胺（固体）。

（2）测定步骤　取10mL工作液置于250mL的锥形瓶中，加水100mL，加六次甲基四胺约2g，加二甲基橙指示剂2～3滴，用标准EDTA溶液滴定至溶液由玫瑰红色变为亮黄色为终点。

2. 结果计算

$$w(\mathrm{Zn})\% = (0.05 \times V \times 65.4)/10$$

式中的V为EDTA标准溶液的耗用的毫升数。

四、铁离子含量的测定

铁离子含量可采用直接滴定法测定。

测定方法：取10mL处理液置于250mL的烧瓶中，加入约1mL的稀硫酸（1:1），立即用0.036mol/L的高锰酸钾溶液滴定至粉红色，则1mL 0.036mol/L的高锰酸钾相当于铁含量1g/L。

当处理液中含有其他还原剂和有机物时，在酒石酸盐或柠檬酸盐存在的情况下，使处理液呈碱性，通入硫化氢，使铁以硫化铁形成沉淀，将其过滤、洗净，用稀盐酸或稀硫酸溶解，然后按常规分

析方法进行测定。

五、锰离子含量的测定

在 $AgNO_3$ 存在下，以过硫酸铵将 Mn^{2+} 氧化成七价锰，再在酸性条件下，以亚硝酸钠还原七价锰至无色。

1. 测定方法

（1）试剂　质量分数为 10% 的 $AgNO_3$ 溶液；过硫酸铵；1∶1 的硫酸；$NaNO_2$ 标准溶液。

（2）测定步骤　取磷化液 5mL，加入 10mL 硝酸银溶液中，再加入 3～5g 过硫酸铵，加热煮沸，使 Mn^{2+} 氧化成七价锰并加热分解多余的氧化剂，加入 10mL 的 1∶1 的硫酸，立即以亚硝酸钠滴定至溶液为无色为止。

2. 结果计算

$$亚硝酸钠滴定数\ 1mL = 0.91g/L\ Mn^{2+}$$

此法可作为现场生产时快速测定，但精度不够理想。

六、硫酸根（SO_4^{2-}）含量的测定

取 25～50mL 处理液（根据 SO_4^{2-} 含量而定）置于 300mL 的烧瓶中，加水成 100mL，加入约 5mL 的浓硫酸煮沸，在煮沸下滴加质量分数为 10% 的 $BaCl_2$ 溶液，使之生成硫酸钡沉淀，然后按质量法对 SO_4^{2-} 做定量分析。

七、硝酸根（NO_3^-）含量的测定

1. 测定方法

（1）试剂　将 0.27g 的苯基代邻氨基苯甲酸指示剂溶于 5mL 的质量分数为 5% 的碳酸钠溶液中，以水稀释至 250mL；0.1mol/L 标准硫酸亚铁铵溶液；0.033mol/L 标准重铬酸钾溶液；浓硫酸（$\rho = 1.84g/cm^3$）；磷酸（1∶1）。

（2）测定步骤　取磷化液 2mL 置于 250mL 的锥形瓶中，加标准硫酸亚铁铵溶液 25mL、硫酸 20mL，加热煮沸 3min，冷却后加水

50mL、磷酸3mL、指示剂4滴，用标准重铬酸钾溶液滴定至紫红色为终点。

2. 结果计算

$$NO_3^- = (N_1V_1 - N_2V_2) \times 0.02067 \times 1000/2$$

式中　NO_3^-——NO_3^-含量（g/L）；

N_1、N_2——分别为标准硫酸亚铁铵及重铬酸钾溶液的摩尔浓度(mol/L)；

V_1、V_2——分别为耗用标准硫酸亚铁铵及重铬酸钾溶液毫升数(mL)。

八、磷化渣含量的测定

锌盐磷化中沉渣不可避免，它与配方、控制、管理有关。通常情况下，高锌磷化渣较多，低锌磷化渣较少。溶液中的渣量应当控制，渣含量过高会影响磷化质量。现将磷化渣量的测定方法介绍如下。

锥形量筒测定湿渣体积：取搅拌均匀的槽液置于1000mL锥形量筒中（至满刻度)，每隔15min读一次渣量，两次读数之差代表沉降速率，30min读数代表湿渣含量（一般要求控制在5mL之内)。

九、磷化膜重量的测定

1. 测定方法

（1）仪器　分析天平；电炉；烧瓶（视样板大小而定，一般为1000mL)。

（2）试剂　CrO_3。

（3）测定步骤　配置质量分数为5%的铬酐溶液1000mL置于烧瓶中，加热至75℃。将干燥的磷化样板称重，记下读数A，然后浸入上述的铬酐溶液中，待10min后取出洗净，烘干，冷却后称重，记下读数B。

2. 结果计算

$$磷化膜重（g/m^2）=（A-B）/样板面积$$

第二节　化学处理中出现的质量问题及相应对策

一、脱脂中常见的质量问题及解决方法

在脱脂过程中，常见的质量问题、原因分析及解决方法见表1-1。

表 1-1　脱脂中常见的质量问题、原因分析及解决方法

序号	质量问题	原因分析	解决方法
1	脱脂效果不佳	1. 脱脂剂选择不当	1. 根据油污情况，更换脱脂剂。如沾有动植物油的工件，应选择强碱性脱脂剂；如沾有矿物油的工件，应选择表面活性剂乳化型脱脂剂；如沾有半固态油脂的工件，应选择溶剂性脱脂剂等
		2. 脱脂工艺选择不当	2. 采用二次脱脂工艺，为确保脱脂效果，可多级脱脂，多级清洗
		3. 表面油污过厚，脱脂不均匀	3. 一般要先进行手工预擦洗，先除去工件上严重的油污、灰尘、泥沙等
		4. 脱脂时间过短	4. 延长脱脂时间
		5. 脱脂温度偏低	5. 提高脱脂温度
		6. 脱脂剂浓度偏低	6. 按照使用要求提高浓度至工艺范围
		7. 机械作用不够	7. 提高喷射压力；浸渍槽装备循环泵，循环量为槽液容积的 5 倍/h；加大工件的摆动或摇动
		8. 喷嘴堵塞，流量不足	8. 定期清理喷嘴
		9. 工作液中含油量太高	9. 定期更换槽液，采用二槽或多槽清洗
		10. 脱脂后水洗不彻底	10. 加强水洗，清洗水要连续溢流
2	工作液泡沫高	1. 温度过低	1. 提高温度至规定范围
		2. 循环泵密封处磨损而进空气	2. 更换泵的密封材料，最好选用立式泵
		3. 脱脂剂选择不当	3. 更换脱脂剂，选用低泡或无泡型新型脱脂剂
		4. 喷射压力过高	4. 降低喷射压力，调整喷嘴位置等
		5. 没采用消泡工艺	5. 采用消泡剂，如醇类、硅油类、聚醚等

（续）

序号	质量问题	原因分析	解决方法
3	水洗槽泡沫过多	1. 水洗槽溢流量太小 2. 循环泵密封处磨损面进入空气 3. 槽液使用时间过长	1. 加大溢水流量 2. 更换泵的密封材料，最好选用立式泵 3. 定期更换槽液
4	水洗槽碱度过高	1. 碱槽向水洗槽窜溶液 2. 工件带太多的碱液进入水洗槽 3. 水洗槽的溢流量太小 4. 槽液使用时间过长	1. 改造设备，避免窜液 2. 改变装挂形式，延长滴液时间 3. 加大溢流量 4. 定期更换槽液
5	零件水洗后生锈	1. 工序间隔时间过长 2. 工件在水洗段时间过长	1. 工序间增加喷湿 2. 工件不允许在此长时间停留，否则可加缓蚀剂，如质量分数为0.05%的重铬酸钠等

二、磷化液酸度的影响

了解磷化液酸度影响。

1. 总酸度的影响

总酸度（TA）又称为全酸度，它是反映磷化液浓度的一项指标，是指磷化液（如锌系）中Zn^{2+}、Fe^{2+}、H^{+}、$H_2PO_4^{-}$、HPO_4^{2-}等各种离子浓度的总和。控制总酸度的目的在于保持磷化液中成膜离子的浓度在规定的工艺范围内。

总酸度过低，意味着磷化成膜的离子浓度过低，生成磷化膜所需要的时间就相对长，或生成不完整的磷化膜。一般来说，提高磷化液的总酸度，磷化反应的速度加快，且形成的磷化膜薄而细致。但总酸度过高，会使膜层过薄，反应时生成的残渣量也会增大。随着磷化工件数量的增加，总酸度会不断消耗而降低，及时补加磷化粉或浓缩液，对于保持总酸度在工艺范围内十分必要。总酸度过高时，可加入氧化锌来调整；总酸度过低，磷化反应速度慢，且膜层厚而粗糙，可加入硝酸锌来调整。

2. 游离酸度的影响

游离酸度（FA）是指磷化液中游离H^{+}的浓度，它是由磷酸和

其他酸电离所生成，反映磷化液中游离磷酸的量，游离酸度促使工件溶解，以形成较多的晶核，使磷化膜结晶细致。

磷化液游离酸度过高，磷化反应速度慢，成膜时间延长，且磷化晶体粗大多孔，耐腐蚀性能将降低，同时亚铁离子增多，溶液中的沉淀也将增加。游离酸度过高时，可用氧化锌、碳酸钠或氢氧化钠中和，加入上述药品0.5～1g/L，游离酸度可降低1点。若游离酸度无明显下降，则表明溶液中含有较高的磷酸锌盐，这时可采用稀释的方法冲淡溶液。游离酸度过低，磷化膜薄，甚至不能形成磷化膜，这时可加入磷酸二氢盐来调整。

磷化过程中，在总酸度不变的前提下，游离酸度都有小幅度的升高，所以需要注意按照工艺需要进行控制，可加入碱进行调整。

3. 酸比的影响

酸比是指总酸度与游离酸度的比值。这个比值与磷化时间及磷化温度均成反比。酸比增大，H^+的浓度降低，成膜离子浓度升高，磷化速度提高，成膜时间缩短，但酸比过高时，产生残渣量增大；酸比过低，磷化不安全，还会产生黄色的锈蚀产物。表1-2为酸比对磷化质量的影响。

表1-2 酸比对磷化质量的影响

样板	总酸度/点	游离酸度/点	酸比	成膜情况
1	88.7	3.5	25.34	淡灰色、膜层致密细腻
2	76.4	5.5	13.69	淡灰色略暗，膜层致密
3	40.5	6.3	6.43	暗灰、泛黄，膜层不连续

在生产实践中，由于磷化液的技术配方是确定的，因此酸比也相应确定，所以，往往只监测总酸度和游离酸度的值即可。表1-3为在生产过程中磷化液的游离酸度及酸比的变化情况，需要注意调整。

表1-3　在不同情况下磷化液的游离酸度及酸比的变化情况

变化情况	游离酸度的变化	酸比的变化
无工件的时候持续加热	增高	变小
磷化负荷率变小	增高	变小
清洗加热器操作中混入酸	增高	变小
预处理操作中混入碱	降低	变大
加入 $NaNO_2$ 型促进剂过多	降低	变大
用 H_2O_2 清除铁	增高	变大

三、磷化液组成的影响

1. 锌离子（Zn^{2+}）的影响

锌离子（Zn^{2+}）能加速磷化反应，使磷化膜层较细致和呈现闪光。磷化液含锌离子时，可在较宽的温度范围使用，这对中温磷化和常温磷化是重要的。锌离子含量低时，形成的磷化膜疏松和发暗。锌离子含量过高时，形成的磷化膜晶粒粗大，晶体排列紊乱，膜层脆且白灰多。

2. 二价铁离子（Fe^{2+}）的影响

二价铁离子（Fe^{2+}）在高温磷化液中不稳定，易被氧化生成三价铁离子，并产生磷酸铁而沉淀，使磷化液浑浊，游离酸度升高。此时磷化液如不加以校正便不能使用。而在中温磷化液和常温磷化液中，含有一定量的二价铁离子则能提高磷化膜的厚度、机械强度和防腐蚀能力，磷化液允许的工作范围也较宽。但二价铁离子易氧化生成三价铁离子，产生磷酸铁而沉淀，使溶液呈乳白色，磷化膜质量低劣。若溶液中含有 0.01～0.03g/L 的氧化氮时，二价铁离子可以相对地稳定。这时溶液中含少量的 $Fe(NO)^+$ 络离子，呈棕绿色。当溶液温度不超过70℃和含有一定量的锰离子及较高的硝酸根时，$Fe(NO)^+$ 络离子可以比较稳定。

磷化液中含二价铁离子过高时，不仅会使常温磷化膜防腐蚀能力降低，而且膜层的耐热性能也变差；会使中温磷化膜晶粒粗

大，表面浮白灰，防腐蚀能力降低。一般在中温磷化液中。二价铁离子应控制在1～3.5g/L；在常温磷化液中二价铁离子应控制在0.5～2g/L。过多的二价铁离子可用双氧水除去，每消耗体积分数为30%的双氧水1mL和氯化锌0.5g，可以降低二价铁离子约1g。

3. 锰离子（Mn^{2+}）的影响

磷化液中锰离子（Mn^{2+}）可以提高磷化膜的硬度、附着力和耐腐蚀性能，使磷化膜结晶均匀、颜色加深。但在中温磷化液中锰离子（Mn^{2+}）含量不宜过高，宜保持在$Zn^{2+}:Mn^{2+}=1.5:1\sim2:1$。锰离子含量过高时，磷化膜不易形成。

4. 五氧化二磷（P_2O_5）的影响

五氧化二磷（P_2O_5）的作用是加快磷化反应速度，使磷化膜致密和晶粒呈现闪光。它是由磷酸二氢盐产生的，其含量低时，膜层的致密性和耐腐蚀性都较差，甚至磷化膜难于形成；其含量过高时，磷化膜附着力差，结晶排列紊乱，膜层表面白灰多。

5. 硝酸根（NO_3^-）的影响

磷化液中硝酸根（NO_3^-）可以加快磷化反应速度，可以在较低的温度下进行磷化处理，且可提高磷化膜结晶的致密性。硝酸根在适当条件下能与铁发生反应生成一氧化氮，可使亚铁离子稳定，从而提高磷化膜的质量。硝酸根含量过高时，会使高温磷化膜变薄；会使中温磷化液中积聚过多的亚铁离子，使磷化膜恶化；还会使常温磷化膜易于出现黄色锈迹。

6. 亚硝酸根（NO_2^-）的影响

亚硝酸根（NO_2^-）可使常温磷化反应速度加快，提高磷化膜的致密性和耐腐蚀性。亚硝酸根含量过高时，磷化膜表面易于出现白点。

7. 氟离子（F^-）的影响

氟离子是起活化剂作用的，可加速磷化膜晶核的形成，使结晶致密，耐腐蚀性提高，对常温磷化尤为重要。但氟化物过多时，常温磷化液的使用寿命缩短，中温磷化膜表面常出现白灰。

8. 杂质的影响

磷化液中含有硫酸根、氟离子、铜离子时对磷化过程和磷化膜均有一定的不良影响。其中，硫酸根（SO_4^{2-}）会减慢磷化反应速度，使磷化膜晶粒粗大多孔，白灰增多，耐腐蚀能力降低，磷化液中硫酸根的含量应控制在0.5g/L以下。硫酸根含量过高时，可以采用硝酸钡来沉淀，用2.72g硝酸钡可以沉淀出1g硫酸根。氯离子（Cl^-）危害与硫酸根相似，在磷化液中氯离子含量宜控制在0.5g/L以下。氯离子含量过高时，可以采用硝酸银沉淀，多余的银离子用铁屑置换出去。磷化液中含有铜离子（Cu^{2+}）时，磷化膜层发红，耐腐蚀性能降低，铜离子可以采用铁屑置换除去。

掌握磷化中常见的质量问题、原因分析及解决方法。

四、磷化中常见的质量问题、原因分析及解决方法

磷化中常见的质量问题、原因分析及解决方法见表1-4。

表1-4　磷化中常见的质量问题、原因分析及解决方法

序号	质量问题	外观现象	原因分析	解决方法
1	无磷化膜或磷化膜不易形成	工件整体或局部无磷化膜，有时发蓝或有空白片	1. 工件表面有硬化层	1. 改进加工方法或采用酸洗、喷砂去除硬化层，达到表面处理要求
			2. 总酸度不够	2. 补加磷化剂
			3. 处理温度低	3. 升高磷化液温度
			4. 游离酸太低	4. 补加磷化剂
			5. 脱脂不净或磷化时间偏短	5. 加强脱脂或延长磷化时间
			6. 工件表面聚集氢气	6. 翻动工件或改变工件位置
			7. 磷化液比例失调，如P_2O_5含量过低	7. 调整或更换磷化液
			8. 工件重叠或工件之间发生接触	8. 注意增大工件间隙，避免工件与工件接触

（续）

序号	质量问题	外观现象	原因分析	解决方法
2	磷化膜过薄	磷化膜太薄、结晶过细或无明显结晶，耐蚀性能差	1. 总酸度过高 2. 磷化时间不够 3. 处理温度过低 4. 促进剂浓度高 5. 工件表面有硬化层 6. 亚铁离子含量低 7. 表调效果差或表调失效	1. 加水稀释磷化液 2. 延长磷化时间 3. 升高处理温度 4. 停止添加促进剂 5. 用酸洗或喷砂清理，达到表面处理要求 6. 插入铁板，并检测总酸度或游离酸度变化情况 7. 更换或添加表调剂
3	磷化膜结晶粗大	磷化膜结晶粗大、疏松、多孔、表面有水锈	1. 工件未清洗干净 2. 工件在磷化前生锈 3. 亚铁离子含量偏低 4. 游离酸度偏低 5. 磷化温度低 6. 工件表面产生过腐蚀	1. 强化磷化前工件的表面预处理 2. 除锈水洗后减少工件在空气中的暴露时间 3. 提高亚铁离子的含量，补加磷酸二氢铁 4. 加入磷酸等，提高游离酸度 5. 提高磷化液温度 6. 控制除锈时间或更换除锈剂
4	磷化膜挂灰	磷化膜干燥后表面有白色粉末	1. 磷化液含渣量过大 2. 酸比太高 3. 处理温度过高 4. 槽底沉渣浮起，黏附在工件上 5. 工件表面氧化物未除净 6. 磷化液中氧化剂含量过高，总酸度过高	1. 清除槽底残渣，并定期过滤 2. 补加磷化剂 3. 降低磷化处理温度 4. 静置磷化液，或翻槽 5. 加强酸洗并充分水洗 6. 停加氧化剂，调整酸的比值

（续）

序号	质量问题	外观现象	原因分析	解决方法
5	磷化膜发花	磷化膜不均匀，有明显流挂痕迹	1. 脱脂不干净 2. 表调剂效果不佳或已失效 3. 磷化液喷淋不均匀 4. 工件表面钝化 5. 磷化温度低	1. 强化脱脂或更换脱脂剂 2. 更换或补充表调剂 3. 检查并调整喷嘴 4. 加强酸洗或喷砂 5. 提高磷化温度
6	磷化膜发黑	局部呈黑条状，磷化膜黑且粗糙	1. 促进剂浓度太低 2. 酸洗过度	1. 添加促进剂 2. 控制酸洗时间
7	磷化膜表面生锈	磷化后工件表面产生黄色锈斑或锈点	1. 磷化膜晶粒过粗或过细，使耐蚀性降低 2. 游离酸含量过高 3. 工件表面过腐蚀 4. 磷化液中磷酸盐含量不足 5. 工件表面有残酸 6. 磷化槽沉淀多，已堵塞喷嘴 7. 磷化液温度低 8. 喷淋时压力过大、喷嘴方向不当	1. 调整游离酸度与总酸度的比例 2. 降低游离酸含量，可加入氧化锌或氢氧化锌 3. 控制酸洗过程 4. 补充磷酸二氢盐 5. 加强中和和水洗 6. 检查喷嘴并进行清理，检查磷化槽沉淀量 7. 提高磷化液温度 8. 逐一检查调整达到运行正常
8	磷化膜发红	磷化膜发红但不是生锈	1. 铜离子渗入磷化液 2. 酸洗液中的铁渣附着	1. 不使用铜挂具，用铁屑置换除去铜离子或用硫化处理，调整酸度 2. 加强酸洗过程的质量控制

（续）

序号	质量问题	外观现象	原因分析	解决方法
9	磷化膜呈彩虹花斑	用指甲划过无划痕，对光观察呈彩虹色	1. 促进剂浓度过高 2. 促进剂分布不均匀 3. 脱脂不彻底	1. 停加促进剂 2. 充分搅拌磷化液，使之均匀 3. 补加脱脂剂
10	磷化液变黑	磷化液变黑浑浊	1. 磷化液温度低于规定温度 2. 磷化液中亚铁离子含量过高 3. 总酸度过低	1. 停止磷化，升高磷化液温度到沸点，保持1~2h，并用空气搅拌，直到恢复原色 2. 补加氧化剂，如高锰酸钾等 3. 补充硝酸锌，提高总酸度
11	磷化膜发蓝	磷化膜部分表面产生紫蓝色彩	1. 表调剂的pH值不在工艺范围 2. 表调与磷化间隔区的水雾喷嘴堵塞 3. 磷化液的锌离子含量不足 4. 磷化液的促进剂含量不够	1. 补加表调剂或补加Na_2CO_3，调整pH值到工艺范围 2. 检查、清扫水雾喷嘴 3. 补加磷化液或硝酸锌 4. 补加促进剂
12	涂膜起泡	涂装后，涂膜发生起泡现象	1. 磷化后水洗不充分 2. 清洗水被污染 3. 纯水的水质不好 4. 吊架或传送带上有滴落水	1. 检查喷嘴和水洗方法 2. 增加供水量，控制清洗水的电导率在150μS/cm以下 3. 控制纯水的电导率在5μS/cm以下 4. 消除吊架或传送带上的滴落水

第三节 磷化处理

磷化处理是大幅度提高金属表面涂膜耐蚀性的一种简单、低廉、有效的工艺方法。由于其操作简便，设备简单，所用材料绝大部分为无机盐类，因此被广泛地用作涂膜的底层处理。

所谓磷化处理，是指把金属表面清洗干净，在特定的条件下，让其与含磷酸二氢盐的酸性溶液接触，发生化学反应，生成一层稳定的不溶的磷酸盐保护膜层的一种表面化学处理方法。此法目前已在汽车涂装表面处理方面广泛应用。磷化处理因其是作为涂装预处理，在制品的外观上看不到，因此容易被人忽视。但是实际上应充分认识到涂膜质量的好坏与表面预处理有着十分密切的关系。

一、磷化处理原理

了解磷化处理原理。

磷化处理的原理可用过饱和理论来解释。即构成磷化膜的离子积达到该种不溶性磷酸盐的溶度积时，就在金属表面沉积形成磷化膜。磷酸盐因处理剂、主要成分的种类不同，生成的磷化膜也不同。现在使用的磷酸盐大致有磷酸锌系、磷酸锰系、磷酸铁系。也有在磷酸锌系中加入镍、锰及钙的情况。随着科技的进步，现代的磷化处理方法得到了很大改进，处理温度可以在常温至沸腾的状态范围内选择。

磷化处理材料主要成分是能溶于水的酸式磷酸盐。现将磷酸锌系、磷酸锰系与磷酸铁系膜的反应原理及特性分别加以说明。

1. 磷酸锌系膜（磷酸锰系相同）

磷酸锌系膜处理液的基本组成见表1-5。

表1-5 磷酸锌系膜处理液的基本组成

成分	控制项目
游离酸（H_3PO_4）———→	FA 游离酸度
磷酸锌［Zn（H_2PO_4）$_2$］———→	TA 总酸度
氧化剂（O）———→	AC 促进剂含量

当被处理物为钢铁时，其化学反应如下

$$Fe \longrightarrow + 2H_3PO_4 \longrightarrow Fe(H_2PO_4)_2 + H_2\uparrow \qquad (1\text{-}1)$$

（被处理物）（游离酸）

$$H_2 + O(\text{氧化剂}) \longrightarrow H_2O \qquad (1\text{-}2)$$

$$Fe(H_2PO_4)_2 + O(\text{氧化剂}) \longrightarrow FePO_4 + H_3PO_4 + 1/2H_2O \qquad (1\text{-}3)$$

（沉渣）

$$3Zn(H_2PO_4)_2 \xrightarrow{H_2O} Zn_3(PO_4)_2 \cdot 4H_2O + H_3PO_4 \qquad (1\text{-}4)$$

（磷化液主要成分）　（磷化膜成分）

$$Fe + 2Zn(H_2PO_4)_2 \xrightarrow[{[O]}]{H_2O} Zn_2Fe(PO_4)_2 \cdot 4H_2O + 2H_3PO_4 \qquad (1\text{-}5)$$

（被处理物）（磷化液主要成分）（氧化剂）（磷化膜）

在适当的温度下，钢铁表面与磷化液接触时，钢铁表面会发生溶解反应，表面附近的化学溶液中的 H 离子减少，pH 值上升，其结果引起式（1-4）、式（1-5）的化学反应，不溶性的磷酸锌结晶在钢铁表面析出，形成磷化膜。

当被处理物为锌时，由于没有 Fe 的供给源，磷化膜仅为式（1-4）所示的磷酸锌［$Zn_3(PO_4)_2 \cdot 4H_2O$］。当被处理物为钢铁时，磷化膜由磷酸锌与式（1-5）所示的磷酸锌铁［$Zn_2Fe(PO_4)_2 \cdot 4H_2O$］的混合物组成。

溶解反应中产生的 Fe 离子，一部分参与成膜，形成 $ZnFe(PO_4)_2 \cdot 4H_2O$被消耗掉，而剩余的则残留在溶液中，使磷化膜的生成反应很难顺利进行。通常就在磷化液中预先添加氧化剂，把剩余的部分氧化成 Fe^{3+}。Fe^{3+} 与 PO_4^{3-} 结合生成溶度积很小的 $FePO_4$，成为淤渣沉淀出来，并迅速从反应系统中清除出去，从而使磷化膜生成反应顺利进行。普遍采用的氧化剂有 NO_2、NO_3、ClO_3、BrO_3、H_2O_2、过氧化硼、有机硝基化合物等。

2. 磷酸铁系膜

磷酸铁系膜大致分为如下两种：

其一是以第一磷酸钠（Na_2HPO_4）（也可使用钾盐或氨盐）为主要成分，其中加入氧化剂 NO_2、NO_3、ClO_3 等。

关于磷化膜的生成原理说明如下：因为磷化材料主要成分为碱金属的酸式磷酸盐，它们的正盐全部都是溶于水的，不能像上述锌系、锰系生成不溶性锌、锰正磷酸盐的磷化膜，只能生成磷酸铁和氧化铁。以钠盐为例，其化学反应如下

$$\underset{\text{(被处理物)}}{4Fe} + \underset{\text{(磷化液主要成分)}}{8NaH_2PO_4} + \underset{\text{(氧化剂)}}{4H_2O + 2O_2} \longrightarrow 4Fe(H_2PO_4)_2 + 8NaOH \quad (1\text{-}6)$$

$$2Fe(PO_4)_2 + 2NaOH + 1/2O_2 \longrightarrow 2FePO_4 + 2NaH_2PO_4 + 3H_2O \quad (1\text{-}7)$$

$$2Fe(PO_4)_2 + 6NaOH + 1/2O_2 \longrightarrow 2Fe(OH)_3 + 2NaH_2PO_4 + 2NaHPO_4 + H_2O \quad (1\text{-}8)$$

$$2Fe(OH)_3 \longrightarrow Fe_2O_3 + 2H_2O \quad (1\text{-}9)$$

综合式（1-6）~式（1-9）可得

$$4Fe + 4NaH_2PO_4 + 2O_2 + 2O_2/2 \longrightarrow \underset{\text{(磷化膜成分)}}{2FePO_4 + Fe_2O_3} + 2NaH_2PO_4 + 3H_2O \quad (1\text{-}10)$$

如式（1-10）所示，磷酸铁系膜由磷酸铁和氧化铁构成。由于使用的氧化剂种类和使用量不同，其构成比率会有变化。磷化液为酸性，但其 pH 值比磷酸锌的磷化液高，为 pH4.5~6。

其二为另有一种极为简单的生成磷酸铁的方法，即把钢铁浸渍于稀的磷酸水溶液中，或将这种溶液喷洗或涂刷在钢铁表面，在清除氧化膜的同时，即在钢铁表面生成一层极薄的磷化膜。铁系磷化膜成分简单、价格低廉、维护管理容易。但是，由于这种磷化膜的性质与前者相比十分低劣，因此仅限于特殊场合应用。

3. 磷酸锌膜的特性

磷化膜的重量、结晶形状、结晶大小、化学成分和附着力等，均与涂装后性能有关。因此，可以从磷化膜特性推测涂装后涂膜的质量。

（1）磷化膜质量及结晶形状　磷酸锌膜质量，由膜的结晶形状、

膜厚及孔隙率决定。孔隙率一定的柱状结晶，磷化膜越厚，膜质量越大。但是膜厚度一定时，孔隙率较小的柱状结晶比孔隙率较大的柱形结晶的磷化膜质量也较大些。

作为电泳涂装的底层，是以孔隙率较小的柱状结晶或者粒状结晶为主且结晶厚度不太大的磷化膜，有较好的涂膜附着性及优良的耐蚀性。

（2）结晶大小　磷化膜由全浸渍式处理所得，其结晶较喷雾式处理所得的结晶更微细。图 1-1 为不同的处理方法所生成的磷化膜结晶。

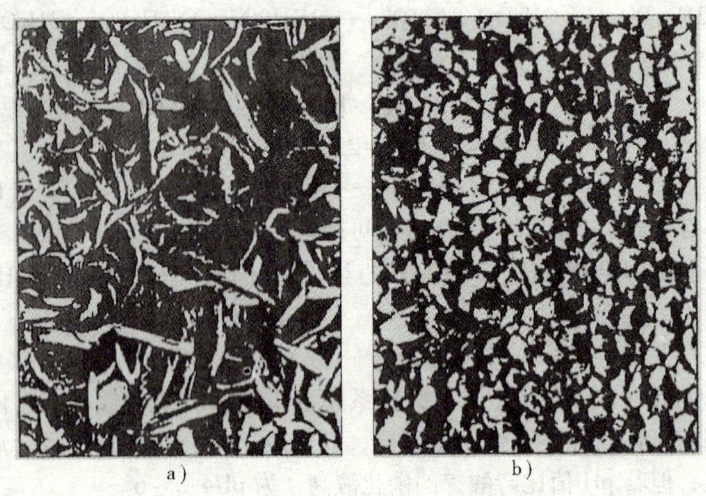

图 1-1　不同的处理方法所生成的磷化膜结晶

a）喷雾式处理　b）浸渍式处理

喷雾式处理所得磷化膜结晶厚度为 5 ~ 50μm 左右，而浸渍式处理所得磷化膜结晶厚度为 2 ~ 10μm 左右。以浸渍式处理时，由于表面调整效果、磷化液组成和处理温度的控制，可使磷化膜结晶更加细微。磷化膜结晶越微细时，其结晶间孔隙则越小越少，因此抑制腐蚀的效果也越好。

（3）磷化膜组成　钢铁表面的磷酸锌膜为 $Zn_3(PO_4)_2 \cdot 4H_2O$ 与 $Zn_2Fe(PO_4)_2 \cdot 4H_2O$ 组成，分别以 H 及 P 代号表示。P/（P + H）

值，即表示磷化膜中之组成比，一般称其为P比。P比随着磷化液中Zn含量及处理面接触磷化液的条件而变化，即磷化反应初期，当处理方式为喷雾式时，由基材所溶出的Fe马上被喷液冲走；而浸渍式处理时，则可能被取回形成磷化膜中的成分，而较易形成P膜。

磷酸盐的耐碱性由P比支配。P比越高的磷化膜，在碱性溶液中的溶解越小。高P比结晶的磷化膜对于碱性溶液具有较强的抗溶解能力，而且由实验证明，其二次物性和碎石打击试验的效果较好。

（4）磷化膜附着力　P比高，磷化膜结晶细小，二次结晶少的磷化膜与基材嵌入紧密，因而附着力大。附着力高的磷化膜，涂装后与涂膜的附着力和耐蚀性也因此比较好。

二、影响磷化膜质量的因素

影响磷化膜质量因素应了解。

影响磷化膜质量的因素主要有磷化处理的各种工艺参数、磷化处理设备、促进剂的选用以及被处理钢材的表面状态等。

1. 磷化工艺参数的影响

1）酸度的影响：磷化液的总酸度过低，对磷化膜必然有影响。因为磷化液中成膜离子的含量在磷化过程中会因消耗而下降，所以必须及时补充浓的磷化液。

游离酸度过高或过低，对磷化膜也会产生不良影响。游离酸度过高，不能成膜；游离酸度过低，则磷化液稳定性变差。因为磷化液反应H^+的含量，直接影响磷化液中磷酸二氢盐的离解度。使用中总有小幅度升高，必须缓缓加入碱溶液进行中和，充分搅拌是必要的，否则会有不必要的沉渣，达不到中和调整的目的。

在磷化过程中，总酸度和游离酸度总是成对出现的，单独控制其一是没有意义的，因其搭配是产生磷化膜的先决条件。只有总酸度与游离酸度的比值维持在工艺要求的范围之内，才能生成磷化膜。

2）磷化处理温度的影响：处理温度也是能否成膜的一个关键因素。不同的配方，都有不同的处理温度范围。因为磷酸二氢盐的离解度随着温度的升高而增高。实际上，温度控制着磷化液中的成膜离子含量。一旦选定配方之后，一定要严格控制磷化液温度，温度的变化越小越好。

3）磷化时间的影响：磷化时间是根据不同配方而规定的，磷化时间过短，不能生成致密的磷化膜；磷化时间过长，在已生成的磷化膜上继续生长结晶，可生成粗厚膜，但表面疏松。

2. 磷化处理设备的影响

磷化处理工序包括：预清理、脱脂、表调、磷化、钝化以及各工序之间的水洗，有的还包括水洗后烘干。磷化前预处理设备主要有：加料系统、加热系统、除渣和脱脂系统、循环喷射系统等，其运行状态的好坏均可使磷化膜质量出现问题。在生产中每天需检测和控制各种工艺参数，严格按工艺规范要求进行，并及时对磷化设备进行维护，以保证其处于良好的运行状态。

由于喷射法处理后的工件的内腔不能生成磷化膜，故现在多采用浸渍法进行磷化。磷化后的钝化处理，是指磷化膜采用含铬的酸性水溶液补充处理。这样处理后可进一步提高磷化膜的耐蚀性。磷化后的钝化处理和磷化后的烘干处理，都可在一定程度上提高涂膜的耐蚀性能。烘干磷化膜可提高涂膜耐蚀性是因为磷化膜烘干后可除去结晶水，从而可避免烘干时在涂膜下的结晶水穿过涂膜外移。

3. 促进剂的影响

促进剂是快速提高磷化膜质量的一个必不可少的成分。磷化液中的促进剂主要是指某些氧化剂。其主要作用是加速 H^+ 在阴极的放电速度，可加快磷化第一阶段的酸蚀速度，即

$$2H^+ + 2e \longrightarrow H_2\uparrow$$

若不在反应中添加一些有效物质，则阴极析出的 H_2 滞留会造成阴极极化，使反应不能继续进行。所以，氧化剂正是起着阴极去极化的作用而加速此反应进行。

4. 被处理钢材的表面状态影响

在生产实际中，由于钢材表面的质量好坏对磷化处理非常重要。例如，表面氧化膜的厚度直接影响磷化效果；钢板表面的结晶方位不同也影响磷化膜性能；冷轧钢板和镀锌钢板对磷化效果也会产生很大差异。所以，生产中应尽量采用相同的底材，并将钢材表面上的油污、锈蚀除净，否则将不能生成质地优良的磷化膜。

5. 磷化处理设备的影响

1）常用的磷化前预处理设备类型较多，可分为一室多工序和一室一工序两大类。浸渍式槽体基本上由主槽和溢流槽两部分组成。主槽为船形槽，适用于连续生产；主槽为矩形槽，适用于间歇生产。溢流槽可控制主槽中槽液的高度、排除飘浮物以及保证槽液的不断循环。

2）槽液的循环搅拌装置用来循环槽液，以不断更新与工件表面相接触的槽液，从而保证槽液含量均匀和温度恒定。

3）槽液的加热装置是利用热源将槽液加热到工作温度，并在工作时维持槽液温度在一定范围内。槽液加热装置可分为直接蒸汽加热、间接蒸汽加热、电热管加热、外槽加热等加热方式。

4）在预处理过程中会产生有害气体，应设置通风装置，可采用顶部和侧部通风装置。

5）喷射式预处理设备主要包括储液槽、泵、喷射系统、通风系统及包覆喷射系统的壳体等。其加热装置与浸渍式设备基本相同。其通风装置可将有害气体排出设备之外。

6）此外还配有相关装置，包括：磷化除渣装置、脱脂槽油水分离装置、槽外加热装置、磷化加热器、酸洗装置、自动补加溶液装置、脱脂装置、水洗及过滤装置、运输链防滴落保护装置和水分烘干室等。

在生产过程中，必须熟练掌握各种设备的操作技术，才能取得预期的效果。在使用这些设备过程中，要注意正确的维护保养，严格按照工艺要求进行操作。

第四节　电泳涂装

电泳涂装法发明于19世纪30年代。美国福特汽车公司1957年研究电泳涂装，1961年车轮电泳涂装开始试运行，1963年成功地用于汽车车身涂装，这两个槽均采用阳极电泳。直到1973年阴极电泳漆问世时，电泳涂装才真正繁荣起来，尤其在汽车工业中其普及速度是史无前例的，并先后推广到轻工、建材、家电、机械等工业领

域。1965 年只有 1% 轿车采用电泳底漆，1970 年增加到 10%，现在增加到 90%。

电泳涂装是以水溶性涂料和去离子水（或蒸馏水）为稀释溶剂调配成的槽液，将导电的被涂物浸渍在槽液中作为阳极（或阴极），另在槽液中设置与其相对应的阴极（或阳极），在两极间通以一定时间的直流电，即可在被涂物上析出一定厚度、均一、不溶于水的涂膜，再经烘干最终形成附着力强、硬度高、有一定光泽、耐蚀性强的致密涂膜。

根据被涂物的极性和电泳涂料的种类，电泳涂装法可分为阳极电泳涂装法（即被涂物为阳极，所采用的电泳涂料是带负电荷的阴离子型）和阴极电泳涂装法（即被涂物为阴极，所采用的电泳涂料是带正电荷的阳离子型）两种。

一、电泳涂装原理

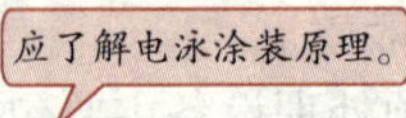

电泳涂装过程是伴随着电泳、电解、电沉积、电渗等四种电化学物理现象。现将电泳涂装法原理简要说明如下：

1）电泳：是在电场的作用下，导电介质中带正电荷的胶体树脂粒子和颜料粒子由电泳过程移向阴极。

2）电解：是使导电液体在通电时产生分解的现象。水电解生成氢气和氧气是众所周知的电解例子。一般的电解通常同时在一个或两个电极上析出气体，在电极上分别进行着氧化还原反应。在电泳过程中水发生电解，在阴极上放出氢气，在阳极上放出氧气，金属阳极产生溶解，溶出金属离子。这种气体的析出是不利的，它对电泳的泳透力有影响。由于气体析出与电流成正比，因此要避免在沉积过程中突然的电流脉冲，而且要将槽液电导率限制在特定的范围之内。

3）电沉积：就是涂料粒子沉析在一电极上的现象。在阴极电泳涂装时，带正电的粒子将聚集在阴极上，带负电的粒子会在阳极上聚集。由于这些带负电的粒子（称为离子）使带正电的树脂保持在溶液中，所以又被称为平衡离子。涂料的漆基一般为阳离子型。沉积只发生在阴极，它是一个不可逆过程，在阴极上不形成涂膜。电

沉积的第一步是水的电化学分解（电解）。如果槽液 pH 值呈中性，在阴极上最初的反应是产生氢气（H_2）和氢氧根离子（OH^-），这个反应导致在阴极表面上形成一高碱性边界层，当阳离子（树脂及颜料）与氢氧根离子发生反应，即生成不溶于水的物质并沉积在阴极表面形成涂膜，但是如果碱性边界层达不到大约 pH 值 12 临界时，将得不到不溶于水的涂膜。

4）电渗：电渗是要讨论的最终过程，当涂料的固体分被吸附到阴极上并沉积下来时，此时的涂膜为半透性膜。水分在电场的持续作用下从涂膜中渗析出来，引起涂膜脱水。电渗使亲水性涂膜变成憎水性涂膜，脱水而使涂膜致密化，这样的涂膜抵抗物理变形性比较好。

沉积的涂膜不溶于水，允许用水清洗带出的漆液。当被涂物从电泳槽中出来时，在其表面上会附着一层未沉积的漆液，为获得外观良好的沉积涂膜，必须将带出的漆液洗掉。

总之，当电压加于装有导电溶液槽中的两个电极时，溶液就会产生电解和带电粒子的电泳，在阴极上发生凝聚或沉积，这个过程一直持续到整个阴极表面覆盖着均匀、连续的涂膜。因为此电极沉积膜在既定的电压下具有一相对高的电阻，所以当所有表面及边缘被涂膜覆盖时，电泳沉积过程就会自动停止。涂膜的厚度与涂膜的电阻成正比关系。

泳透力是使电泳涂料能使被涂装工件的凹处或遮蔽处表面涂上的程度。它是一个比较函数。电泳涂膜电阻越高，则泳透力就越好。泳透力是电泳工艺中最重要的特性之一。因为电泳涂装不仅能获得防腐蚀涂膜，而且能解决其他涂装方法所不能涂装到的工件表面上。泳透力与某些变量的关系见表 1-6。

表 1-6　泳透力与某些变量的关系

变　　量	与泳透力关系	变　　量	与泳透力关系
涂装时间	成正比	电泳电压	成正比
槽液固体分	成正比		

为获得较高的泳透力而增高电压时则必须小心，这会导致涂膜击穿，既不能使被涂物的隐蔽表面涂上漆，也会使涂膜的绝缘性能受到影响。

二、电泳涂装特点

应掌握电泳涂装的特点。

电泳涂装法现在已经成为汽车涂底漆的最主要方法，其主要特点如下：

1. 电泳涂装特点

1）电泳涂装工序可实现完全自动化，适用于建立大型流水生产线，降低生产成本。

2）与喷涂法相比，涂料利用率能达到95%以上。刚沉积的涂膜不溶于水，允许彻底清洗且可回收带出的槽液，减少涂料的浪费。

3）调整电参数可得到均一的涂膜厚度，而且工件与工件之间以及不同时间所得涂膜的重现性好。

4）槽液粘度低（大约等于水的粘度），泵送容易，也利于被涂物沥干。

5）与喷涂法相比，电泳沉积的涂膜在烘干时不产生流挂缺陷。与浸涂法相比，电泳沉积在内腔缝隙间的涂膜不会被热蒸汽洗掉，也不会产生熔溶现象。

6）电泳涂装的泳透力好，在非常隐蔽的部位，例如工件内腔、焊缝、边缘等处均能生成完整的涂膜，可提高防腐性。

7）电泳涂装的溶剂含量少，且含量低，避免了火灾危险。电泳涂装可实现全封闭水洗，涂料回收率高，大大降低水和空气污染，减少废水处理量。

8）电泳涂膜的外观好，烘干时有较好的展平性。未固化的涂膜已相对干燥，甚至可以做某些处理，可缩短晾干时间。

电泳涂装的优点很多，但是也有一定局限性，例如电泳仅适用于具有导电性的被涂物涂底漆；要求挂具及被涂物之间有良好的导电性；当被涂物烘干后，不可进行第二次电泳涂装；变化涂膜的颜色必须在不同的电泳槽中进行。

2. 阳极电泳和阴极电泳的沉积反应对比

1）阳极电泳（阴离子型）的中和剂为KOH、有机胺类在pH值下降时析出。

阳极为被涂物，其反应式为

$$2H_2O \longrightarrow 4H^+ + 4e^- + O_2 \uparrow$$

$$\underset{(\text{水溶性})}{R—COO^-} + \underset{(\text{水不溶性})}{H^+} \longrightarrow \underset{(\text{涂膜沉积})}{R—COOH}$$

$$Me \longrightarrow Me^{n+} + ne^-$$

$$R—COO^- + Me^{n+} \longrightarrow \underset{(\text{涂膜沉积})}{(R—COO)_nMe}$$

阴极为极板，其反应式为

$$2H_2O + 2e^- \longrightarrow 2OH^- + H_2 \uparrow$$

2）阴极电泳（阳离子型）的中和剂为有机酸，在pH值上升时析出。

阴极为被涂物，其反应式为

$$2H_2O + 2e^- \longrightarrow 2OH^- + H_2$$

$$\underset{(\text{水溶性物})}{R—NH^+} + OH^- \longrightarrow \underset{(\text{水不溶性涂膜沉积析出})}{R—N + H_2O}$$

阳极为极板，其反应式为

$$2H_2O \longrightarrow 4H^+ + 4e^- + O_2 \uparrow$$

近年来，汽车涂装几乎都采用阴极电泳涂装方法。原已采用阳极电泳涂装的也改为阴极电泳涂装。这主要是阴极电泳涂装与阳极电泳涂装相比有以下优点：

1）因为被涂物处在阴极，电泳涂装过程中不会产生阳极溶解，可使涂膜对底材的附着力和防腐蚀性能都有所提高。

2）较低的膜厚就可具有良好的防腐蚀性能。

3）阴极电泳涂料的泳透力高于阳极电泳涂料，可使被涂物的内腔和焊缝处泳涂得更好。在保证内表面泳透力的同时，外表面的涂膜也不过厚。

4）具有皂化性，在全镀锌的板材上可长期保持其附着力。

其实，阴极电泳涂膜的最重要的优点是防腐蚀性非常优良。采用阳极电泳时，从被涂物上溶下的金属离子常常包含在涂膜中，这是由于通电时阳极反应的结果。在涂膜中有铁离子存在，这就成为开始生锈的起点。另外，沉积时阳离子树脂本身呈碱性，这就成为天然的缓蚀剂。

第五节　静电涂装

静电涂装技术是20世纪20年代首次应用到工业上的，它同电泳涂装一样，是涂装领域里的又一次技术上的革命。当初是采用空气喷枪，向由阴极电栅和被涂物构成的静电场中喷射涂料，带电的涂料粒子吸往被涂物，称为阴极电栅静电涂装法。直到1950年才出现了第一支旋杯式静电喷枪，此工艺称为电喷枪静电涂装法，它首次使涂装效率有可能提高到95%，成为涂装领域的重大突破。

一、静电涂装原理

应掌握静电涂装原理。

静电涂装是以接地的被涂物为阳极，涂料雾化器或电栅为阴极，接上负高压电，在两极间形成高压静电场，阴极产生电晕放电，使喷出的涂料粒子带电，并进一步雾化，按照同性排斥、异性相吸的原理，带电的涂料粒子在静电场的作用下沿着电力线方向吸往被涂物，放电后粘附在被涂物上，在被涂物的背面靠静电环抱现象也能涂上涂料。

静电涂装与一般喷涂相比，它充分适应涂装技术发展的要求，具有高质量、高效率、低损耗、节能、减少污染、改善劳动环境等特点，因而它一旦出现就被人们所接受并迅速得到推广，以代替一些传统的、已不能适应现代工业发展的涂装方法。

静电涂装法是不均匀的高压直流静电场产生的电晕放电现象（局部绝缘破坏）和静电吸引力（库仑效率）的具体应用。在一般情况下，空气都被认为是绝缘体，但在不均匀的静电场中，电极表面曲率大的部位电荷密度大，当达到一定的电位差时，空气的绝缘局部被破坏，在曲率大的电极表面产生微弱的如同萤光一样的青紫光，同时产生一种“吱吱”声的放电现象，这种放电现象称为电晕放电。产生电晕放电的电极称为放电极，相对应的电极称为受电极。围绕放电极的空气电离区称为电晕套。电极间的带电离子在静电场的作用下，受吸引呈阴离子移向受电极（被涂物）。这些带电粒子反复地冲撞其他中性原子和分子，当增加电压时，电子的运动速度就加快，当电压增加到某一数值 U_0 时，这种冲撞运动就会产生新的电子，而这些新的电子又加入到冲撞中性原子和分子的数目逐渐增多，破坏了空气绝缘性。当电压达到一定极限值 U_1 时，电子数就会猛然增多，此时空气的绝缘性会完全被破坏，两极间的空气层被击穿，成为火花放电。静电涂装所使用的电压即介于两者之间，必须大于 U_0 小于 U_1。

当进入电场中的涂料离子与电子相碰得到负电荷并成为较大的阴离子，在静电场的作用下，这些阴离子向阳极一侧移动，最终吸附在阳极表面放电。在静电涂装时，放电的电极作为阴极，被涂物作为阳极，因负电晕放电的临界电压比正电晕放电的临界电压低，且不易产生火花放电（即 U_1 和 U_0 差较大），所以在实际应用中比较安全。

阴极电栅法是靠电子碰撞而得到电荷，因此荷电机率低，涂装效率也就低。而采用电喷枪静电涂装法时，放电极与雾化器合二为一，涂料粒子通过电子密度大的电晕套进入电场，荷电机率高，与阴极电栅法相比可明显地提高涂装效率。

静电场的电场强度是静电涂装的动力，它的强弱直接关系到静电涂装的效果，在一定电场强度的范围内，电场强度越大，其静电雾化和静电吸引的效果越好，涂着效率也就越高。反之，静电场的电场强度越小，涂料粒子的带电量也就越小，当电场强度小到一定程度时，电晕放电变弱，甚至不产生放电，静电雾化和涂着效率则变差。

静电场的电场强度，主要取决于电压和极距（即被涂物和放电极之间的距离）。它与电压的大小成正比，与极距的大小成反比。虽然静电涂装用的静电场是不均匀电场，但一般表示其电场强度也用平均电场强度。

在一般的空气中，均匀静电场的平均电场强度超过 10000V/cm

才会产生火花放电。而在不均匀静电场中却不需要这么高的值，而只需超过4300V/cm就会产生火花放电。当平均电场强度低于2000V/cm时，电晕放电就会减弱。根据实际生产经验，平均电场强度一般在3000～4000V/cm时，静电涂装的效果最佳。

静电涂装所采用的电压一般为5～10万V。当电压高过10万V时，电场过于集中，空气绝缘性差。固定型静电涂装一般选用8～10万V电压；手提式静电喷涂则低一些，选用3～6万V电压，虽然涂装效率低一点，但操作起来相对比较安全。被涂物与放电极之间的距离，一般控制在25～30cm的范围内。

静电涂装所得涂膜外观与涂装过程中的涂料雾化程度有关，一般认为：在喷涂场合，涂料雾化得越细，涂膜的光滑度和鲜映性越好，涂装效率越高。在一般的静电涂装场合，涂料的雾化除了机械作用外，还有静电雾化，即涂料粒子在静电场中带电后受同性相斥的作用变成更细的带电的涂料粒子。各种类型的静电喷枪都规定了一定的出漆量，如果出漆量过大，则涂料带电不足，雾化不良，影响涂着效率。另外，降低涂料粘度、增大压缩空气量，会使雾化变好。

静电涂装室的风速不宜过大，只需及时排放溶剂蒸气，使其含量在爆炸下限以下即可。风速过大，会影响涂装效果。另外，应注意风向，不应产生与喷流交叉的层流，因为在静电涂装时被涂物为不良导体。因此，需要先进行导电处理，即先涂一层导电处理剂，可使被涂物表面具有导电性，然后才可以进行静电涂装。

二、静电涂装特点

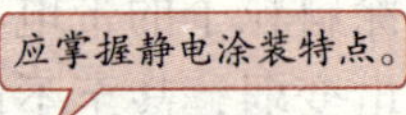

1. 静电涂装法的优点

1）可大幅长地提高涂料的利用率。静电涂装是靠静电吸引使涂料颗粒吸附在被涂物表面上的，同时可使被涂物的侧面和背面都可涂上涂料，只有极少数的涂料粒子飞散在喷涂室的空气中。一般传统手工空气喷涂法的涂料利用率仅为30%～40%，而静电喷涂法的涂料利用率可达80%～90%。

2）可成倍地提高生产效率，适用于大批量流水线生产。一般手

工喷涂法的运输链链速只有4m/min，超过这一速度工人劳动强度就会增大，尤其是当喷涂形状复杂、庞大的工件时，工人劳动强度更大，而采用自动静电喷涂法可使链速提高到24m/min。

3）静电涂装涂膜装饰性好，质量比较稳定。在静电的作用下，可使涂料粒子雾化很细，涂膜外观质量好，特别是平滑度、光泽度和鲜映性都有明显提高。

4）由于静电涂装不会产生大量的飞漆，而且还可以实现喷涂工序自动化，因而可改善工人的作业环境，同时还可节约水和电等能源。

5）被涂物的凸出部位、端部、边角部位等处都能获得良好的涂膜。

2. 静电涂装法的缺点

1）因静电场分布不均匀和静电屏蔽的作用，致使被涂物各部位的涂膜厚度不均匀，一般是凸出、尖端和锐边处涂膜厚，而凹处涂膜薄，甚至有可能涂不上漆。而由一些不良导体制成的被涂物，若不经涂装前的导电处理也很难涂上漆。

2）涂装环境温度和湿度对涂装效果影响很大，而且对所用的涂料和溶剂也都有一定的要求。

3）因静电涂装采用高压电，必须正确采用安全保护措施，否则容易产生火灾危险。

三、静电涂装对涂料的要求

静电涂装的效果，不仅取决于静电涂装设备的技术性能，而且还要考虑到涂料的种类是否符合静电涂装的要求，或者两者在技术上的配套性如何。因此，对静电涂装用所使用的涂料要求如下：

1. 一般溶剂型涂料

采用一般溶剂型涂料时，要考虑到其装饰性、环抱性和涂着效率，这就要求涂料具有以下性能：

1）涂料的电性能是静电涂装的重要特性。涂料的电性能包括：电阻值、介电常数和电偶极子。由于后两者测量有一定困难，因此

一般采用电阻值来表示涂料的电特性。涂料的电性能直接影响涂料在静电涂装中的带电性能、静电雾化性能和涂着效率。若电阻值过高，涂料粒子不易带电，雾化性能和涂着效率差；若电阻值过小，则在静电场中易发生漏电现象，使电喷枪的放电极电压下降，甚至送不上高压电。设计时应考虑到涂料的电性能。通常在高电阻涂料中，可加入低电阻值的极性溶剂；而在低电阻值的涂料中，可加入非极性溶剂。

2）静电涂装所采用的涂料粘度一般比空气喷涂所用的涂料粘度低，使用的溶剂为高沸点的溶解性好的溶剂。因为涂料粘度低，表面张力小，则雾化效果好。而雾化好涂料粒子在电力线方向运行时间长，溶剂挥发多，落到被涂物表面上的溶剂少，则流平性差，影响涂膜装饰性。所以，应选择高沸点的溶解性强的溶剂。为了减少溶剂污染，多选用加热涂料以降低涂料粘度，此类涂料多为高固体分涂料。

3）由于高压静电容易产生火灾，所以不宜采用静电涂装法涂布易燃涂料，并应加强保护措施。

2. 导电性涂料

由于一些涂料具有导电性，采用一般的静电涂装设备常因漏电而无法进行涂装。这是由于施加于静电设备上的高压电沿输漆管路漏掉，使电压下降，甚至送不上高压电。采用静电涂装法涂布导电涂料时，可靠的办法是将输漆管路与地绝缘隔离。

第六节　粉末涂装

一、粉末涂装的原理

粉末涂装是近年来发展起来的新型的涂装方法。它是将粉末涂料涂覆在工件表面上，经熔融或交联固化形成均匀涂膜的涂装方法，如图 1-2 所示，其工艺流程为：表面预处理——→覆盖或遮蔽工件不需涂装部位——→工件预热——→粉末涂装——→烘烤涂膜。

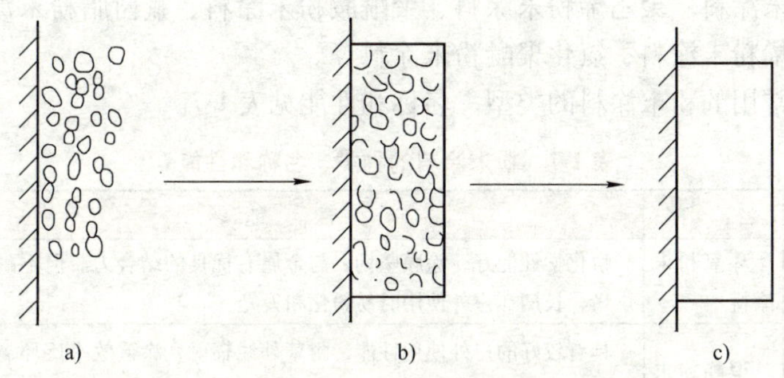

图 1-2 粉末涂装工艺过程
a）涂着的粉末 b）烧结体 c）涂膜

二、粉末涂装的特点和涂料种类

1. 粉末涂装法的优点

应掌握粉末涂装法特点。

1）涂料中无溶剂，全部为固体分，可减少环境污染，改善涂装施工条件。

2）一次喷涂涂膜厚度可达 50 ~ 300μm，可简化施工工艺，缩短生产周期，降低生产成本，提高工作效率，保证涂膜质量，避免因涂膜厚而出现流挂、堆积、气孔等缺陷。

3）涂料损失少，固体粉末的回收率可达 90% 以上。

2. 粉末涂装法的缺点

粉末涂装法很难获得薄层涂膜；调色、修补以及形状复杂工作的涂装均较困难，涂装设备也较复杂。

3. 粉末涂料的种类

粉末涂料分为热固型和热塑型两种。

1）热固型粉末涂料是以热固性树脂作为成膜物质，再加入固化剂及其他材料加工而成的。固化后的涂膜不会因温度的升高而软化。常用的热固型粉末涂料有：环氧粉末涂料、聚酯粉末涂料和丙烯酸粉末涂料等。

2）热塑型粉末涂料是以热塑性树脂作为成膜物质制成的涂料，遇热会软化，冷却后固化成膜。常用的热塑型粉末涂料有：聚氯乙

烯粉末涂料、聚乙烯粉末涂料、聚酰胺粉末涂料、氟树脂粉末涂料、聚丙烯粉末涂料、氯化聚醚粉末涂料等。

常用的粉末涂料的类型、名称和性能见表1-7。

表1-7 粉末涂料的种类、名称和性能

类别	名称	性能
热固型粉末涂料	环氧粉末涂料	耐化学性能好，涂膜坚韧，与金属有优良的结合力。但不耐过度烘烤，长期在户外使用时易粉化和失光
	聚酯粉末涂料	具有较好的户外使用性能，耐紫外线辐射，涂覆效率比环氧粉末涂料高，烘烤不易泛黄，光泽度高，流平性好，涂膜丰满，颜色浅，比丙烯酸粉末涂料有更好的附着力、机械强度和施工性能
	丙烯酸粉末涂料	涂膜光泽高，外观鲜艳，有优良的耐候性，保光性，耐污染性，耐腐蚀性，外观优异，适用于装饰性涂装。但机械强度、耐水性差
热塑型粉末涂料	聚氯乙烯粉末涂料	涂膜坚固、耐磨，着色力、耐候性、耐化学性能良好，价格低廉，但涂膜的流平性、对金属的附着力均较差，而且熔融温度和分解温度接近，施工时不易控制
	聚乙烯粉末涂料	耐水性、耐化学性能和绝缘性较好，价格低廉。但涂膜较软，易出现划痕，耐候性较差
	聚酰胺粉末涂料	耐磨性、耐油性、耐热性、耐水性、耐冲击性均较好。但对金属的附着力较差
	氟树脂粉末涂料	耐候性、耐化学性、耐低温性和耐磨性良好。但附着力差，施工困难，成本高
	聚丙烯粉末涂料	具有良好的耐化学性、耐溶剂性、耐低温性、耐磨性，对金属的附着力好，成本低

三、粉末涂装的种类

粉末涂装法的种类有：熔射法、流化床浸渍法、喷涂法、静电粉末喷涂法、静电流化床浸渍法、静电粉末振荡涂装法、静电粉末雾化法。近年来，又开发了粉末电泳涂装法。现将常用的粉末涂装法介绍如下。

1. 粉末熔融涂装法

（1）熔射法　熔射法可分为火焰喷射法和等离子喷射法。熔射法粉末涂装原理如图1-3所示，熔射法粉末涂装设备如图1-4所示。

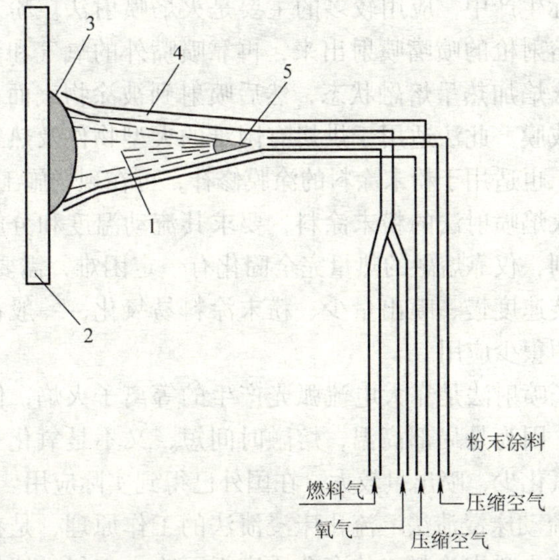

图 1-3　熔射法粉末涂装原理

1—粉末涂料流　2—底材　3—涂膜　4—空气流　5—高温火焰

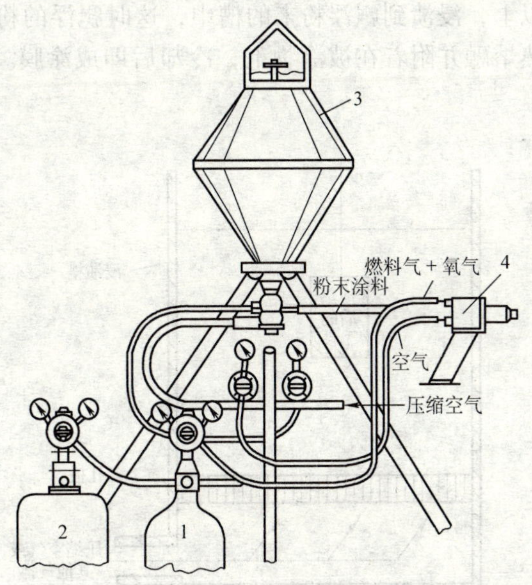

图 1-4　熔射法粉末涂装设备

1—燃料气　2—氧气　3—粉末涂料箱　4—熔射枪

在实际生产中，应用较多的主要是火焰喷射法。粉末涂料靠压缩空气从熔射枪的喷嘴喷射出来，再靠喷嘴外的氧气和液化气等燃料的燃烧火焰加热呈熔融状态，然后喷射到被涂物表面，冷却至常温即固化成膜。此法适用于烘烤有困难的大型物件及热容量大的被涂物涂装，也适用于粉末涂料的涂膜修补，可在现场施工。

采用火焰喷射法的粉末涂料，要求其流动温度和分解温度相差较大。否则，仅靠熔融的热量完全固化有一定困难，需要加热处理。此法的涂装速度慢、喷出量少、粉末涂料易氧化，一般在大批量的工业涂装中很少应用。

等离子喷射法是靠大电流弧光产生的等离子火焰，使粉末涂料喷射熔融。因为是局部高温，熔融时间短，又不是氧化火焰，所以粉末涂料氧化少，喷出量较大，在国外已得到实际应用。

（2）流动床浸渍法　流化床浸渍法的工作原理，是在多孔质底板的槽中装入粉末涂料，从多孔质底板下吹入空气，使粉末涂料飘浮起来呈流动状态（称为流动床）；另外，将被涂物加热到粉末涂料熔融点以上，浸渍到飘浮粉末的槽中，这时飘浮的粉末即在被涂物周围受热熔融并附着在被涂物上，冷却后即成涂膜。如图 1-5 所示。

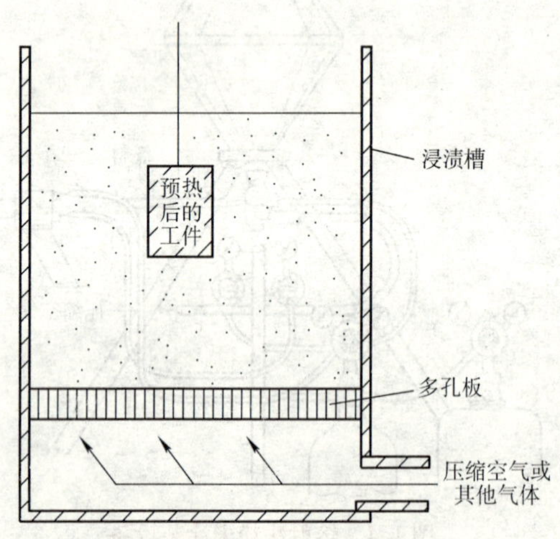

图 1-5　流化床浸渍法原理图

若获得均匀的涂膜，需保持流动状态粉末的稳定。涂膜厚度靠浸渍时间和工件预热温度决定。如果工件的预热温度不足，则被涂工件需进行加热才能使粉末涂料完全固化。此法几乎适用于所有粉末涂料，但由于受浸渍槽大小的限制，只适用于体积比较小或球状的工件涂装，而且工件需要预热。但由于设备和操作简单，适用于连续生产。

（3）喷涂法　将预热到熔融点以上的粉末涂料喷涂到被涂物表面上，冷却后即成涂膜。此法喷涂时的方向性极强，不用遮盖便可进行局部喷涂。但缺点是涂膜厚度不均匀，复杂物件不宜喷涂，被涂物需要预热。

2. 静电粉末涂装法

静电粉末涂装法，是靠高压电使粉末带负电，借助静电引力使粉末吸附在接地的被涂物上，然后加热使粉末熔融固化成涂膜。

使粉末涂料粒子带电的方法有两种：一是在静电场中由电晕放电，使空气离子化产生的电荷相碰带电；二是由粉末粒子间或与器壁的摩擦带电。在涂装机的喷枪前端（或阴极电栅）得到负电荷的粉末粒子，沿着被涂物与电极形成的静电场中的电力线，随着空气流（即电场风）方向飞向被涂物，在飞行中带有负电荷的粒子相互排斥，使粒子分散和阻止聚集并靠近被涂物，最后靠库仑力的作用，吸引和吸附在被涂物上。

粉末涂料粒子能够涂着到被涂物表面上，主要是靠库仑力的作用，但其运动轨迹还受其他外力（如压缩空气给予的动能）、重力以及空气流、涂装室排风强度、排风方向、粉末粒径等影响。因为粉末涂料的粒子绝缘电阻很高，附着在被涂物表面后电荷不会马上减少，而且能够保持相当长的时间。因此，涂料粒子虽未熔融，但也可安定地附着在被涂物表面上，不受重力、空气流和振荡的影响，这一重要特性在工业生产中极其重要，这就是为什么静电粉末喷涂时被涂物不需预热并可在常温下涂装的原因。其次，被涂物上附着的粒子层，因受库仑力的作用，有非常高的集聚密度，在随后的烘烤中是形成气泡少、表面平滑涂膜的决定因素。

当飞向被涂物表面上的粉末粒子不断附着时，集聚的粒子层上

的负电荷量增大，因而出现静电平衡现象，提高静电平衡点能显著地提高涂膜厚度。

（1）静电粉末喷涂法原理　静电粉末喷涂法是靠静电粉末喷枪喷出的粉末涂料在分散时使粉末粒子带负电荷，带电的粉末粒子在空气流的推动下，受静电场静电引力的作用，附着在接地的被涂物表面上，然后再加热熔融固化成膜。其工作原理与一般的溶剂型涂料的静电喷涂法（尤其是采用空气雾化的电喷枪的场合）几乎完全相同。所不同的是粉末喷涂是分散而不是雾化。静电粉末喷涂法原理如图 1-6 所示。

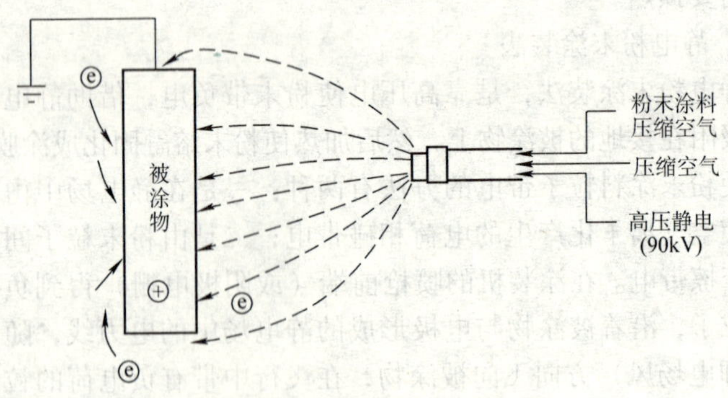

图 1-6　静电粉末喷涂法原理

（2）静电流化床浸渍法　静电流化床浸渍法与流动床浸渍法相比，粉末涂料的装入量少，流层内设有电极，电极上接上负高电压，当有接地的被涂物（工件）通过时，带电的粉末粒子就靠静电引力的作用吸附在被涂物上，在常温下即可进行，其涂装原理如图 1-7 所示。此法特别适合形状比较简单、可连续生产的粉末涂装。

静电流化床浸渍法不同于静电粉末喷涂法。它基本上不用涂装室和粉末回收装置等，极其适用于自动涂装。但被涂物的大小形状受一定限制。

（3）静电粉末振荡涂装法　此法兼有静电粉末喷涂法和静电流动床浸渍法的优点，其最大特点是不用压缩空气作为载体，不需要大型的粉末回收装置。它是在高压静电场作用下，靠阴极电栅的弹

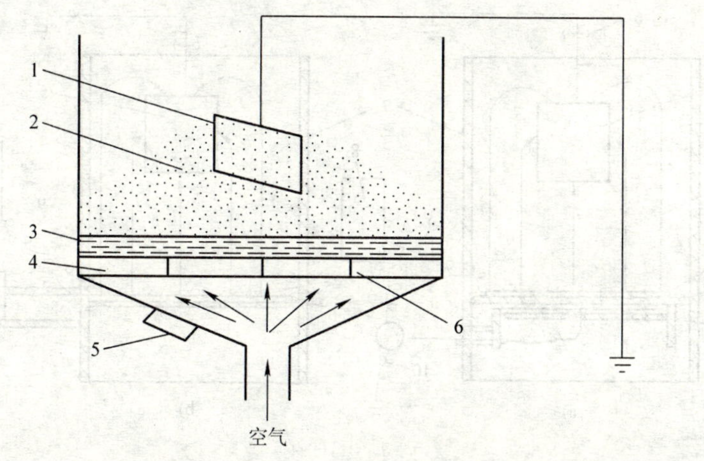

图 1-7　静电流化床浸渍涂装法原理

1—被涂物　2—带电粉末涂料浮动层　3—浮动层
4—多孔板　5—振动器　6—高压电极

性振荡，使粉末粒子充分带电和克服惯性，沿着电场力吸附到接地的被涂物表面上。

静电粉末振荡涂装法的工作原理是：在塑料制的粉末涂装箱内，以接地的被涂物为阳极，在距被涂物 200mm 左右的底面或侧面设置电栅作为阴极，电栅铺在粉末涂料上或埋在粉末涂料中，接上负高压电，在两极间形成高压静电场，即在阴极电栅上产生电晕放电，粉末粒子与电栅或电晕套直接接触而得到电荷。

粉末粒子借助于静电场的作用力或其他机械作用力，使阴极电栅产生弹性振荡而导致粉末粒子由静态变为动态，带负电的粉末粒子在高压静电场的作用下飘浮起来，沿着电力线方向高效地被吸附到被涂物表面上，然后加热熔融固化成涂膜。由于阴极电栅产生的振荡方式不同，静电粉末振荡涂装法可分为静电振荡法和机械振荡法两种，如图 1-8 所示。

静电振荡法的阴极分为上阴极和下阴极，在上、下阴极上都接上负高压电有击穿的可能性，阴阳极间的电场强度有波动。机械振

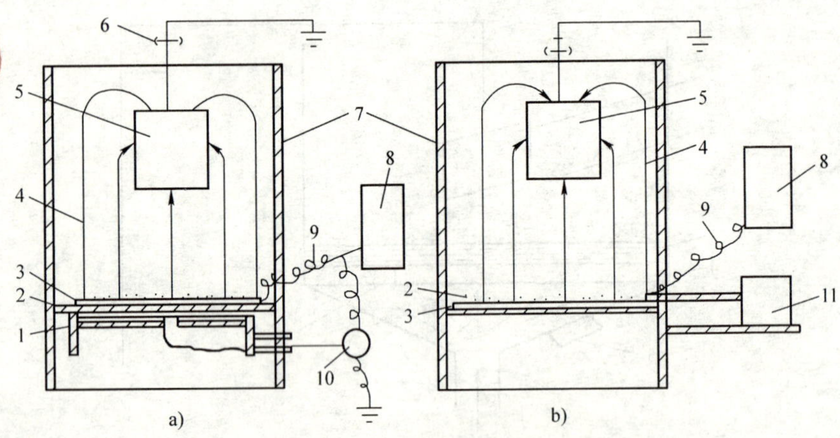

图 1-8　静电粉末振荡涂装原理

a）静电振荡法　b）机械振荡法

1—下阴极　2—粉末涂料　3—上阴极　4—电力线　5—被涂物　6—运输链（接地）　7—塑料箱　8—高压直流电源　9—高压电缆　10—转向开关　11—机械振荡装置

荡法克服了静电振荡法的缺点，借助水平方向的机械振荡使阴极电栅产生弹性振荡。这种振荡结构简单，电场强度不波动，无击穿危险，并可大大提高涂装效果。两种振荡法的特性比较见表 1-8。

表 1-8　两种振荡法的特性对比

方法 特性	静电振荡法	机械振荡法
工作原理	高压静电 + 静电振荡	高压静电 + 静电振荡
振荡效率调整	较难	较容易
振荡频率调整	较复杂	较简单
上、下阴极击穿可能性	有	无
电场方向	电场强度产生波形变化不稳定	稳定
电流特点	电流较大且波动	电流较小且稳定
阴极与粉末接触	阴极丝仅上下振动，接触面小（沿阴极丝一条很窄）	阴极电栅水平方向振动，接触面大（整个平面）

（4）静电粉末雾化法 此法是通过静电喷涂和流动床并用的静电浮游方式，粉末涂料由密闭的涂装室的静电喷枪喷射出来，带电的粉末粒子与由下部吹上来的粉末粒子呈浮云状态浮游，在室内吹入少量空气，使之处于缓慢循环状态，当被涂物由运输链送入涂装室内时，靠静电效应进行涂装。此法适用于各种尺寸的被涂物，可进行连续生产。

3. 其他粉末涂装法

（1）粉末电泳涂装法 此法是将粉末涂料分散在加有表面活性剂的液体介质中，或将粉末涂料当作颜料那样配制在同一体系的电泳涂料中，采用一般的电泳涂装法涂装、烘干，即可得到均匀涂膜。

由于粉末涂料电泳槽液的泳透力良好，采用此法获得的涂膜性能与静电粉末喷涂法的涂膜性能相同。

阴极电泳粉末底漆的涂膜性能优于一般的阳极和阴极电泳底漆的涂膜，其性能对比见表1-9（在样板相同并都经过同样的磷化处理后涂膜对比）。

表1-9 阳极、阴极电泳底漆涂膜和阴极电泳粉末底漆涂膜性能对比

项目＼类型		阳极电泳底漆	阴极电泳底漆	阴极电泳粉末底漆
树脂类型		聚丁二烯树脂型	环氧树脂型	环氧树脂型
烘干	预烘	—	—	80℃，10min
	烘干	100℃，20min	180℃，20min	190℃，20min
膜厚/μm		20～25	20～25	40～60
附着力/级		1	1	1
光泽（%）		50～70	50～70	60～80
铅笔硬度		F～H	2H～3H	3H～4H
冲击韧度/N·cm		500	500	500
涂面漆后的总涂膜耐盐雾性/h		400	800	1500

粉末电泳涂装法发挥了电泳涂装法的优点，保持了粉末涂料涂膜的优良性能，消除了粉末涂装的粉尘和火灾危险性。

（2）分散体法　此法是将树脂粉末与增塑剂、溶剂混合成悬浮状的分散体，然后采用一般的涂装方法涂布，然后加热固化成涂膜。适用于在溶剂中难溶的塑料粉末涂装，涂膜性能优良。但粉末要求很细，成本较高。

第七节　涂膜的固化

在涂装施工中，为了保证涂装质量，除了选用合适的涂料外，正确选用涂膜的固化方法和设备也是非常重要的，否则很难得到理想的涂膜。

一、涂膜的固化方式

应掌握涂膜的固化方法和设备。

涂膜的固化方法有自然干燥、加速干燥、烘烤干燥及照射固化干燥四种方法。

1. 自然干燥

涂膜在室温15～30℃条件下干燥，称为自然干燥。自然干燥适用于挥发型溶剂涂料、自干型涂料和触媒聚合型涂料。例如乙基纤维素涂料、硝化纤维素涂料、过氯乙烯树脂涂料、热塑性丙烯酸树脂涂料等。涂膜的干燥与所使用的溶剂、施工环境的温度和湿度、通风情况等有关。自干涂料所选用的溶剂，一般均为几种溶剂的混合物，但应合理配比，调整好溶剂的挥发速度，若挥发速度过快，会使涂膜出现针孔、缩孔等缺陷；若挥发速度过慢，会使涂膜出现流挂缺陷。自然干燥温度为15～30℃，相对湿度为70%～80%，同时还要进行通风换气。一般来说，温度越高，湿度越低，施工现场清洁并有良好的通风换气，则涂膜干燥速度越快。

2. 加速干燥

加速干燥就是在涂料中加入一定量的催干剂，使其在一定温度下（50～80℃）快速干燥，以缩短工期。加速干燥所选用的涂料有：酚醛磁漆、酯胶磁漆、醇酸漆等。影响加速干燥因素有：使用催干剂的种类和用量。加速干燥的涂膜坚硬，附着力好，干燥彻底。

3. 烘烤干燥

有些被涂物不能自然干燥，加入催干剂后干燥不彻底，必须进行烘烤才能干燥。烘烤干燥可分为低温烘烤（100℃以下）、中温烘烤（100～150℃）和高温烘烤（150℃以上）。这类涂料有：胺基醇酸烘漆、沥青烘漆、有机硅烘漆、热固性氨基醇酸树脂涂料、热固性丙烯酸树脂涂料等。每种涂料都规定有烘烤温度范围。烘烤温度过高或过低，都会影响涂膜质量。例如胺基醇酸漆的烘烤温度超过140℃，涂膜将变黄、发脆、光泽和丰满度下降。有机硅烘漆烘烤温度低，会使涂膜不完全固化。

经烘烤后的涂膜，其硬度、附着力、光泽、耐久、耐油、耐水、耐化学药品性等各方面性能，均比自然干燥的涂膜好得多。

烘烤干燥方式有：对流、辐射和电感应加热三种。

1）对流加热是以热空气为媒体将涂膜加热，其优点是加热均匀，适于形状、结构复杂的被涂物涂膜的烘干；其缺点是升温速度慢、热效率低。

2）辐射干燥是采用红外线、远红外线、高红外线烘烤，从热源辐射出来的能量呈电磁波在空气中传播，辐射到被涂物体后直接吸收转换成热能，使涂膜和底材同时受热，升温速度快，热效率和烘干效率高。但有照射盲点，温度不易均匀。

为克服对流加热和辐射加热的缺点，现代涂装行业，尤其是汽车涂装则采用对流和辐射相结合的加热方式，在烘干室的升温区段采用辐射加热，在保温区段采用对流加热。

4. 照射固化干燥

照射固化干燥是采用照射紫外线和电子束等特殊能量，使涂膜固化的方式。可分为光固化法和电子束固化法。

1）光固化法是采用波长为300～450nm的紫外线照射到含有光敏剂的光固化涂料的涂膜后，光敏剂就会分解，产生活性的游离基团，随即引发聚合反应，在极短时间内使涂膜固化，故又称为紫外线固化。光固化使用的涂料仅适用于光固化专用涂料，其优点是固化时间短，在常温下即能固化，适用于木材、塑料等涂膜固化。

2）电子束固法是采用电子束作为能量照射到涂膜上，在极短时间内（1～2s）固化干燥。适用的涂料主要是不饱和聚酯树脂的无溶剂涂料、环氧聚脂涂料以及多异氰酸酯、丙烯酸酯的无溶剂涂料等，其优点是可在常温下固化，不需加热且能固化到深处。其缺点是照射有盲点，不适用于管子内部和汽车车身内表面的涂膜固化，而且照射装置价格高，安全管理严格。适用于木材、塑料、金属板材、纸、布和皮革等涂膜的固化。

涂料的加热方式、特点及适用范围见表1-10。

表1-10　涂料的加热方式、特点及适用范围

干燥方式	加热方式	特　点	适用范围
自然干燥	—	1. 不需设备，干燥环境应清洁，通风应良好 2. 干燥时间受环境温度影响较大	适用于气干漆的小批量生产和大件生产
空气对流干燥	蒸汽	干燥温度为50～100℃，成本低，安全性好	适用于低温干燥涂料
	煤气或天然气	干燥温度为60～220℃，需要专门设备及煤气或天然气	适用于各种高低温干燥涂料
	重油或柴油	干燥温度为60～220℃，需要有专门设备和燃油	适用于各种高低温干燥的涂料
	电热	干燥温度为60～220℃，需要电能	
红外线辐射干燥	红外线灯泡	干燥温度低于120℃，干燥速度快，耗电量大，灯泡使用寿命短	可制成移动装置，用于补漆和烘干室内干燥
	碘钨灯管	干燥温度高于130℃，升温快，温度均匀，但灯管易坏，成本高	用于间歇式或连续式烘干炉
	管式、板式碳化硅或辐射器	干燥温度低于200℃，干燥速度快，加热装置使用寿命较长，但耗电量大	适用于通过式烘干室
	煤气红外线辐射器	干燥时间短，温度易控制，成本低，但操作要求严格	适用于通过式烘干室

（续）

干燥方式	加热方式	特　　点	适用范围
红外线辐射干燥	远红外辐射器	干燥温度为200℃，干燥速度快，涂膜干燥质量好，省电	适用于通过式烘干室
	高红外辐射器	干燥温度为200℃，干燥速度快，涂膜质量好，省电，但价格贵	适用于通过式烘干室
紫外线干燥	水银灯、弧光灯、荧光灯、氙气灯	生产效率高，投资少，占地小，设备简单，适用于含紫外线透射率大的体质颜料的涂料干燥，不适用于遮盖力大的涂料，光的照射角对固化效果影响很大，复杂工件干燥易出现死角	适用于流水生产线干燥。但不宜高温加热干燥
电子束干燥	电子束发生器	干燥效率高，设备复杂，成本较高	适用于某些氨基甲酸酯涂料干燥，国外多用于聚脂丙烯酸涂料和氟化聚氯乙烯涂料干燥

烘干温度和保温时间，主要取决于被烘干的涂料类型、被烘干物材质、热容量以及加热方式等因素。烘干时间包括升温时间和保温时间。升温时间是指被涂物温度从室温升到规定温度时所需的时间。保温时间是指涂物涂膜在规定温度下完全干燥所需时间。升温时间可根据涂料种类调节。粉末涂料和电泳涂料的升温时间可以较短些，升温速度可以快些，而溶剂型涂料和涂膜比较厚时升温必须缓慢，不宜过快，否则易产生针孔和起皱等涂膜缺陷。保温时间必须根据涂料的技术要求确保涂膜完全干透。涂料的烘干温度和保温时间，一般均按涂料的生产厂家规定，这样所得的涂膜性能为最佳。烘干温度和时间可在一定范围内变动，但一旦选定烘干温度和时间后，只应在较小的范围内变动，以确保涂膜的质量稳定。一般用温度－时间变化曲线图表示烘干规范，如图1-9所示。

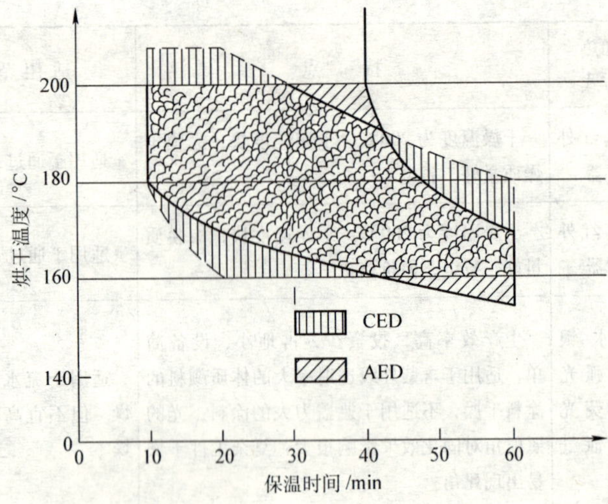

图 1-9　某公司生产的阳极电泳涂料（AED）
和阴极电泳涂料（CED）的烘干温度和保温时间
［烘干条件：AED、CED 温度为（170±10）℃
（工件温度），保温时间：20min］

二、涂膜固化应具备的条件

应掌握涂膜的固化条件。

1）烘干室内或自然干燥场所应清洁，无灰尘，空气要干净。

2）烘烤温度应符合涂料的技术要求，温度过高或过低都会影响烘干效率和涂膜质量。

3）空气应流动。在空气流动的场所要比空气不流动的场所涂膜干燥要快，因为空气流动有助于溶剂挥发。

4）一般应在前一层涂层充分干燥后才能涂装下一层涂料，否则会产生咬底、渗色等涂膜缺陷并影响烘干效果。

复习思考题

1. 掌握磷化液总酸度及各种成分的测定。
2. 了解脱脂常见质量问题及解决方法。

3. 了解常见磷化质量问题及解决方法。
4. 简述磷化处理原理。
5. 简述影响磷化膜质量的因素。
6. 简述电泳涂装原理。
7. 电泳涂装工艺主要有哪几道工序？
8. 简述静电涂装原理。
9. 静电涂装有哪些优缺点？
10. 简述粉末涂装原理。
11. 粉末涂装有哪些优缺点？
12. 粉末涂装有哪几种方法？
13. 涂膜的固化方式有几种？
14. 涂膜固化应具备哪些条件？

第二章

涂膜修补及涂装设备设计知识

培训学习目标 掌握涂膜修补操作的相关内容及方法，了解静电喷涂设备及电泳涂装设备的相关设计知识。

第一节 涂膜修补操作

被涂物表面的涂膜在使用过程中不可避免会发生损坏或因使用时间过长涂膜老化损坏，此时就需要对损坏的涂膜进行修补涂装，现以汽车涂膜的修补涂装为例简介如下。

一、汽车涂膜修补涂装工艺过程

汽车因交通事故涂膜发生损坏或因使用时间过长涂膜老化，需进行修补或整车翻新的涂装称为汽车修补涂装。汽车修补涂装根据其作业量的大小可分为局部修补涂装和整车修补涂装。由于涂膜损坏的不规范性，修补涂装工艺也几乎各不相同。因此，必须根据涂膜损坏状态和现场的具体条件确定修补涂装工艺。尤其在局部修补涂装时的调色，使补漆面与原漆面在涂膜外观、光泽、颜色达到基本一致，需要丰富的经验和极高的技术。局部和整车修补涂装的典型工艺过程见表 2-1。

应掌握涂膜修补涂装的基本工艺和操作。

表 2-1　汽车修补涂装工艺过程

工序号	工序名称	局部修补涂装		整车修补涂装	
		从底到面	局部翻新	出白后全涂装	面漆翻新
一	修补涂装前的准备工作				
1	卸下影响钣金、涂装作业的部件	✓	✓	✓	✓
2	将车刷洗干净，按涂膜状况及用户要求拟定修补工艺及操作步骤	✓	✓	✓	✓
3	将钣金整平，尽可能消除被修补表面的凹凸缺陷	✓	✓	✓	✓
4	用胶带和纸或保护罩遮盖不需要涂装的表面和门窗玻璃	✓	✓	✓	✓
二	涂装前表面预处理工序				
5	铲掉被修补表面的旧涂层，用打磨法或脱漆剂使局部露出底金属或出白	✓		✓	
6	擦净或吸净表面，去除污物和打磨灰	✓	✓	✓	✓
7	用溶剂湿润的抹布擦净，去除油污和手印	✓	✓	✓	✓
8	在要求高的场合，喷涂一薄层磷化底漆	✓		✓	
三	底涂层涂装（含刮腻子整平）工序				
9	刷除或喷涂自干型合成树脂底漆	✓		✓	
10	自然干燥或在 60℃下或红外辐射强制烘干	✓		✓	
11	钣金修整部位和凹坑表面涂刮腻子（涂刮腻子的次数取决于表面的不平整度）	✓		✓	

（续）

工序号	工序名称	局部修补涂装		整车修补涂装	
		从底到面	局部翻新	出白后全涂装	面漆翻新
12	自然干燥或在60℃下或辐射强制烘干	✓		✓	
13	采用干打磨法或湿打磨法手工磨平刮腻子的表面，在整车修补涂装场合对整车表面进行一次湿打磨	✓		✓	
14	吹干或烘干水分	✓		✓	
四	涂中间涂层				
15	用溶剂汽油湿润的抹布和黏性擦布除去油污和灰尘	✓		✓	
16	喷涂一道中间涂料（俗称二道浆，或用底漆与面漆1:1体积比改制成的中间涂料）	✓		✓	
17	自然干燥或在60℃下强制干燥，或用红外辐射器烘干	✓		✓	
18	局部补刮腻子，消除腻子的砂眼、砂纸纹等（为提高加工速度，有时可用快干腻子）	✓		✓	
19	腻子层干燥后，整个表面用360～400#水砂纸进行湿打磨并擦洗干净	✓	✓	✓	✓
五	涂面漆工序				
20	不需涂装面漆的表面采用胶带和纸遮盖保护好	✓	✓	✓	✓
21	用溶剂汽油湿润过的抹布或黏性擦布擦净表面	✓	✓	✓	✓
22	喷涂面漆（固体分质量分数45%以上的面漆喷涂2～3道，固体分质量分数低于40%的面漆，如硝基面漆，喷涂3～4道）	✓	✓	✓	✓

（续）

工序号	工序名称	局部修补涂装		整车修补涂装	
		从底到面	局部翻新	出白后全涂装	面漆翻新
23	自然干燥或在60℃下强制干燥（局部修补涂装时，可采用红外辐射器烘干）	✓	✓	✓	✓
六	最终修饰工序				
24	去掉保护纸和胶带	✓	✓	✓	✓
25	检查涂装质量，标出涂膜缺陷	✓	✓	✓	✓
26	用打磨、抛光等办法进行修饰，消除缺陷，消除局部喷涂的虚痕	✓	✓	✓	✓
27	安装修补涂装前卸下的部件	✓	✓	✓	✓
28	清扫车内外表面和轮胎	✓	✓	✓	✓

二、涂装前表面预处理

为了获得优质涂膜，在涂装前对被涂部位表面进行的一切准备工作，均称为涂装前表面预处理。涂装前对被涂部位的表面预处理非常重要，处理不好会降低涂膜与基体金属的附着力，或造成接口边缘搭接不顺畅而形成补疤，以及涂膜干燥不良、起泡、龟裂、剥落等缺陷。特别是锈层，若带锈涂装，锈蚀仍然在涂膜底下蔓延，则完全失去了涂装的意义。涂装前表面预处理主要包括除锈、旧涂膜的清除、脱脂、边缘接口的修整等工艺过程。因除锈、旧涂膜的清除、脱脂工艺在初级涂装工、中级涂装工已有详细介绍，在此不再赘述，现只重点介绍边缘接口的修整。

局部修补涂装质量很大程度上取决于修补涂膜与原涂膜交界处的质量，处理不好，往往会形成补疤的外观。所以，进行局部修补涂装时，对剥离涂膜的边缘修整处理工作应十分重视，应单独作为一道工序来进行。

边缘接口的修整可采用手工打磨或采用打磨机进行。打磨机多采用双动式打磨机，使用的磨头是硬磨头，使用的砂纸粒度一般是60～

100 号，打磨时所用气压一般为 600 ~ 700kPa，打磨时注意不能用力压，主要靠旋转力进行研磨。双动式打磨机的磨头选择如图 2-1 所示。

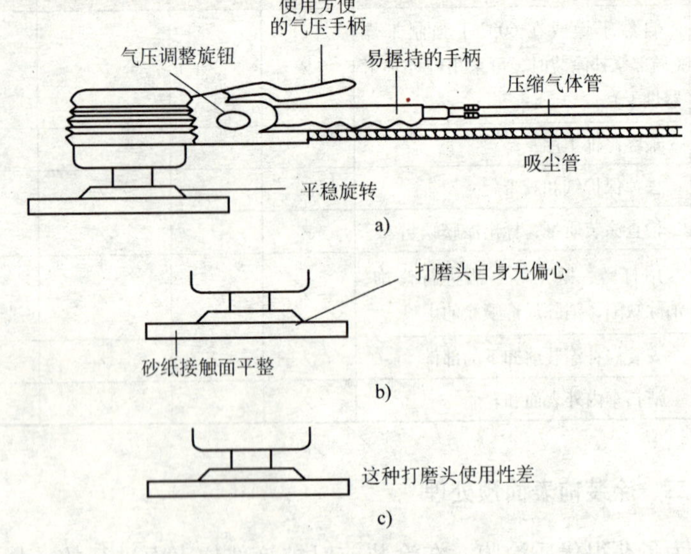

图 2-1　双动式打磨机的选择

a）磨头平稳旋转　b）磨头自身无偏心　c）普通磨头

边缘接口部位修整后最终要形成的形状如图 2-2 所示。表面应没有粗糙的划痕和不整齐的形状，要使新、旧涂膜的交接平滑过渡。

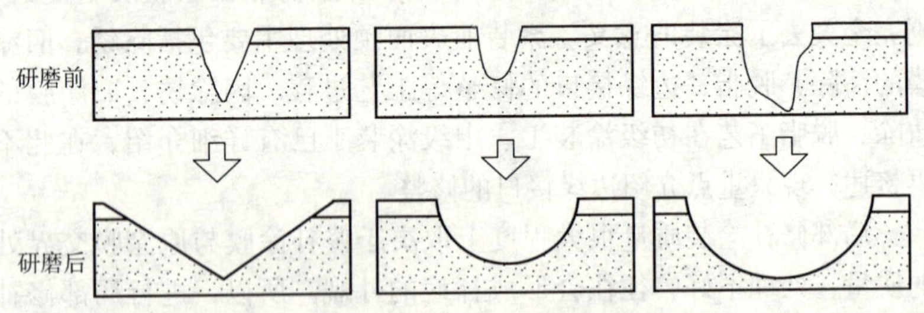

图 2-2　边缘接口部位修整前后的形状

三、底涂层涂装

完成上述表面预处理后，就可以进行底涂层涂装了。底涂层不

只是一层涂料，而是由多层不同的涂料组成。因此，有时也称为内涂层系统或底涂层系统。对于底涂层的处理将最终决定喷涂中间涂层和面涂层的质量，必须引起高度重视。底涂层涂装包括底漆、刮腻子和打磨腻子。

1. 涂底漆

底漆是底涂层中直接与金属板表面接触并附着在其上的涂层。对所有的待修表面，涂底漆是车身表面涂膜修补工艺的一道必不可少的工序，在实际操作过程中往往容易被人们忽视。涂底漆可以采用刷漆，也可以采用喷漆。其作用是保护裸露金属，如图 2-3 所示。

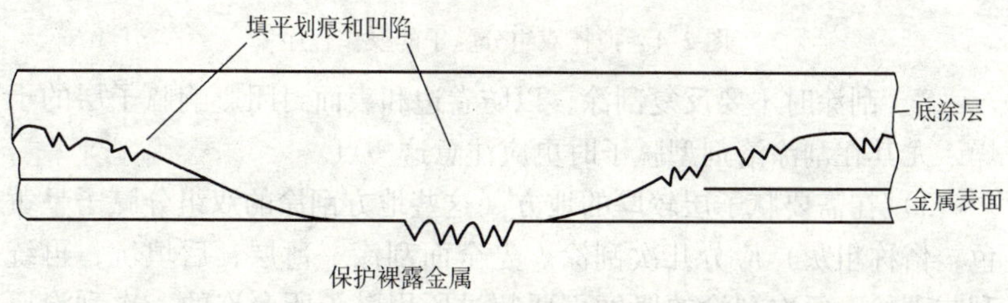

图 2-3　底漆对裸露金属的保护作用

在金属板表面上涂底漆一般要涂 2 ~ 3 道。每涂完一道之后，要留一段时间让涂层干燥，待干燥后再涂第二道。待底漆完全干固后，采用打磨块将表面打磨平。

2. 刮腻子

通过刮涂填平性能好的腻子，可以消除被涂物表面的凹陷、划痕等缺陷。但在修补碰撞严重的车身时，应先通过钣金整形来消除被涂物表面较大的凹凸不平，力争做到少刮腻子。刮腻子虽然能提高被涂物表面涂膜的外观装饰性，但是不能提高涂膜的保护性能。首先，因为腻子的颜料含量高，腻子层缺乏弹性，易开裂，从而导致整个涂膜被破坏；其次是刮腻子工效低，劳动强度大，需要较高的工艺，操作时应注意下列几点：

1）刮涂前腻子一定要搅拌适当，尤其是双组分腻子，其搅拌作业如图 2-4 所示。根据作业要求，腻子稠度选择要适当。不饱和聚酯腻子的稠度调整需采用苯乙烯单体，不能采用其他普通稀料。

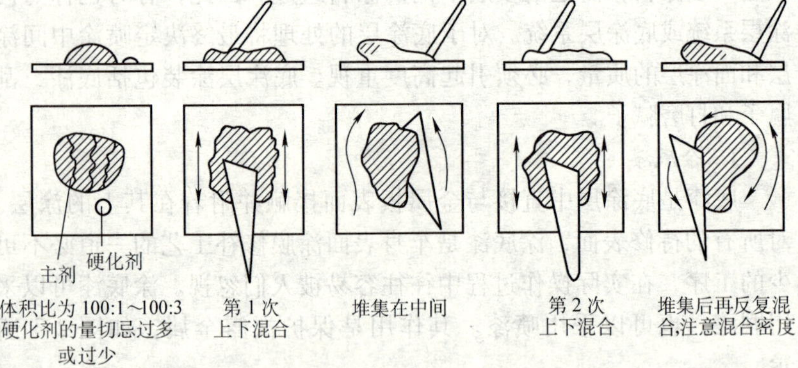

图 2-4 搅拌双组分腻子的操作程序

2）刮涂时不要反复刮涂，以防卷边和表面封闭影响腻子层的干燥，尤其在刮涂溶剂型腻子时更应注意这一点。

3）在需要腻子层较厚的地方（这些地方刮涂的双组分腻子呈黄色，俗称粗灰）应分几次刮涂。先全面刮涂一薄层，后填坑，再统刮或刮稀。每次刮涂的厚度不要超过所用腻子所允许的一次刮涂厚度。尤其在刮涂溶剂型腻子时，一次刮涂超过0.5mm，则容易产生表干里不干（糖心）、起泡和开裂等现象。每层腻子应干透、打磨、擦净后才能再刮下一道腻子。

4）刮涂腻子时，应轻轻按压刮具，并沿刮具的长轴方向移动，按压的力度根据刮涂部位的状况不同而定。

5）在刮涂施工中，应根据需要刮涂部位的大小、部位及相对位置选择相应的刮涂方式。

6）溶剂型腻子层在烘干前应有较长的晾干时间，烘干时应逐渐升温，以防烘干过急而起泡。

7）快干硝基腻子（俗称细灰或红灰）的收缩性大，仅可用来填平经打磨后的粗灰或漆面上的砂眼和划痕，不宜用来填坑或大面积刮涂。

8）先刮粗灰，后刮细灰。

3. 打磨腻子

采用干式或湿式打磨被涂物表面腻子层，使之平整并为下一涂

层提供良好附着力的方法称为磨平。

采用手工磨平适用于有拐角和外形复杂的表面磨平。手工打磨时不仅是手指尖的动作，手腕也需保证正确的动作，手的位置使手指与打磨的方向成一角度，以防形成指状磨痕，尽可能顺着车体外形进行短促、平行的打磨。压力不可过重，以免只粘滞而不耐用，并形成过深的擦痕和指状痕迹。

采用软木或硬橡胶垫作助力工具打磨，先把砂纸包裹在软木或硬橡胶垫外面进行手工打磨，适用于平面区域较大的表面磨平。这种方法能提高打磨的效率及表面的平整度。

采用打磨机磨平适用于平坦或柔和弯曲的部位，特别是大片平面的打磨。虽然打磨机不能完全替代手工打磨，但是打磨效率可大大提高，采用打磨机时应避免用力重压。

采用清水作湿润剂打磨腻子，不但能迅速除去磨灰、带走热量的同时，还可使湿润的磨灰填平细小的针眼，从而可使操作人员减少灰尘的吸入量，提高打磨表面的质量。所以，汽车进行修补涂装时一般都采用湿打磨而不采用干打磨。

应掌握打磨腻子的注意事项。

(1) 打磨作业时应注意的事项

1) 估计需要刮几次粗灰才能填平的，前几次打磨可选用较小号水砂纸（号数越小，砂粒越粗）粗磨，最后一道粗灰应选用较大号水砂纸精磨。

2) 细灰干燥后，必须选用大号水砂纸精磨。

3) 腻子与原有漆膜接合处要磨出羽状边。先从原有漆膜向腻子方向磨，待磨到羽状模样稍微显现时再交叉全方位研磨。需要磨出20～30mm宽的羽状边，一定要去除前一道工序留下的砂痕才能避免涂面漆后产生接合边缘收缩的缺陷。

(2) 打磨检查　打磨过程中，应不断地检查打磨后被涂表面的质量是否达到了工艺要求，并不是磨得越多越好。由于腻子层无光，很难目测其表面缺陷，通常可采用以下几种方法检测。

1) 显影层法：在磨平、清洁过的被涂表面上喷涂一薄层有光的面漆，可使被涂表面的凹洼、打磨痕迹、孔洞等显现出来，即可检查出需补平的区域。

2）水膜法：在湿打磨时借助水洗时的水膜来检查被涂表面的整平质量。

3）手摸法：采用手摸被涂表面应平顺、光滑，尤其是接口边缘应由被涂表面向牢固涂膜表面逐渐变化处应非常细腻和平顺。

4. 喷漆前的遮盖

车身上不需要重新喷漆的部位必须进行有效地遮盖。遮盖不当，漆雾就会落到这些地方，影响该部位面漆的原有质量，特别是广泛使用双组分涂料时遮盖工作显得更加重要。因为一旦这些类型的涂料落到不需要重新喷漆的部位并干燥后，除非进行抛光，无法使用稀释剂或其他溶剂将其清除干净。所以，遮盖工作是喷漆前一项重要的工作，一定要采用专用材料细心遮盖。

（1）遮盖材料　我国大量采用旧报纸作为主要遮盖物给汽车车身作补漆，这种做法是不恰当的。因为旧报纸不耐热，不耐水，易损坏，折叠不好遮盖不严，而且旧报纸还含有油墨，油墨对一些涂料溶剂是可溶的，这些物质接触到底涂层后会造成污点。所以，旧报纸作为遮盖物只能在一般汽车上使用，中高档汽车必须使用专用的遮盖物。汽车用的遮盖专用材料主要有罩纸。罩纸有不同的宽度，其宽度范围为76～900mm。罩纸具有耐热性，因此可以安全地用于烤漆房。另外，它还具有良好的抗湿性和防溶剂渗透性。其次汽车用的遮盖材料是胶带，它有不同的宽度，其宽度范围为0.6～5mm。宽的较贵，且不易操作，应尽量少用。细小的弯曲面选用窄胶带更为有效。注意不要混用汽车用胶带和家庭用胶带。家用胶带不能满足汽车修理工作的要求。普通小轿车用两卷或两卷半就能完全遮盖住了。使用罩纸和胶带配合可以很方便地进行遮盖。

喷涂用遮盖物还有几种类型。例如用一种塑料轮胎可以遮住车轮。另外还有车身罩和车框罩。不同形状和尺寸的灯罩，可用来遮盖包括前照灯和尾灯在内的车灯总成。这些不同的遮盖物可根据具体情况加以选用。

（2）遮盖操作　使用胶带粘贴罩纸时，首先要选择合适宽度的胶带和罩纸，然后才能进行粘贴操作。

1）胶带和罩纸宽度的选择：遮盖天线时，一般选用宽76mm的

自带粘性的罩纸。遮盖挡风玻璃时，应选用两层380mm或457mm的罩纸。遮盖车侧窗时，应选用宽30mm或宽380mm的罩纸。遮盖门把手时，可以选用宽19mm的罩带。遮盖镀铬件时，应选用宽19mm或者更宽的胶带。遮盖外反光镜时，可以选用宽50mm或150mm的罩纸。遮盖各种形状和宽度的网栅、保险杠时，需要选用不同宽度的罩纸，最常用的宽度有：152mm，228mm，30mm，380mm。保护车轮，可选用两块宽457mm的罩纸包好。遮盖尾灯时，应选用宽152mm或宽228mm的罩纸。遮盖文字或标记时，应选用宽3mm或6mm的胶带。遮盖保护行李箱的内侧时，需选用2～3块宽度为914mm的罩纸。遮盖门侧柱的周围时，应选用宽152mm的自带粘性的罩纸。

2）遮盖操作：遮盖操作时，应一手固定胶带，另一手扯紧并撕下胶带，这样既可以使胶带粘紧，又可以改变胶带粘贴的方向，同时还能方便缠绕边角等部位。扯断胶带时，拇指应迅速向上撕，可以很容易的扯断胶带。这样操作可以获得干净的截面，并使胶带不受任何拉伸。

汽车窗玻璃遮盖操作如图2-5所示，用两条宽各约500mm和200mm的罩纸在搭接处上、下两层交叠在一起遮盖住车窗玻璃，周边和上、下两层交接处用胶带粘牢即可。

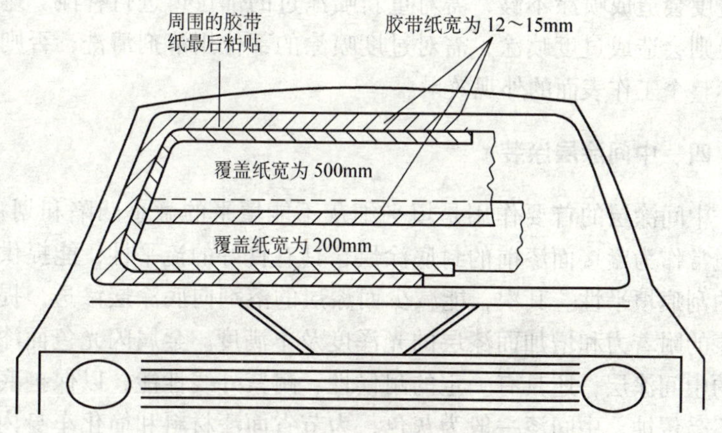

图2-5　汽车窗玻璃遮盖操作

(3) 遮盖操作注意事项

1）使用任何遮盖材料都必须先彻底清洗干净车身表面，而且应该吹干净车身的所有灰尘。如果车身表面不干净或不干燥，胶带就无法粘住。将胶带压紧在车身表面上并使其粘牢是非常重要的，否则涂料溶剂就会在胶带下流动。对于需要喷涂两种不同颜色漆的情况，如果颜色的断层不是用装饰带或嵌条掩盖的话压紧胶带则更加重要了。

2）如果喷涂车间又冷又湿，且几乎没有空气流动，胶带有可能无法粘紧玻璃或镀铬件。这是因为在这些部件的表面已经形成了一层不可见的冷凝膜。只有在干燥后，胶带才能正确地粘贴住。

3）胶带通常无法粘到门侧位和活动车顶周围的橡胶雨封条上。要想遮盖住橡胶雨封条，可以先用抹布涂抹一层透明清漆稀释剂，等其完全干燥后再使用胶带。遮盖门侧柱的时候，一定要遮盖好门锁和插销等部位。

4）遇到曲面时，可将防护带的内侧边缘重叠以适应曲面粘紧的需要。

5）全部遮盖完成后，应仔细检查遮盖是否有过度或不足的部位，否则在完成喷涂操作后还需要对这些部位进行额外的工作。遮盖过度会造成喷涂不够，需对重新喷涂过的部位再进行补漆。遮盖不足则会造成过度喷涂，需对过度喷涂的部位用溶剂清洗，否则会损坏整个工作表面的外观效果。

四、中间涂层涂装

中间涂层的首要作用是填平细灰不能填平的微小凹陷和划痕。它通常作为紧接面漆前的封底涂层，具有良好的流平性，能提供良好的刮痕填平性。其次，能减少面漆层的溶剂向底涂层渗透，提高面漆的附着力和增加面漆层的光泽度及丰满度。金属闪光色面漆层下的中间涂层，还具有一定的耐候性、耐紫外线性能，以保护底涂层不受侵蚀。中间漆一般为灰色，为节省面漆材料和简化车身内部涂装工艺，中间漆有与面漆同色化的倾向。为减轻或免去中间涂层

繁重的打磨工作量，开发展平性更好、面漆与未打磨的中间涂层附着优良的免打磨中间漆是非常必要的。中间涂层涂装包括喷涂、干燥和打磨。

1. 喷涂中间涂层

喷涂前，先用压缩空气清除表面灰尘。若进行过湿打磨，应进行去湿处理，使被涂表面干燥。车身常用的中间漆种类不同，其作业方式会有一定的差异。下面介绍两种中间漆的涂装作业。

（1）硝基类和丙烯酸类中间漆的涂装　操作时，喷枪口径一般为1.3~1.8mm，采用上吸式和重力式喷枪都可以。将涂料装入喷枪罐之前必须充分搅拌。因为涂料中所含颜料沉淀于容器底部，必须通过搅拌使其均匀分布于涂料中，将搅拌好的涂料用滤网过滤后装入喷枪罐，并按厂家指定的稀释剂稀释到适合的粘度。一般情况下，中间漆都可采用硝基类稀释剂，但丙烯酸类中间漆必须使用专用的稀释剂。加入稀释剂时，要用搅拌棒边搅拌边添加。中间漆的喷涂粘度随厂家而异。采用4号福特粘度计测量其粘度，硝基类漆粘度为16~20Pa·s；丙烯酸类漆粘度为13~15Pa·s，应注意丙烯酸类漆粘度不宜过高。

喷涂之前，应再次确认被涂物表面是否清洁。喷涂气压以245kPa为宜，喷枪距离为150~250mm，喷枪距离以200mm为最佳，过近则易引起涂膜流挂，过远则易引起涂膜粗糙。喷束直径和喷射流量应根据喷涂面积大小来调整。

中间漆喷涂顺序如图2-6所示，先在修补涂膜边缘交接部位进行薄薄地喷涂，使旧涂膜与腻子的交界面溶接。待其稍干后，对整个腻子层表面薄薄地喷涂一层，喷涂后形成的表面应平整、光滑，选取适当的涂装时间间隔，分几次薄薄地喷涂，一般需要喷涂3~4次。

中间漆的喷涂面积如图2-7所示，应比修补的腻子层面积大，而且要求达到一定的厚度。喷涂第2遍的宽度要比第1遍大，第3遍的宽度要比第2遍大，逐渐加大喷涂面积。

相邻较近的几小块腻子修补块可先分别预喷两遍，然后再整体喷涂2~3遍并连成一大片，如图2-8所示。这样处理，可以取得良

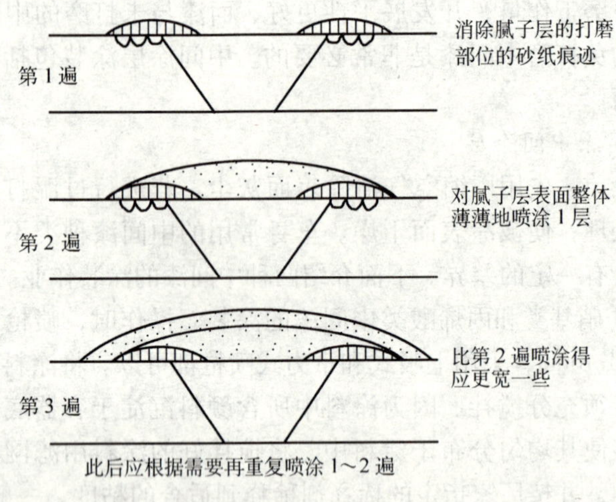

图 2-6　中间漆喷涂顺序

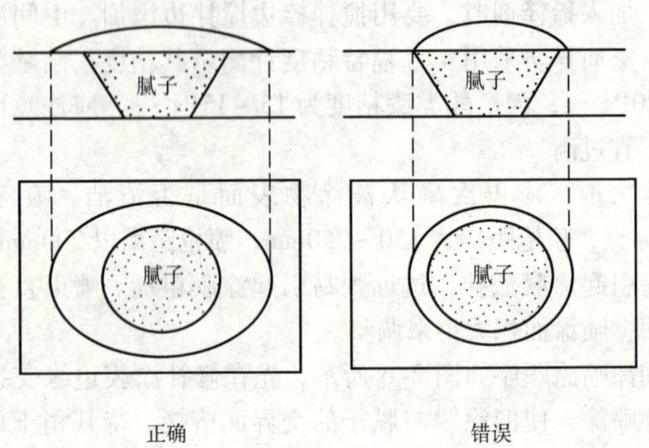

图 2-7　中间漆的喷涂面积

好的效果。这种情况下涂膜也不宜一次喷得过厚，应选取适当的涂装时间间隔，分几次喷涂而成。

当旧涂膜是改性丙烯酸硝基涂料等易溶性涂料时，对于粘度和涂装时间间隔应十分注意。若采用硝基类中间涂料，粘度应取 18 ~ 20Pa · s，需要反复薄薄地喷涂，以免喷涂后涂膜表面粗糙。如果采用丙烯酸类中间涂料，粘度可取 14 ~ 15Pa · s。

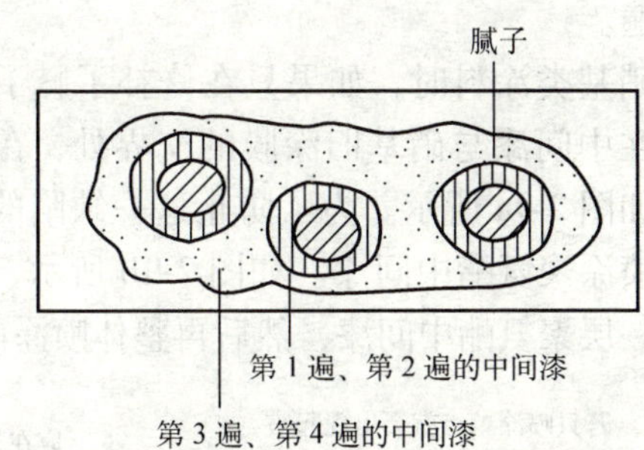

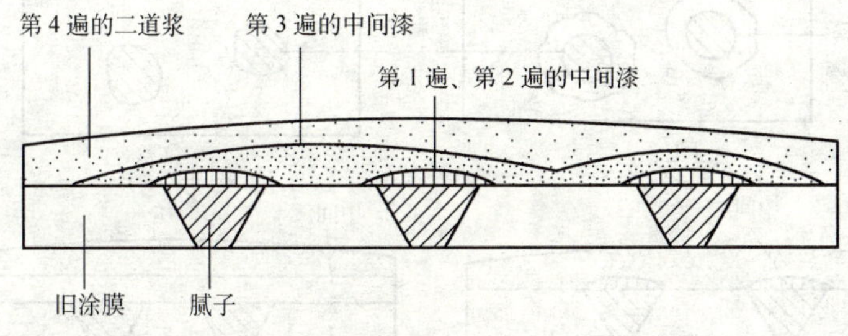

图 2-8 相邻腻子修补块的中间漆涂装

（2）聚氨酯类中间漆的涂装 在调制涂料之前，应先将主剂搅拌均匀，然后将主剂加入调漆罐中，再按规定加入专用固化剂（其比例为重量比），应使用计量工具按正确的比例调配。不同厂家生产的涂料其配制比例有异，注意不要弄错。

盛主剂和固化剂的容器使用之后一定要盖严。若打开盖子敞开放置，涂料就会与空气中的水分起化学反应，严重时造成不能使用报废。主剂和固化剂混合后，采用搅拌棒充分搅拌均匀，再加入聚氨酯中间漆专用稀释剂，调至适宜喷涂的粘度，一般为 16 ~ 18Pa · s，但随着生产厂家不同有所差异，应注意使用说明书的要求。

将调制好的聚氨酯中间漆采用滤网过滤后加入喷枪罐中。所用喷枪若是重力式喷枪，其喷孔直径应为 1 ~ 3mm；若是上吸式喷枪，其喷孔直径为 1. 5 ~ 1. 8mm。

聚氨酯中间漆的喷涂方法与硝基类中间漆一样，但聚氨酯中间漆每道形成的涂膜较厚，一般喷涂两遍就够了，若需更厚涂膜可喷涂 3 遍。例如旧涂膜剥离后的金属表面，如果直接喷涂聚氨酯中间漆，需要喷涂3遍。

当旧涂膜是硝基类涂料时，如果只在修补了腻子的地方喷涂聚氨酯中间漆，则在中间漆与硝基旧涂膜的交界处，在喷涂了面漆之后往往会起皱，如图2-9a所示。为了防止这一缺陷的产生，应在整个部件板上全部喷涂聚氨酯中间漆。如图2-9b所示，应先在修补了腻子处薄薄地喷一层聚氨酯中间漆，然后再整体喷涂两遍。

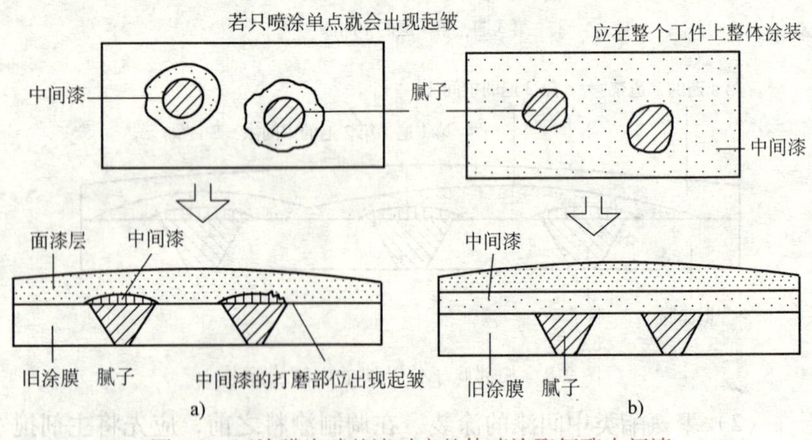

图2-9　旧涂膜为硝基漆时应整体喷涂聚氨酯中间漆

a）正确　b）错误

2. 干燥

中间漆喷涂完成后一定要充分干燥。各种中间漆的平均干燥时间见表2-2，可供使用参考。如果中间漆干燥不充分，不仅打磨时涂料会填满砂纸，使打磨难以进行，而且喷涂面漆之后往往会出现涂膜缺陷。

表2-2　中间漆的平均干燥时间

中间漆种类	自然干燥（20℃）	强制干燥（60℃）
硝基类涂料	30min以上	10～15min
聚氨酯涂料	6h以上	20～30min
合成树脂涂料	3h以上	20min以上

寒冷的冬天，需要采用红外线灯和热风加热器进行强制干燥。这不仅能加速干燥，提高作业效率，还能提高涂膜质量。但不能骤

然提高温度，应渐渐升温，达到60℃左右再保湿。如果旧涂膜有起皱缺陷时，则升温到50℃左右为宜。

应掌握中间涂层的两种打磨方法。

3. 打磨

（1）干打磨　若采用双动式打磨机进行打磨，所用砂纸粒度以240～280号为宜，打磨时先用软的。若采用往复式打磨机，砂纸粒度以280～320号为宜。往复式打磨机打磨要比双动式打磨机速度慢，但操作比较简单。不论采用哪种打磨机打磨，都不能用太大的力压在涂膜上，只能稍用力沿车身表面移动。若用力过大，砂纸磨痕就会过深。采用手工打磨板干打磨时，也应使用软磨头或橡胶块，砂纸粒度为280～400号，打磨运行方向如图2-10所示。

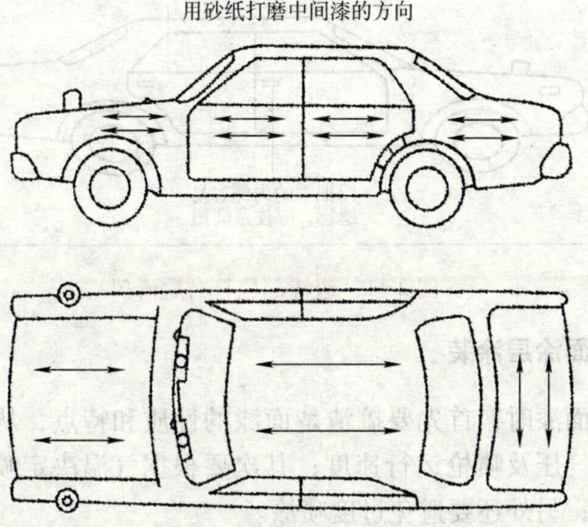

图2-10　中间涂层的打磨运行方向

（2）湿打磨　湿打磨一般采用320～600号水砂纸。当面漆为金属闪光涂料时，可采用400号水砂纸。如果面漆是硝基类涂料时，要采用600号水砂纸，若采用400号水砂纸磨痕往往会显现到涂膜表面。当面漆为单色漆时，可采用320号水砂纸，但单色漆的硝基类涂料除外，应采用400号以上的砂纸打磨。打磨方向如图2-10所示，按此方向打磨，砂纸磨痕和表面不平不易显现到涂膜表面。打磨时使用的垫块应柔软。手工打磨时应避免手指接触被打磨表面。

打磨时要仔细，不能有遗漏。如图 2-11 所示，打磨结束后，对玻璃滑槽缝、门把手、玻璃四周等边缘部位，要用刷子蘸上研磨膏进行打磨并清除残余的污物。

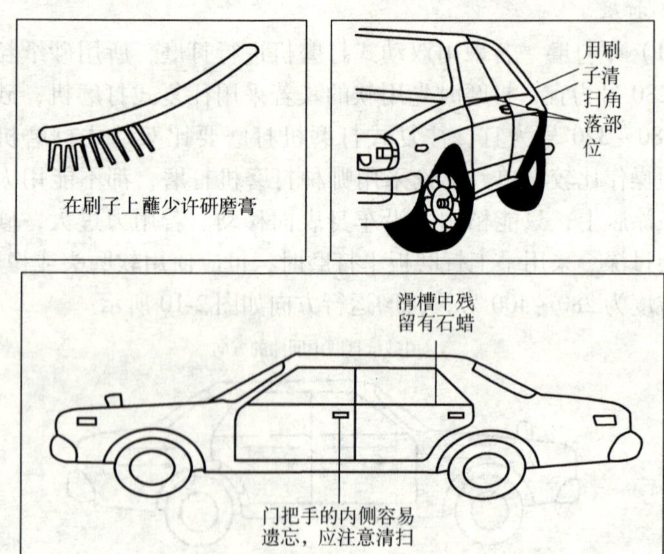

图 2-11　边缘部位打磨后清扫

五、面涂层涂装

喷涂面漆时，首先要搞清楚面漆的性质和特点，从而确定其粘度、喷涂气压及喷枪运行速度；其次要根据气温决定喷涂粘度，选择稀释剂；另外还要避免过度喷涂。

1. 面漆调色

在汽车修补涂装工作中面漆调色是一项技术性很强的工作，尤其用涂料调色是比较难掌握的技术。整车修补涂装可根据用户需要，选用原厂推荐或生产的某种颜色或接近修补前汽车的原色的面漆。整个车身外表面全部重新喷涂面漆一般不会产生色差缺陷，但在局部修补（翻新）的场合要使新补部分的面漆颜色与整车的原色一样这是极难的。因为汽车的面漆颜色随着生产厂家的不同，面漆涂膜的耐候性和使用年限的不同，同一种色就会产生不同的色差。

1）在修补涂装时，为了使修补区与未修补区的面漆色差尽可能小，可采取以下措施：

① 选用专用面漆（即汽车生产厂家推荐和采用的面漆）或进行精心的调色。

② 扩大面漆修补面积，把修补界限扩大到明确分界线处（如部件的缝隙，装饰条或转折处）。

如果上述两项措施也不能达到消除色差要求时或要求装饰性很高时，只能由局部修补涂装改为整车翻新涂面漆。

汽车面漆的颜色可划分为闪光色和本色两大类。闪光色（金属闪光色和珠光色）的涂膜在日光照耀下具有鲜艳的金属光泽和闪光感，其涂装工艺是底色加罩光。如果说本色还有可能调色修补的话，闪光色面漆很难调色，在点修补场合无法消除色差缺陷，一般只能推荐整车翻新。

调色是汽车修补涂装操作者必须掌握的技术。汽车修补涂装的调色是涂料调色，在国内调色还是以涂装工的经验为主，在国外基于汽车修补涂料的标准化基础好，已采用计算机测色和配色。近几年随着国外修补涂料进入国内市场，有些代理店和汽车修理服务站也引进计算机测色和配色技术，但前提是要进口修补涂料。由于国产颜料和涂料的标准化基础差，同一颜色、同一品种、同一厂家生产的涂料，不同批次尚有较大的色差，因而暂时难以推广采用这一现代技术。

应掌握面漆调色技术要点。

2）掌握涂料调色技术要点

① 掌握色的基本概念。物体的色是当光照射时，对光的反射性质而引起的视觉现象。色的种类非常多，一般根据颜色的色相、明度、鲜艳度三种性质来识别。这三种性质被称为颜色的三属性。

色相（或称色调）红、橙、黄、绿、青、蓝、紫为具有对应光谱颜色的性质。色的明度（或称量度，辉度）顾名思义就是色的明或暗的程度。色的鲜艳度（又称为饱和度或纯度）是表示有彩色的纯正程度。

颜色的色彩数不胜数，最基本的是红、黄、蓝三种。用这三种颜色一般可调配成其他颜色，故称这三种颜色为三原色（实际上许

多色彩光靠这三种颜色是调不出来的）。

三原色：红、黄、蓝是基本色，是用任何颜色也不能调配出来的三个颜色，故称三原色。

间色：两种基本色以相同的比例相混而成的一种颜色。间色也只有三个，即红色 + 蓝色 = 紫色；黄色 + 蓝色 = 绿色；红色 + 黄色 = 橙色。

复色：两间色与其他色相混调成三原色之间不等量混调而成的颜色，可调出很多。

补色：两个原色可配成一个间色，而颜色圈（图 2-12）上与其对应的另一个原色则称为补色。两个间色相加混调也会成为一个复色，而与其对应的另一个间色，也称为补色。

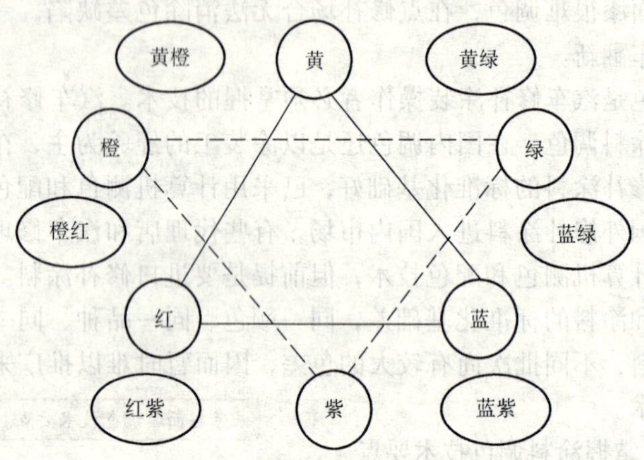

图 2-12　颜色圈

消色：原色和复色中加入一定量的白色，可调配出粉红、浅红、浅蓝、浅天蓝、淡蓝、浅黄、蛋黄、奶黄等深浅不一的多种颜色，如再加入黑色，则可调配出棕色、灰色、褐色、墨绿等明亮度和色相不同的多种颜色。黑色和白色起到了消色的作用，因此把白色和黑色称为消色。

② 在配色前准确地确定主色涂料及所需调配色的组成。可通过查阅资料、凭经验或用计算机测量确定所调配色的主色及次色的组成，为调色前备料作准备。

③ 根据市场供应的汽车修补涂料品种和供应状况，选购主色涂料和调色所需的真正的原色涂料。调色所用涂料最好是同一厂家生产的同一品种系列的涂料，要注意所用涂料、溶剂、添加剂相互间的互溶性。如果不是同一品种系列的涂料，互溶性不好，易产生浮色、色相发花等缺陷，甚至胶凝，直接影响所调配色面漆的质量。

④ 注意调色场所环境整洁，消防安全，备好配色容器、工具及测试仪器，如清洁的搅拌工具，标准色卡或样板，比色计，色泽计等。

⑤ 在首次调配某种色的涂料时，应先调配小样。调色程序为先主色后次色添加，由浅至深，逐步接近所需调配的颜色（或样板色）、再调整色相、明度和纯度。涂样板，当湿涂膜的颜色接近所需颜色时（一般都比干涂膜的颜色要浅一些），干燥后再对比干涂膜的颜色，若颜色已接近再作色相、明度和纯度的微调整。

在调配小样时，应注意记录好主色、次色涂料加入比例数量和顺序。调配小样是为大量调配色时找准主涂料、次涂料的加入量、顺序和成色的准确性，以避免在大量调配时找不准相互间的成色比例的准确性而越调越多。

⑥ 按调配小样的结果或已积累的经验及数据放大样。

当颜色调到或接近所需颜色后如涂料粘度大，可添加适量稀释剂，充分搅拌，直至色相非常相一致时，再对比明度和纯度，直至湿、干涂膜的颜色相差很微小时，即可涂样板检测色差。

颜色对比时，需将样板与修补涂装表面（或标准板）合在一起，在同一角度下对比，需在明亮的阳光下或足够的光源照射下对比，对比时眼睛视线距离应稍远一些，目测对比时间不要太久，否则会影响对比结果。在对比时不仅应注意色差，还应注意表面光泽、有无浮色、色斑、发花等缺陷。

2. 涂料的处理

(1) 搅拌　涂层产生缺陷的一个主要原因是颜料的沉淀，只有充分搅拌才能避免这种现象的发生。涂料中的沉淀物是颜料。各种颜料的密度是不相同的，有的颜料的密度是涂料中液体密度的7～8倍，在静止状态下，颜料就会沉积在容器底部附近；而另一些颜料的密度比较小，很难下沉。于是，调好颜色的涂料经过一段时间的放置，必然出现颜色不均匀现象，所以使用之前必须充分搅拌均匀。常用的颜料能快速下沉的（密度大的）有：白色、铬黄色、铬橙色、铬绿色、红色或黄色的铁氧化物。

一般情况下，取一罐涂料加颜料之后进行充分搅拌，然后倒入另一容器或喷枪中即可喷涂。如果涂料中已经出现很硬的沉淀物，应将液体部分倒出，加入稀释剂或溶剂使硬的沉淀物溶化，然后再将已倒出的液体倒回罐中用力搅拌，消除沉积物后再使用。使用搅拌器搅拌时，则要求每加入一种成分至少要搅拌 15min 之后，再加另一种成分进行搅拌，依次类推，直至所有加入成分都充分搅拌混合均匀为止。

（2）稀释　生产厂家所提供的涂料都具有较高的粘度。这种涂料中颜料的沉淀速度缓慢或者基本不沉淀，无法用于喷涂。在喷涂之前，必须用稀释剂来降低涂料的粘度，以便能用喷枪喷涂。调节之后涂料的粘度可用粘度计测定，符合要求之后再投入使用。在实际喷涂中，因具体情况不同，涂料的粘度还会发生变化，操作时应注意。

空气干燥型面漆，由于挥发快，不易流动，粘度高，常会使涂膜出现缺陷。此类涂料喷涂时，喷枪与表面的距离要适当缩小，增加喷涂量，增加涂层数量，加快喷涂速度，可以弥补由于挥发而带来的涂膜缺陷。

使用金属漆有利于防止涂膜不均匀，因为它们的粘度都较低，有利于涂料流动。使用金属漆时，喷枪与被涂物表面之间应保持较大距离，使喷漆直径有较多重叠。

（3）温度　与重新喷涂有关的温度包括：室温、车辆表面温度和涂料温度。一般应在车辆温度达到涂料制造厂家的规定值后才能开始喷涂。如果温度过低，会产生发白或失光缺陷。因此，在实施喷涂作业前，测量被涂物表面温度是一个必不可少的环节。

应掌握面漆局部修补喷涂要领。

3. 喷涂

掌握局部修补喷涂并使局部喷涂的颜色逐步过渡到与周围部位

相一致是局部修补喷涂的关键。下面分别介绍单色漆局部喷涂、金属闪光漆（多色漆）局部喷涂和双层金属闪光漆的局部喷涂。

1）单色漆局部喷涂以丙烯酸聚氨酯涂料的局部修补涂装为例，丙烯酸聚氨酯涂料的局部修补涂装被认为很难，但实际上只要掌握了作业方法和要点也不难，而且作业速度快，效率高。单色漆（金属闪光漆）的局部涂装步骤如图 2-13 所示。

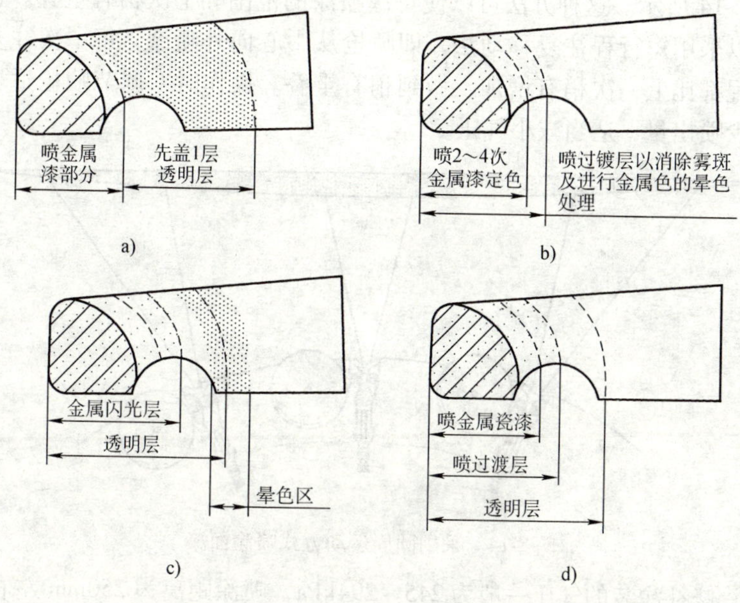

图 2-13 单色漆（金属闪光漆）的局部涂装步骤

将颜色调好的涂料以体积比为 1∶4 的比例加入固化剂，加入体积分数为 30% ~40% 的稀释剂，将粘度调至 14 ~16Pa · s。第一次先喷涂薄薄的一层，以提高中间涂层与面漆层的亲和力（见图 2-13a）；第二次喷涂比第一次喷涂宽度要稍宽一些，在湿膜状态下定出色彩（见图 2-13b）；第三次喷涂宽度要比第二次喷涂得更宽（见图 2-13c），最后一次喷涂时应稍加一些稀释剂，将粘度降低到 13 ~14Pa · s，这样才能获得高质量的表面涂层（见图 2-13d）。

要注意色调应与周边旧涂膜相吻合。晕色处理时，在体积分数为 30% 聚氨酯磁漆中加入体积分数为 70% 稀释剂薄薄地喷涂，喷得过多就会出现流挂。晕色处理后，一定要强制干燥，需在60℃条件下加热30min左右。若干燥不充分，打磨时往往出现泛白现象。另外，若使用市售的晕色剂（俗称接口水）进行晕色处理，通过加热，聚氨酯漆的喷射雾滴会被晕色剂所溶解并很好地溶合在一起。

喷枪采用圆周运动方式，即喷枪从中心向外移动喷涂面漆，如图2-14所示。这种方法可以使每次喷涂的范围和上次稍有重叠。也可以采用短行程往复移动法，即喷枪从中心向外喷涂，每一次往复行程都比上一次稍有增加，做到稍有重叠。操作时，调节喷枪适当减少喷出量，适当减小气压。

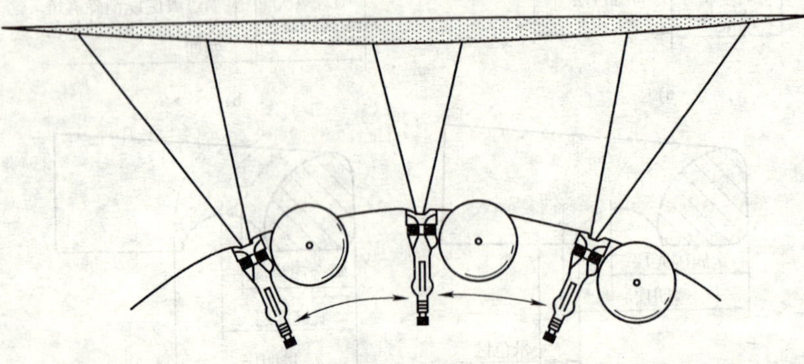

图2-14　采用圆周运动方式喷涂面漆

修补涂装的气压一般为245～294kPa，喷涂距离为250mm左右，喷束开度和流量应根据修补面积的大小调整。如果修补面积小，喷束开度应减窄，流量应减小，气压以196～245kPa为宜，喷涂距离为150～250mm。

2）金属闪光漆（多色漆）局部喷涂前需准备好金属闪光涂料和透明涂料，将调好色的金属闪光涂料以体积比为1∶4的比例加入固化剂调合好，然后加入体积分数为50%～70%的稀释剂，将涂料粘度调到14～16Pa·s。透明涂料也按同样的比例加入固化剂，再加入体积分数为10%～70%的稀释剂，将涂料粘度调到12～13Pa·s。完成了上述准备工作之后就可以开始喷涂了，喷涂方法如图2-14所示，先在中间涂层或腻子层四周喷涂一层透明涂料，目的是为了避免喷

涂金属闪光磁漆时出现不光滑的现象，然后在中间涂层或腻子层上喷涂金属闪光漆，第一次先薄薄地喷涂一层金属闪光磁漆，以提高与中间涂层或腻子层和旧涂膜的亲和力；第二次喷涂确定涂层颜色，一般喷 2 ~3 遍。如果着色不好，需喷涂 3 ~4 遍。注意不要喷涂得过厚，要均匀地薄薄地喷涂。

用体积分数为 50% 金属闪光漆涂料与体积分数为 50% 透明涂料相混合作为涂料，将粘度调至 11 ~12Pa · s，进行喷涂。喷涂宽度应比上一次更宽一些，以雾状薄薄地喷涂，目的是消除斑纹，调整金属感，同时兼有晕色处理作用。喷涂结束后需设置 10 ~ 15min（20℃）的间隔时间。

透明涂料的喷涂面积应再扩大一些，第一次薄薄地喷一层，间隔大约 5min 再喷第二次，要边观察色调边仔细喷涂，以形成光泽。

色晕处理以体积分数为 20% 的透明涂料与体积分数为 80% 的稀释剂相混合，以掩盖透明层区域周围由于喷涂雾滴带来的影响，注意要喷得薄。

3）双层金属闪光涂膜的局部喷涂方法如图所示 2-15 所示，喷涂金属闪光层时，第一次以能遮住中间涂层为适宜，采取较宽的范围薄薄地喷涂一层；第二次喷得稍厚一些，以决定涂膜色调；第三次应薄薄地喷涂，以消除金属斑纹，调整金属感，同时进行与旧涂膜的色晕处理（见图 2-15a）。喷涂透明涂料时，第一次喷涂以有光泽为适宜，喷涂得要薄；第二次喷涂得稍厚一些，以形成光泽。透明层也应进行晕色处理，其方法与金属闪光涂料相同（见图 2-15b）。

值得注意的是，采用丙烯酸聚氨酯涂料进行金属闪光涂膜的局部修补涂装时，喷枪的选择很关键，其中以 1. 2 ~1. 3mm 喷嘴直径的重力式喷枪效果较好。因为金属颗粒的分散和主体感显得很重要，应该选用微粒化作用好的喷枪。

4. 干燥

面漆喷涂结束后，就应进入干燥工序。硝基类面漆采用自然干燥就行了。丙烯酸聚氨酯漆、丙烯酸瓷漆应间隔一定时间之后，以 80℃强制干燥 20 ~40min，或以 60℃强制干燥 30 ~50min。

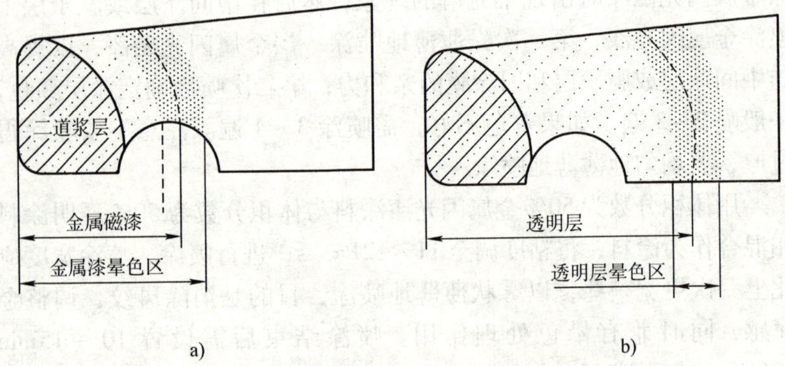

图 2-15　双层金属闪光涂膜的局部喷涂方法

进行强制干燥时，升温是关键，若骤然升温，涂膜就会产生气孔，前功尽弃。若升温过于缓慢，又会影响作业效率。

干燥设备有红外线、远红外线、热风等方式，不同设备的干燥方式各有差异。因此，干燥作业的关键就是如何根据干燥设备的特点，在不致产生气孔的前提下尽量提高干燥速度。

六、涂膜的修饰

1. 遮盖物的处理

强制干燥后，要趁汽车车身还未冷却时撕去粘贴遮盖物，这样比较省事，因为冷却后胶带会变硬，难以撕掉。若采用的是自然干燥方式，应在喷涂结束后 10 ~ 15min 撕去胶带。如果是硝基类涂料，应待涂膜干燥到能用手指触摸的程度，就可以撕去胶带，若待完全干燥后再撕，则容易弄坏涂膜。在撕下遮盖物时，要十分细致、小心，否则易损坏涂膜，带来不必要的麻烦，同时要把遮盖物妥善处理好，不要到处乱丢，避免污染环境。

应掌握涂膜抛光要领。

2. 涂膜抛光

所谓涂膜抛光就是通过打磨的方法，除去附着在涂膜表面的灰尘和小麻点，对表面粗糙和起皱处等平整度不良的部位进行修整，以达到使涂膜表面更加光泽、消除晕色的目的。该项作业是对涂膜

的精加工，必须仔细进行。

硝基类溶剂属蒸发型涂料，喷涂后若不抛光就没有光泽，所以必须进行抛光。具体抛光方法是先在涂膜上稍微涂抹一点研磨膏，然后用柔软的无纺布手工抛光，也可以用抛光机抛光，后者效率更高。抛光时应先用粗粒度研磨膏，然后用中等粒度研磨膏，等到有一定的光泽之后，再用很细的研磨膏抛光。

在喷涂作业过程中，不管作业条件是好还是差，都很难避免灰尘和小颗粒粘附到涂膜表面上。如果是丙烯酸硝基漆，还可以中途打磨去掉附着物，表面再重新喷上一层涂膜。而聚氨酯涂料则处理起来较困难，聚氨酯涂膜本来是无需抛光处理的，但当灰尘和小颗粒粘附时则要进行修整，如图 2-16 所示的聚氨酯涂膜粘附灰尘和小颗粒且嵌入较深和较大时，就只有将涂膜铲掉，重新喷涂。

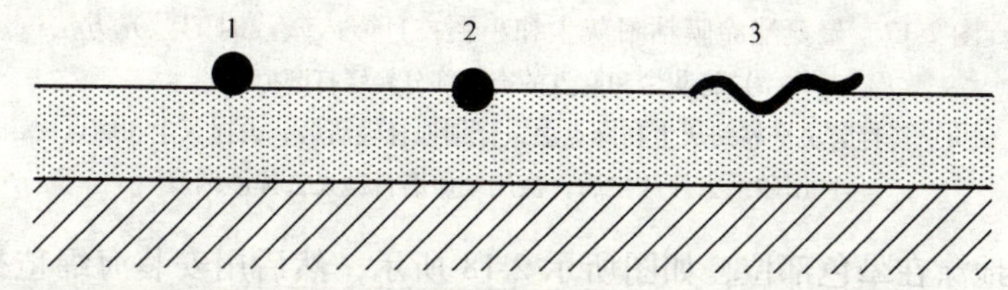

图 2-16 聚氨酯涂膜粘附灰尘和小颗粒且嵌入较深和较大的示意图

1—涂膜表面上粘附的灰尘 2—陷入涂膜的灰尘 3—粘附在涂膜表面的棉线等杂质

聚氨酯涂膜粘附灰尘和小颗粒且嵌较浅时的抛光方法如下：先用 1000 ~ 1500 号水砂纸进行湿打磨，去掉灰尘和小颗粒；洗净表面；干燥后再用细研磨膏抛光，去掉砂纸痕。其具体抛光方法如图 2-17 所示。

如果喷涂技巧不好，或稀释剂选择有问题，涂膜表面会很粗糙，甚至起皱，这时可以通过打磨修整。先用 1000 ~ 1500 号水砂纸轻轻湿打磨，去掉表面粗糙点和起皱，然后用中等粒度或细粒度研磨膏抛光。聚氨酯涂膜若出现起皱，先用 1500 号水砂纸轻轻湿打磨，再用极细的研磨膏抛光，最后用海绵毡蘸上超细微粒研磨膏抛光。

局部修补涂装产生的晕色，其处理工作很重要，处理不当，会形成补疤，严重影响美观。进行晕色处理时，应用超细微的研磨膏，

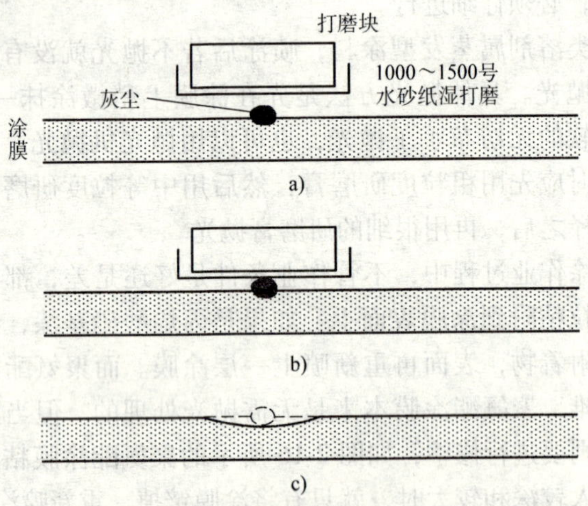

图 2-17　聚氨酯涂膜粘附灰尘和小颗粒且嵌入较浅时的抛光方法

a）将灰尘和麻点的突出部分轻轻打磨掉

b）将打磨块平靠到灰尘和麻点上，仔细地轻轻研磨，去掉灰尘和麻点

c）用砂纸去掉灰尘后，换用细研磨膏抛光去掉砂纸痕

薄薄地涂在晕色部位，如图所示 2-18 所示，然后用安装海绵毡打磨头的抛光机进行打磨。打磨时应注意打磨头只能轻轻地接触涂膜，边观察光泽和涂膜状态，边仔细操作。要特别注意晕色部位涂膜很

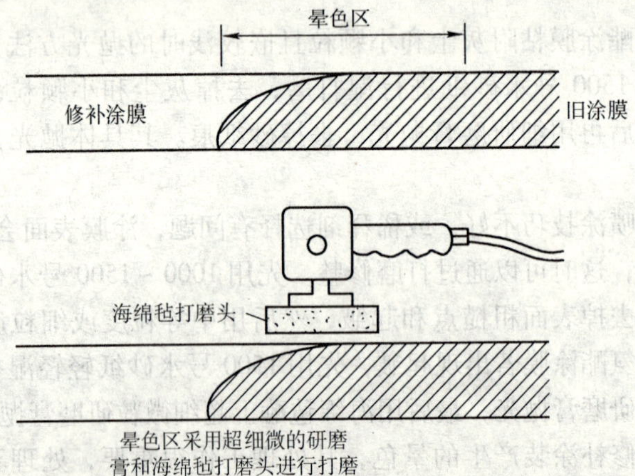

图 2-18　晕色部位的抛光

薄，容易磨穿而造成露底现象。

双组分的丙烯酸聚氨酯硝基涂膜和丙烯酸聚氨酯涂膜的晕色部位，在打磨前一定要用红外线加热器加热，使其完全干燥和固化。如果处于半干燥状态下湿打磨，就会出现涂膜脱落、发白等缺陷。干燥加热温度是60℃，保温30min。

第二节 静电涂装设备的设计知识

一、静电涂装设备的设计计算

1. 计算依据

1）采用静电涂装室的形式。

2）最大生产率：按涂装面积计算（m^2/h）。

3）挂件最大外形尺寸：长度（沿悬挂输送机移动方向）（mm）×宽度（mm）×高度（mm）。

4）悬挂输送机速度（m/min）。

2. 静电涂装室室体尺寸的设计计算

对于死端式静电涂装室，大都采用手提式静电喷枪布置方式；对于通过式静电涂装室，大都采用固定的多个静电喷枪布置方式，其室体尺寸设计计算如下：

（1）室体长度计算　静电涂装室的室体长度可按下述经验公式计算

$$L = L_1(n-1) + 2L_2 \tag{2-1}$$

式中　L——实体的长度（mm）；

L_1——各静电喷枪之间的距离（mm）。当静电喷枪固定布置在悬挂输送机两侧时，宜取 $L_1 = 400 \sim 500\text{mm}$；当仅固定布置在悬挂输送机一侧时，宜取 $L_1 = 600\text{mm}$；

L_2——静电喷枪与室体两端的距离（mm），一般 $L_2 = 1500 \sim 2000\text{mm}$；

n——在长度方向静电喷枪安装个数。

静电喷枪安装个数 n，是根据工件的外形尺寸布置确定。在工

件长度的同一方向，喷枪之间距离可根据所用旋杯直径不同而不得小于 800 ~ 1200mm。因复杂的工件表面需要充分喷涂，可以在长度方向以外也布置静电喷枪，此种布置的静电喷枪在计算时也应将长度方向的投影距离计算在内。为防止在静电喷涂室内产生漆物飞溅，静电喷枪在长度方向的投影距离与邻近喷枪之间的距离小于 800mm 时，宜按 800mm 计算，由此确定静电涂装室的室体长度。

（2）室体宽度计算　静电涂装室的室体宽度可按下述经验公式计算

$$B = b + 2b_1 + 2b_2 + 2b_3 \tag{2-2}$$

式中　B——室体宽度（mm）；

b——挂件最大宽度（mm）；

b_1——挂件与静电喷枪之间距离（mm），一般 $b_1 = 200 \sim 300$mm；

b_2——静电喷枪的长度（mm），一般按照喷枪的旋杯至末端导电部分之间的距离在宽度方向的投影尺寸计算（mm）；

b_3——静电喷枪末端导电部分与室体侧壁的距离（mm），需要根据操作者是否进入静电涂装室调节喷枪而选择其尺寸，一般 $b_3 = 800 \sim 1300$mm。

（3）室体高度计算　静电涂装室的室体高度可按下述经验公式计算

$$H = h + h_1 + h_2 \tag{2-3}$$

式中　H——室体高度（mm）；

h——挂件最大高度（mm）；

h_1——由挂件顶部至室顶的距离（mm），一般宜取 $h_1 = 1000 \sim 1200$mm；

h_2——由静电涂装室地坪至挂件底部的距离（mm），一般宜取 $h_2 = 700 \sim 1000$mm。

3. 静电涂装室门洞尺寸的设计计算

（1）门洞宽度计算　门洞宽度按下式计算

$$b_0 = b + 2b_1 \tag{2-4}$$

式中 b_0——门洞宽度（mm）；

b——挂件最大宽度（mm），当工件为对称吊挂时，b 为工件实际最大宽度；若工件不是对称吊挂时，按悬挂中心到工件最大外沿距离的 2 倍计算；

b_1——挂件与门洞之间的间隙（mm），一般取 $b_1 = 100 \sim 200$mm。

（2）门洞高度计算 门洞高度按下式计算

$$h_0 = h + h_3 + h_4 \tag{2-5}$$

式中 h_0——门洞高度（mm）；

h——挂件最大高度（mm）；

h_3——由挂件底部至门洞下边的间隙（mm），一般宜取 $h_3 = 100 \sim 150$mm；

h_4——挂件顶部至门洞上边的间隙（mm），一般宜取 $h_4 = 80 \sim 120$mm。

4. 静电涂装室通风量的设计计算

静电涂装室内一般多为固定安装静电喷枪，操作者无需在喷涂室内操作，只是间断进入涂装室内调节喷枪，所以静电涂装室的通风量计算与手工涂装室有所不同，即使采用手提空气雾化式静电喷枪涂装也需要在静电涂装室内工作，涂装室内气流不能影响静电场的作用，风速应较小。一般需要静电涂装室内的气体流动方向应尽可能与漆粒的的运动方向一致。通风量根据涂装室门洞处的风速计算。当采用微孔送风方式时，垂直布置在涂装室内角落的风管上的微孔的总面积宜为风管截面积的 50% 以下，涂装区内风速不应超过 0.3m/s。静电涂装室内的通风量按下式计算

$$Q = 3600Fv \tag{2-6}$$

式中 Q——静电涂装室内的通风量（m^3/h）；

F——静电涂装室门洞面积之和（m^2）；

v——门洞处空气流速（m/s），一般取 $v = 0.3 \sim 0.4$m/s，对于 Ω 形静电涂装室取 $v = 0.1 \sim 0.2$m/s。

5. 圆盘式静电喷枪升降装置速度的设计计算

圆盘式静电喷枪升降装置的工作速度可按下述经验公式计算

$$v_y = \frac{v' L_y n_y}{D_\gamma} \tag{2-7}$$

式中 v_y——升降装置工作速度（m/min）；

v'——悬挂输送机工作速度（m/min）；

L_y——升降装置的形成长度（m）；

n_y——要求升降装置周期运动的次数；

D_γ——形成喷涂图形的当量直径（m）。

升降装置行程的实际长度，一般应比挂件高度每端大30mm。

二、静电涂装设备的设计计算举例

1. 计算依据

（1）静电涂装室的形式　采用通过式。

（2）最大生产率　按涂装面积计算（$90m^2/h$）。

（3）挂件最大外形尺寸　长度（沿悬挂输送机移动方向）（720mm）×宽度（420mm）×高度（800mm）。

（4）悬挂输送机速度　（1.2m/min）。

2. 静电涂装室室体尺寸的计算

考虑工件有一定的宽度，外表面各处均需进行静电涂装，确定的悬挂输送机两侧分别固定布置静电喷枪。

（1）室体长度计算　根据式（2-1）计算，取 $L_1 = 500mm$，$n = 2$，$L_2 = 1500mm$，代入式（2-1），得

$$L = L_1(n-1) + 2L_2 = 500mm(2-1) + 2 \times 1500mm = 3500mm$$

（2）室体宽度计算　根据式（2-2）计算，取 $b = 420mm$，$b_1 = 200mm$，$b_2 = 400mm$，$b_3 = 1000mm$，代入式（2-2），得

$$\begin{aligned} B &= b + 2b_1 + 2b_2 + 2b_3 \\ &= 420mm + 2 \times 200mm + 2 \times 400mm + 2 \times 1000mm = 3620mm \end{aligned}$$

（3）室体高度计算　根据式（2-3）计算，取 $h = 800mm$，$h_1 = 800mm$，$h_2 = 800mm$，代入式（2-3），得

$$H = h + h_1 + h_2 = 800mm + 800mm + 800mm = 2400mm$$

3. 静电涂装室门洞尺寸计算

（1）门洞宽度计算　根据式（2-4）计算，取 $b_1 = 100mm$，$b =$

420mm，代入式（2-4），得

$$b_0 = b + 2b_1 = 420\text{mm} + 2 \times 100\text{mm} = 620\text{mm}$$

（2）门洞高度计算　根据式（2-5），取 $h = 800\text{mm}$，$h_3 = 100\text{mm}$，$h_4 = 80\text{mm}$，代入式（2-5），得

$$h_0 = h + h_3 + h_4 = 800\text{mm} + 100\text{mm} + 80\text{mm} = 980\text{mm}$$

4. 静电涂装室通风量计算

根据式（2-6），取 $v = 0.3\text{m/s}$，由计算得 $F = 2 \times 0.62\text{m} \times 0.98\text{m} = 1.22\text{m}^2$，代入式（2-6），得

$$Q = 3600Fv = 3600 \times 1.22\text{m}^2 \times 0.3\text{m/s} = 1318\text{m}^3/\text{h}$$

第三节　电泳涂装设备的设计知识

一、电泳涂装分类

电泳涂装有各种方法，按电源共给的方式可分为直流电泳和交流电泳；根据涂料性能直流电泳又分为阳极电泳和阴极电泳两种；按工艺方法又可分为定电压法电泳和定电流法电泳。

阳极电泳涂装是将被涂物（阳极）和另一电极（阴极）同时放置在水溶性漆液中，在直流电场的作用下，阳离子向阴极移动还原成氨（胺），而阴离子（高分子树脂离子）向阳极（被涂物）移动并在其表面形成一层均匀的涂膜。

阴极电泳涂装所用的涂料为阳离子树脂型水溶性涂料，在直流电场的作用下，涂料粒子向阴极移动并沉积在作为阴极的被涂物上形成涂膜。

二、电泳涂装设备的设计计算

电泳涂装设备的设计计算主要包括：槽体尺寸计算、循环搅拌系统计算、通风装置计算、漆液温度调节装置计算和整流器的选择等。

1. 计算依据

1）采用设备的类型。

2）最大生产率

① 按涂漆面积计算（m^2/h）。

② 按重量计算（kg/h）。

3）挂件最大外形尺寸：长度（沿悬挂输送机或吊车移动方向）（mm）×宽度（mm）×高度（mm）。

4）最大挂件涂漆面积（m^2）。

5）处理工件的工艺条件

① 处理（电泳）时间（min）。

② 槽液工作温度（℃）。

6）悬挂输送机速度（m/min）。

7）冷却介质的初始温度（℃）。

8）车间温度（℃）。

2. 槽体尺寸计算

（1）主槽长度计算

1）通过式电泳涂装设备主槽长度的计算：可用计算法和作图法确定主槽的长度。

① 计算法（见图 2-19）。按此法计算的主槽长度最小，其长度可按下式计算

$$L = l + 2l_1 + l_2 - 2R\sin\alpha \tag{2-8}$$

式中 L——主槽长度（mm）；

l——挂件最大长度（mm）；

l_1——悬挂输送机垂直弯曲段（AG 段）的水平投影长度（mm）；

l_2——悬挂输送机所需的水平长度（AB 段）（mm）；

R——悬挂输送机垂直弯曲段的弯曲半径（mm）；

α——悬挂输送机垂直弯曲段的升角（°）。

a. 悬挂输送机水平投影长度的计算。悬挂输送机水平投影长度可按表 2-3 所列计算简式进行计算。

表中

$$h' = H_2 - H_1 \tag{2-9}$$

式中 H_1——挂件在最低位置时的悬挂输送机轨顶标高（mm），可按下式计算

$$H_1 = h + h_1 + h_2 + h_3 \tag{2-10}$$

表 2-3　水平投影长度计算

升角 α	水平投影长度计算简式	升角 α	水平投影长度计算简式
5°	$11.4301h' + 0.0874R$	30°	$1.7321h' + 0.5358R$
10°	$5.6713h' + 0.1750R$	35°	$1.4281h' + 0.6306R$
15°	$3.7321h' + 0.2634R$	40°	$1.1918h' + 0.7280R$
20°	$2.7475h' + 0.3526R$	45°	$h' + 0.8284R$
25°	$2.1445h' + 0.4434R$		

h——挂件最大高度（mm）；

h_1——电泳涂装设备槽体底座高度（mm），一般 $h_1 = 200 \sim 240$mm；

h_2——最大高度的挂件至底槽的最小距离（mm），一般 $h_2 = 200 \sim 250$mm；

h_3——最大高度的挂件顶部至悬挂输送机轨顶之距离（mm），一般 $h_3 = 700 \sim 1500$mm；

H_2——挂件在最高位置时的悬挂输送机轨顶标高（mm），可按下式计算

$$H_2 = H + h + h_5 + h_6 + R(1 - \cos\alpha) \tag{2-11}$$

H——电泳涂装设备的主槽高度（mm），可按式（2-15）计算：

h_6——最大高度的挂件底部至槽沿的最小距离（mm），一般 $h_6 = 100 \sim 150$mm。

b. 悬挂输送机所需的水平长度可按下式计算

$$l_2 = vt - 0.0349R\beta \tag{2-12}$$

式中　v——悬挂输送机的移动速度（mm/min）；

t——电泳时间（min）；

β——$\arccos\left(1 - \frac{h_3}{R}\right)$（°）。

h_3——最大高度的挂件浸没在漆液中的最小深度（mm），一般 $h_3 = 100 \sim 200$mm。

② 作图法（见图 2-19）。用作图法确定电泳涂装设备主槽长度直观简单，其作图步骤如下：

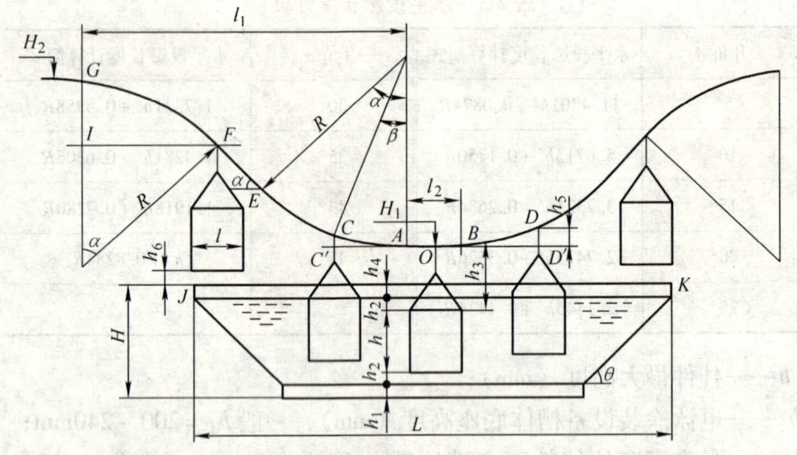

图 2-19　通过式电泳涂装设备主槽长度、高度计算图

a. 确定 H_1 高度。$H = h + h_1 + h_2 + h_3$。通过点 O 作一水平线 $C'D'$。

b. 取 $OC' = OD' = \dfrac{1}{2}vt$。

c. 通过 C'、D' 点分别作垂线并取 $C'C = D'D = h_5$。

d. 过 C、D 点以 R 为半径分别作圆弧与 $C'D'$ 线相互于 A 点和 B 点，则 AB 长即为悬挂输送机所需的水平长度 l_2。

e. 作一与水平线夹角为 α 的直线并与圆弧相切。

f. 作一水平线使其距槽沿之高度为 $h + h_5 + h_6$ 并与直线交于 F 点。

g. 过 F 点以 R 为半径作为半径作圆弧至水平，即为 H_2 高度。

h. 通过 F 点作一垂线，并画出挂件最大外形尺寸（长×高），从而定出 J 点。

i. 以同法定出 K 点，则 JK 长即为电泳涂装设备的主槽长度 L。

若设计入槽后通电的通过式 l_2 和 L 都必须相应加长一定距离，这样可使浸没在漆液中的工件表面的水珠有一定扩散时间（一般为 10s 左右），但汇流排长度不变。

2）固定式电泳涂装设备主槽长度的计算：固定式电泳涂装设备

的主槽长度（见图 2-20）按下式计算

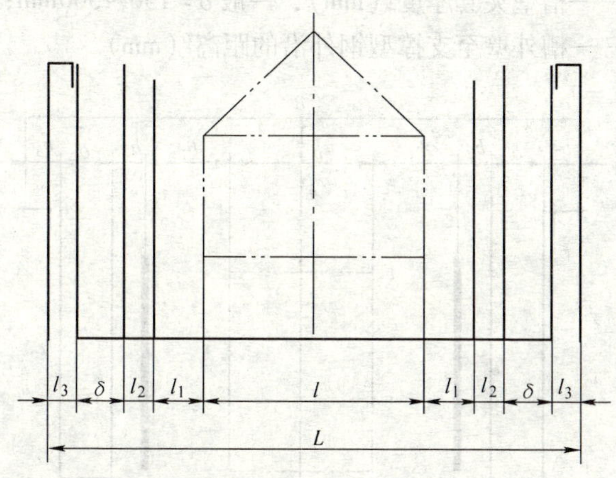

图 2-20　固定式电泳涂装设备主槽长度计算图

$$L = l + 2(l_1 + l_2 + \delta + l_3) \tag{2-13}$$

式中　L——主槽长度（mm）；

l——挂件最大长度（mm）；

l_1——挂件至电极间的距离（mm），因根据挂件大小、电极装置要求和挂件输送方式等具体情况确定，以挂件安全出入槽为准；

l_2——电极至槽内壁件间的距离（mm），一般 $l_2 = 0 \sim 80$mm；

δ——槽壁夹套厚度（mm），一般 $\delta = 150 \sim 300$mm；

l_3——槽外壁至支撑型钢外沿距离（mm）。

（2）主槽宽度计算（通过式和固定式设备相同）　电泳涂装设备的主槽宽度（见图 2-21）按下式计算

$$B = b + 2(b_1 + b_2 + \delta + b_3) \tag{2-14}$$

式中　B——主槽宽度（mm）；

b——挂件最大宽度（mm）；

b_1——挂件至电极间的距离（mm），对于通过式，一般 $b_2 >$ 150mm；对于固定式，应根据挂件大小、电极装置要求和挂件输送方式等具体情况以挂件安全出入为准；

b_2——电极至槽内壁间的距离（mm），一般 $b_2=0\sim80$mm；

δ——槽壁夹套厚度（mm），一般 $\delta=150\sim300$mm；

b_3——槽外壁至支撑型钢外沿的距离（mm）。

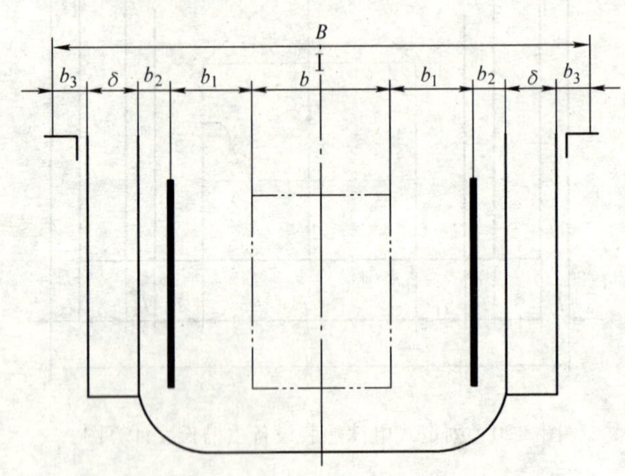

图 2-21　电泳涂装设备主槽宽度计算图

（3）主槽高度计算（通过式和固定式设备相同）　电泳涂装设备的主槽高度（见图 2-19）按下式计算

$$H=h+h_1+h_2+h_3+h_4 \tag{2-15}$$

式中　H——主槽高度（mm）；

h、h_1、h_2、h_3——意义及数值选取见前“悬挂输送机水平投影长度的计算”；

h_4——槽沿至漆面的距离（mm），一般 $h_4=150\sim200$mm。

3. 循环搅拌系统的设计计算

（1）离心泵或混流器总流量按下式计算

$$Q=Vn \tag{2-16}$$

式中　Q——离心泵或混流搅拌器的总流量（m^2/h）；

V——电泳涂装设备主槽的有效容积（m^2）；

n——循环次数（次/h）。

对于单独采用离心泵进行外部搅拌的设备，一般取 $n=4\sim$

10 次/h（当搅拌水溶性环氧铁红底漆时，取 $n=5\sim7$ 次/h 为宜）。对于单独采用混流搅拌器进行内部搅拌的设备，一般取 $n=10\sim15$ 次/h。对于采用内外搅拌配合使用的设备，混流搅拌器的流量与单独使用时相同，而离心泵的流量比单独使用时小，一般取 $n=2\sim3$ 次/h。

（2）泵扬程计算　混流搅拌器不需计算扬程。离心泵的扬程决定于系统中的阻力。而阻力由于漆液在管道中的流速和各种阻力因素（如过滤器、热交换器、管道长度和管件的局部阻力等）有关。当管道的直径等于泵出口直径时，可取漆液流速为 2m/s 左右进行阻力计算。实际计算时，可在（25～40）×1000mmH_2O 选择水泵扬程。

当超滤系统与外部搅拌系统串联时，水泵流量及扬程的计算应满足超滤装置要求。

（3）搅拌器数量计算　外部搅拌时，一般采用单台离心泵进行搅拌。内部搅拌时，一般采用混流搅拌器，其数量按下式计算

$$Z=\frac{Q}{Q_1} \tag{2-17}$$

式中　Z——混流搅拌器的数量（台）；

Q——混流搅拌器的总流量（m^3/h）；

Q_1——单台混流搅拌器的流量（m^3/h）。

4. 通风装置的设计计算

（1）通过式电泳涂装设备通风装置的计算　按下式计算

$$Q=3600Fv \tag{2-18}$$

式中　Q——通过式电泳涂装设备的通风量（m^3/h）；

F——通过式电泳涂装设备通风室挂件出入口面积之和（m^2）；

v——挂件出入口的空气流速（m/s），一般 $v=0.6\sim0.8$m/s。

由于电泳涂装设备通风装置阻力较小，因此可根据风量选择低压离心通风机即可满足要求。

（2）固定式电泳涂装设备通风装置的计算　对于间歇生产的固定式电泳涂装设备，通常采用槽边抽风。因不常用，在此不再详细

介绍。

5. 漆液温度调整装置的设计计算

在漆液温度调节装置的热力计算时，必须计算下列热量：电沉积过程中的电能转换的热量；循环搅拌机械摩擦产生的热量；挂件带入（或带走）电泳槽内的热量；槽壁的传热（吸热或散热）以及由于槽中水分蒸发而散失的热量等。

在计算热交换器时，一方面计算工作时热平衡状态的总热量；另一方面还须计算槽中漆液初始温度与工作温度差值的热焓量（按每小时计算，对于大型电泳涂装设备可按 2h 计算）。两者相比，取其大值作为热交换器的计算热量。

另外，对于既需要冷却又需要加热电泳涂液的温度调节装置，因通常采用同一热交换器，计算时选取其最大热交换量作为热交换器的计算热量。

（1）工作时即热平衡状态下总热量计算

漆液冷却时按下式进行计算

$$Q_h = Q_{h1} + Q_{h2} + Q_{h3} + Q_{h4} - Q_{h5} \tag{2-19}$$

漆液加热时按下式进行计算

$$Q_h = Q_{h5} - Q_{h1} - Q_{h2} - Q_{h3} - Q_{h4} \tag{2-20}$$

式中 Q_h——工作时的总热量（kJ/h）；

Q_{h1}——电沉积过程中电能转换的热量（kJ/h）；

Q_{h2}——循环搅拌机械摩擦产生的热量（kJ/h）；

Q_{h3}——挂件带入电泳槽内的热量（kJ/h）；

Q_{h4}——槽壁传递的热量（kJ/h）；

Q_{h5}——槽中水分蒸发而散失的热量（kJ/h）。

1）电沉积过程中电能转换的热量计算：可按下式计算

$$Q_{h1} = \frac{860IU}{1000} \tag{2-21}$$

式中 I——电泳时的工作电流（A）；

U——电泳时的工作电压（V）。

此外，Q_{h1} 也可按概略指标计算，其计算公式为

$$Q_{h1} = q_h F \tag{2-22}$$

式中　q_h——工件表面在电泳过程中放出的热量（kJ/m^2），一般 q_h =（160～170）×4.1868kJ；

F——按涂漆表面积计算的生产率（m^2/h）。

2）循环搅拌机械摩擦产生的热量计算：可按下式计算

$$Q_{h2} = \sum P \times 860\eta_1\eta_2 \tag{2-23}$$

式中　$\sum P$——电动机的总功率（kW）；

η_1——电动机效率；

η_2——搅拌器效率。

3）挂件带入电泳槽内的热量计算：可按下式计算

$$Q_{h3} = GC(t_{n1} - t_n) \tag{2-24}$$

式中　G——按重量计算的生产率（kg/h）；

C——工件的比热容［kJ/（kg·K）］；

t_{n1}——工件初始温度（℃）；

t_n——槽中漆液工作温度（℃）。

4）槽壁传递的热量计算：可按下式计算

$$Q_{h4} = KF(t_{n1} - t_n) \tag{2-25}$$

式中　K——电泳槽的传热系数［W/（m^2·K）］，K=（8～15）×1.163W/（m^2·K）；

F——电泳槽壁的表面积（m^2）；

t_{n1}——车间温度（℃）。

5）槽中水分蒸发而散失的热量计算：可按下式计算

$$Q_{h5} = g_w F_2 r \tag{2-26}$$

式中　g_w——每平方米漆液表面每小时蒸发的水量［kg/（m^2·h）］，一般 g_w =0.18～0.22kg/（m^2·h）；

F_2——电泳槽的漆液表面积（m^2）；

r——水的汽化潜热（kJ/kg）。

（2）槽中漆液初始温度与工作温度差值的热焓量计算　可按下式计算

$$Q'_h = \frac{V\rho_y c_i \Delta t_e}{t} \tag{2-27}$$

式中 Q'_h——漆液初始温度与工作温度差值的热焓量（kJ/h）；

V——电泳槽的有效容积（L）；

ρ_y——电泳漆液的比重（kg/L）；

c_i——电泳槽液的比热容［kJ/（kg·K）］；

Δt_e——槽中漆液初始值与工作温度的差值（℃），当漆液需加热时，Δt_e 应为槽中漆液工作温度与初始温度的差值；

t——槽中漆液从初始温度冷却（或加热）到工作温度时所需要的时间（h）。

（3）热交换器的水消耗量计算　可按下式计算

$$G_w = \frac{Q_{h\,max}k}{c_2(t_{e3} - t_{e2})} \tag{2-28}$$

式中 G_w——热交换器的水消耗量（kg/h）；

$Q_{h\,max}$——热交换器的计算热量（kJ/h）；

k——其他未估计到的热量系数，一般取 $k=1.1$；

c_2——水的比热容［kJ/（kg·K）］；

t_{e3}——热交换器出口水的温度（℃）；

t_{e2}——热交换器进口水的温度（℃）。

（4）热交换器面积计算　可按下式计算

$$F = \frac{Q_{h\,max}k}{K(t_{em} - t'_{em})} \tag{2-29}$$

式中 F——热交换器的面积（m^2）；

K——热交换器的传热系数［W/（m^2·K）］，$k=100\sim300$；

t_{em}——漆液的平均温度（℃），可按下式计算

$$t_{em} = \frac{t_{e4} + t_e}{2}$$

t_{e4}——槽中漆液的初始温度（℃）。

t'_{em}——冷却（或加热）介质的平均温度（℃），可按下式计算

$$t'_{em} = \frac{t_{e2} + t_{e3}}{2}$$

注：正值为始热，负值为吸热。

6. 整流器的设计计算与选择

整流器的流量根据电泳电压和电流进行选择。

电泳电压可根据所推荐的极间电压范围进行选择。电泳电流根据不同的通电方式进行计算。

（1）连续通电入槽　由于工件是连续通电入槽，因此工件出入槽的面积可以认为是相等的，所以电流是均匀的，其电流可按下式计算

$$I = \frac{F\delta\rho_{yi} \times 1000}{3600q} \tag{2-30}$$

式中　I——电泳时的电流（A）；

F——按涂装面积计算的生产率（m^2/h）；

δ——涂膜的平均厚度（μm），一般为 = 20μm；

ρ_{yi}——干涂膜的密度（g/cm^3），一般 ρ_{yi} = 1.3 ~ 1.5g/cm^3；

q——涂料的库仑效率（mg/C）。对于阴离子型电泳漆，q = 10 ~ 20mg/C；对于阳离子型电泳漆，q = 20 ~ 30mg/C。

（2）入槽后通电　在入槽后通电瞬间有相当大的过载电流，如果采用控制过载电流来设置整流器（即不考虑瞬时过载电流），就可以把电流和时间的关系近似视为直线关系来计算。这样，入槽后通电的最大电流为平均电流的 2 倍（见图 2-22）。

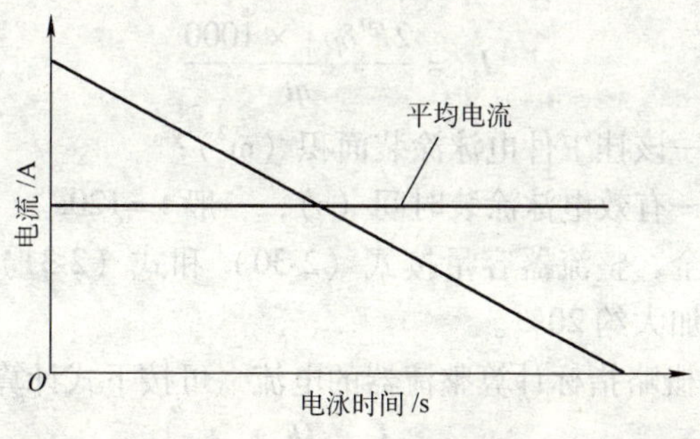

图 2-22　单个工件入槽后通电电流和电泳时间的关系

（3）连续入槽后通电　在工件连续入槽后通电的情况下，由于工件完全形成涂膜后变为绝缘体，所以在有效电泳时间内，其电流

可以看成与电泳时间成直线关系。第一挂工件电流最大，最后一挂电流为零（见图2-23），因此，总电流可以按下式计算

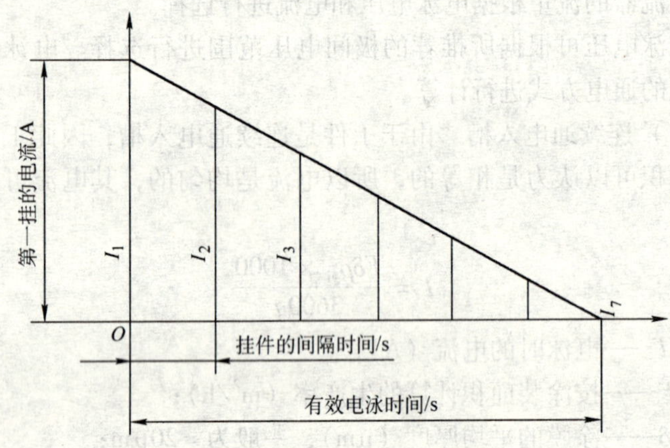

图2-23　连续入槽后通电电流强度计算图

$$I = n\left(\frac{I_1 + I_n}{2}\right) \tag{2-31}$$

式中　I——总电流（A）；

n——在有效电泳时间内进行电泳的工件挂数；

I_n——第 n 挂工件的电流（A），$I_n = 0$；

I_1——第一挂工件的电流（A）。可按下式计算

$$I_1 = \frac{2F'\delta\rho_{yi} \times 1000}{qt} \tag{2-32}$$

式中　F'——该挂工件电泳涂装面积（m^2）；

t——有效电泳涂装时间（s），一般 $t = 120s$。

为了安全，整流器容量按式（2-30）和式（2-31）计算出的数量值再酌情加大约20%。

（4）按概略指标计算整流器的电流　可按下式计算

$$I = JF \tag{2-33}$$

式中　I——整流器电流（A）；

J——电泳涂装的电流密度（A/m^2），一般 $J = 10 \sim 15A/m^2$；

F——在有效电泳时间内进行电泳的涂装面积（m^2）。

三、电泳涂装设备的设计计算举例

1. 计算依据

（1）采用设备的类型　为通过式电泳涂装设备。

（2）最大生产率

1）按涂漆面积计算：$140m^2/h$。

2）按重量计算：1950kg/h。

（3）挂件最大外形尺寸　长度（沿悬挂输送机移动方向1460mm）×宽度（610mm）×高度（1260mm）。

（4）最大挂件涂装面积　$3.65m^2$。

（5）处理工件的工艺条件

1）电泳漆液材料：铁红环氧电泳底漆。

2）处理（电泳）时间：3min。

3）槽液工作温度：15～30℃。

（6）悬挂输送机速度　1m/min。

（7）冷却水的进水温度　10℃。

（8）车间温度　40℃。

2. 槽尺寸的计算

根据式（2-8）计算主槽长度 L，取 $R=3000\text{mm}$，$\alpha=40°$。

其他各项计算如下：

1）悬挂输送机水平投影长度的计算

根据表2-3，$l_1=1.1918h'+0.7280R$

根据式（2-9），$h'=H_2-H_1$

根据式（2-10），$H_1=h+h_1+h_2+h_3$

式中，取 $h_1=200\text{mm}$，$h_2=220\text{mm}$，$h_3=1200\text{mm}$，则

$$
\begin{aligned}
H_1 &= h+h_1+h_2+h_3\\
&= 1260\text{mm}+200\text{mm}+220\text{mm}+1200\text{mm}\\
&= 2880\text{mm}
\end{aligned}
$$

根据式（2-11）$H_2=H+h+h_5+h_6+R(1-\cos\alpha)$ 进行计算，式中，H 根据式（2-15）计算得 $H=2030\text{mm}$，取 $h_6=100\text{mm}$，则

$$H_2=2030\text{mm}+1260\text{mm}+1200\text{mm}+100\text{mm}+3000\text{mm}(1-\cos40°)$$

$$= 5292\text{mm}$$

$$h' = 5292\text{mm} - 2880\text{mm} = 2412\text{mm}$$

$$l_1 = 1.1918 \times 2412\text{mm} + 0.7280 \times 3000\text{mm}$$

$$\approx 5060\text{mm}$$

2）悬挂输送机所需的水平长度计算

根据式（2-12）$l_2 = vt - 0.0349R\beta$ 进行计算，式中 $v = 1000\text{mm/min}$，$t = 3\text{min}$，$R = 3000\text{mm}$，$\beta = \arccos\left(1 - \frac{h_3}{R}\right)$

取 $h_3 = 150\text{mm}$，则

$$\beta = \arccos\left(1 - \frac{150}{3000}\right) = 18.18°$$

则

$$L_2 = vt - 0.0349R\beta$$

$$= 1000\text{mm/min} \times 3\text{min} - 0.0349 \times 3000\text{mm} \times 18.18$$

$$\approx 1110\text{mm}$$

将上面计算数值代入式（2-8），则

$$L = l + 2l_1 + l_2 - 2R\sin\alpha$$

$$= 1460\text{mm} + 2 \times 5060\text{mm} + 1110\text{mm} - 2 \times 3000\text{mm} \times \sin 40°$$

$$= 8833\text{mm}$$

3）主槽宽度计算

根据式（2-14）$B = b + 2\ (b_1 + b_2 + \delta + b_3)$ 进行计算，取 $b_1 = 250\text{mm}$，$b_2 = 50\text{mm}$，$\delta = 250\text{mm}$，$b_3 = 90\text{mm}$，则

$$B = b + 2(b_1 + b_2 + b_3)$$

$$= 610\text{mm} + 2(250 + 50 + 250 + 90)\text{mm}$$

$$= 1390\text{mm}$$

4）主槽高度计算

根据式（2-15）$H = h + h_1 + h_2 + h_3 + h_4$ 进行计算，取 $h_1 = 200\text{mm}$，$h_2 = 220\text{mm}$，$h_3 = 150\text{mm}$，$h_4 = 200\text{mm}$，则

$$H = h + h_1 + h_2 + h_3 + h_4$$

$$= 1260\text{mm} + 200\text{mm} + 220\text{mm} + 150\text{mm} + 200\text{mm}$$

$$= 2030\text{mm}$$

3. 循环搅拌系统的计算

（1）离心泵和混流搅拌器总流量的计算　本设备采用内外循环搅拌，其离心泵和混流搅拌器的总流量分别计算如下：

根据式（2-16），离心泵的总流量为

$$Q = Vn$$

式中，取 $n = 3$ 次/h，由计算得 $V = 13.4\text{m}^2$，则

$$Q = Vn = 13.4\text{m}^2 \times 3\ 次/\text{h} = 40.2\text{m}^2/\text{h}$$

同样，根据式（2-16），混流搅拌的总流量为

$$Q = Vn$$

式中，取 $n = 10$ 次/h，则 $Q = Vn = 13.4\text{m}^2 \times 10\ 次/\text{h} = 134\text{m}^2/\text{h}$

（2）搅拌器数量的计算　对于外部搅拌，选用一台 3BA—9 型离心泵，其流量为 $45\text{m}^2/\text{h}$，扬程为 $32600\text{mmH}_2\text{O}$，配套电动机采用 JO_2—42—2，其功率为 7.5kW，转速为 2900r/min。

对于内部搅拌，当单台混流搅拌器流量为 $65 \sim 100\text{m}^2/\text{h}$，采用 2 台混流搅拌器，每台配套电动机功率为 1.5kW，转速为 1450r/min。

4. 通风装置的计算

根据式（2-18）$Q = 3600Fv$ 进行计算，式中取 $v = 0.6\text{m/s}$，由计算得 $F = 2.8\text{m}^2$，则

$$\begin{aligned} Q &= 3600Fv = 3600 \times 2.8\text{m}^2 \times 0.6\text{m/s} \\ &= 6050\text{m}^2/\text{h} \end{aligned}$$

考虑到电泳涂装设备较长，采用两个独立的通风装置，选择 4—72—11No4A 离心通风机两台，其流量为 $3200\text{m}^2/\text{h}$，全压为 $41\text{mmH}_2\text{O}$，转速为 1450r/min，配套电动机为 JO_2—21—4，功率为 1.1kW，转速为 1450r/min。

5. 漆液温度调节装置的计算

本设备工作时，漆液只需要冷却，而且初始温度最高为 35℃，其冷却装置的热力计算如下：

（1）工作时即热平衡状态下总热量计算　根据式（2-19）$Q_\text{h} = Q_\text{h1} + Q_\text{h2} + Q_\text{h3} + Q_\text{h4} - Q_\text{h5}$ 进行计算，其中各项参数分别计算如下：

1）电沉积过程中电能转换的热量计算：根据式（2-21）$Q_\text{h1} =$

$\frac{860IU}{1000}$进行计算，式中 $I=109\text{A}$，$U=70\text{V}$，则

$$Q_{\text{h1}}=\frac{860IU}{1000}=\frac{860\times109\text{A}\times70\text{V}}{1000}\approx6560\text{kcal/h}$$
$$=7629.3\text{W}$$

2）循环搅拌机械摩擦产生的热量计算：根据式（2-23）$Q_{\text{h2}}=\sum P\times860\eta_1\eta_2$ 进行计算，式中 $\sum P=10.5\text{kW}$，取 $\eta_1=0.86$，$\eta_2=0.65$，则

$$Q_{\text{h2}}=\sum P\times860\eta_1\eta_2=10.5\times860\times0.86\times0.65$$
$$\approx5040\text{kcal/h}=5861.5\text{W}$$

3）挂件带入电泳槽内的热量计算：根据式（2-24）$Q_{\text{h3}}=Gc(t_{\text{n1}}-t_{\text{n}})$ 进行计算，式中 $G=1950\text{kg/h}$，$c=0.115\text{kcal/(kg}\cdot\text{K)}$，$t_{\text{n1}}=35℃$，$t_{\text{n}}=30℃$，则

$$Q_{\text{h3}}=Gc(t_{\text{n1}}-t_{\text{n}})=1950\times0.115(35-30)\text{kcal/h}$$
$$\approx1120\text{kcal/h}=1302.56\text{W}$$

4）槽壁传递的热量计算：根据式（2-25）$Q_{\text{h4}}=KF(t_{\text{n1}}-t_{\text{n}})$ 进行计算，式中取 $K=10\text{kcal/(m}^2\cdot\text{h}\cdot\text{K)}$，由计算得 $F=27.8\text{m}^2$，$t_{\text{n1}}=40℃$，$t_{\text{n}}=30℃$，则

$$Q_{\text{h2}}=KF(t_{\text{n1}}-t_{\text{n}})=10\times27.8(40-30)\text{kcal/h}$$
$$=2780\text{kcal/h}=3233\text{W}$$

5）槽中水分蒸发而散失的热量计算：根据式（2-26）$Q_{\text{h5}}=g_{\text{w}}F_2r$ 进行计算，式中取 $g_{\text{w}}=0.20\text{kg/(m}^2\cdot\text{h)}$，$r=539\text{kcal/kg}$，由计算得 $F_2=10.2\text{m}^2$，则

$$Q_{\text{h5}}=g_{\text{w}}F_2r=0.20\times10.2\times539\text{kcal/h}=1100\text{kcal/h}$$
$$=1279.3\text{W}$$

将上面计算数值带入式（2-19），则

$$Q_{\text{h}}=Q_{\text{h1}}+Q_{\text{h2}}+Q_{\text{h3}}+Q_{\text{h4}}-Q_{\text{h5}}$$
$$=(6560+5040+1120+2780-1100)\text{kcal/h}$$
$$=14400\text{kcal/h}=16747\text{W}$$

（2）槽中漆液初始温度与工作温度差值的热焓量计算　根据式

(2-27) $Q'_h=\frac{V\rho_y c_i \Delta t_e}{t}$进行计算，式中：由计算得 $V=13400L$，$\rho_y=1kg/L$，$c=1kcal/(kg\cdot K)$，$c_i\Delta t_e=(35-30)℃=5℃$，$t=2h$，则

$$\begin{aligned}Q'_h&=\frac{V\rho_y c_i \Delta t_e}{t}\\&=\frac{13400\times1\times1\times5}{2}kcal/h=33500kcal/h\\&=38960.5W\end{aligned}$$

(3) 热交换器水消耗量的计算　根据式 (2-28) $G_w=\frac{Q_{h\,max}k}{c_2(t_{e3}-t_{e2})}$进行计算，式中 $Q_{h\,max}=Q'_h=33500kcal/h$，$c_2=1kcal/(kg\cdot K)$，$t_{e3}=20℃$，$t_{e2}=10℃$，则

$$G_w=\frac{Q_{h\,max}k}{c_2(t_{e3}-t_{e2})}=\frac{33500\times1.1}{1\times(20-10)}kg/h=3685kg/h$$

(4) 热交换器面积的计算　根据式 (2-29) $F=\frac{Q_{h\,max}k}{K(t_{em}-t'_{em})}$进行计算，式中 $Q_{h\,max}=Q'_h=33500kcal/h$，取 $K=300kcal/(m^2\cdot h\cdot K)$，$t_{em}=\frac{t_{e4}+t_e}{2}=\frac{(35+30)℃}{2}=32.5℃$，$t'_{em}=\frac{t_{e2}+t_{e3}}{2}=\frac{(10+20)℃}{2}=15℃$，则

$$F=\frac{Q_{h\,max}k}{K(t_{em}-t'_{em})}=\frac{33500\times1.1}{300(32.5-15)}m^2=7.02m^2$$

6. 整流器的计算与选择

设工件连续通电入槽，根据式 (2-30)。$I=\frac{F\delta\rho_{yi}\times1000}{3600q}$进行计算，式中，$F=140m^2/h$，$\delta=20\mu m$，$\rho_{yi}=1.4g/cm^3$，$q=10mg/C$，则

$$\begin{aligned}I&=\frac{F\delta\rho_{yi}\times1000}{3600q}=\frac{140\times20\times1.4\times1000}{3600\times10}A\\&=109A\end{aligned}$$

为了安全，I 加大 20%，则整流器的电流为

$$I=109A\times1.2=131A$$

根据计算的整流器电流和选定的电压，选择相应的整流器或重

新设计均可。

复习思考题

1. 掌握涂膜修补基本工艺。
2. 掌握底涂层涂装中涂底漆、刮腻子、打磨腻子的方法。
3. 了解喷装前遮盖用材料及遮盖操作要领。
4. 掌握中间涂层的修补及打磨方法。
5. 掌握面漆的调色要领。
6. 掌握面漆的局部修补喷涂方法及要领。
7. 了解面漆修补后的抛光要领。
8. 了解静电喷涂设备的设计知识。
9. 了解电泳涂装设备的设计知识。

第三章

涂装材料的应用

培训学习目标 了解各涂层材料的基本构成与性能机理。

第一节 预处理用材料及处理工艺

预处理材料有哪些？

对于汽车金属零件而言，涂装前表面预处理主要包括脱脂、表调、磷化以及钝化。

一、脱脂材料

1. 油污的组成

在汽车涂装中，常见的油污成分有：

（1）矿物油、凡士林 它们是防锈油、防锈脂、润滑油、润滑脂及乳化液的主要成分。

（2）皂类、动植物油脂、脂肪酸等 它们是拉延油的主要成分。

（3）防锈添加剂 它们是防锈油和防锈脂的主要成分。

在汽车零件加工和储运过程中，金属屑、灰尘和汗渍等污物也总是混杂在上述油污中。

2. 油污的性质

（1）化学性质 根据油污能否与脱脂剂发生化学反应，可分为可皂化油污和不可皂化油污。植物油脂和动物油脂是可以皂化的，它们可以依靠皂化、乳化和溶解作用而脱除。矿物油和凡士林是不可皂化的，它们只能依靠乳化或溶解的作用来脱除。

（2）物理性质　根据油污粘度或滴落点的不同，其形态有液体或半固体。粘度越大或滴落点越高，清洗越困难。根据油污对基体金属的吸附作用，可分为极性油污和非极性油污。极性油污，如含有脂肪酸和极性添加剂的油污，有较强烈地吸附在基体金属上的倾向，清洗较困难，要靠化学作用或较强的机械作用力来脱除。

此外，某些油污，如含有不饱和脂肪酸的拉延油，长期存放后会氧化聚合形成薄膜，含有固体粉料的拉延油吸附在基体金属表面上，当其与油污和金属腐蚀产物等混杂在一起，都会极大地增加清洗的难度。

应掌握脱脂方法及材料。

3. 脱脂方法及材料

1）在汽车涂装中脱脂方法的种类

① 溶剂清洗是依靠有机溶剂对油污的浸透、溶解等作用达到去除油污的目的。

② 碱液清洗是利用含有表面活性剂的碱性物质对动植物油的皂化及表面活性剂的浸润、分散、乳化剂增溶作用达到去除油污的目的。

由于有机溶剂脱脂的劳动条件差，毒性较大，气相脱脂必须有良好的封闭脱脂设备和通用装置，大多数有机溶剂对防火的要求严格，且费用高，加之新型高效的水基清洗剂的出现，在生产量大的汽车厂，涂装前的脱脂已经不再采用有机溶剂。

随着技术的发展，表面活性剂的产量和品种不断增加，出现了把碱性脱脂剂和表面活性剂结合使用的碱性脱脂剂。它既保留了碱性脱脂剂使用方便、价格低廉的优点，又能大大提高脱脂效率，与单纯使用表面活性剂脱脂相比，既降低了费用，又有很高的效率。

2）含表面活性剂的碱性脱脂剂中常用的物质及作用

① 氢氧化钠。又称苛性钠，是一种强碱化合物，它在水中溶解后电离出 OH^-，能够与动植物油脂发生皂化反应，生成溶于水的甘油和脂肪酸钠，而作为产物的脂肪酸钠又具有表面活性剂的作用，

能够使不活性的污物被残余的碱乳化分散。当矿物油脂中含有羧基（—COOH）和磺酸基（—SO_3H）时也能产生同样的效果。

② 碳酸钠。又称苏打，是一种价格低廉的碱，在水中具有缓冲作用，不像强碱那样腐蚀有色金属，同时，碳酸钠在硬水中生成难溶的碳酸钙，因此对硬水具有一定的软化能力。

③ 磷酸三钠及缩合磷酸盐。磷酸三钠在水解时生成离解度很小的磷酸，从而具有较高的碱性，使脂肪类油污溶解。同时，磷酸三钠也具有软化硬水和乳化的作用。缩合磷酸盐包括焦磷酸钠、三聚磷酸钠、六偏磷酸钠，它们作为多价螯合剂使用，所形成的螯合物不会从水中沉淀出来，也就是说缩合磷酸盐对水的软化作用不会产生沉淀。对镁离子的螯合能力以焦磷酸钠最强，而对钙离子的螯合能力以三聚磷酸钠最强。三聚磷酸钠与十二烷基苯磺酸钠复配使用，可使清洗效果大大提高。磷酸盐作为脱脂剂的缺点是排放的含磷废水会引起水质的富营养化。

④ 硅酸钠。硅酸钠包括原硅酸钠（$2Na_2O \cdot SiO_3 \cdot 5H_2O$）、偏硅酸钠（$Na_2O \cdot 3SiO_3 \cdot 5H_2O$）和水玻璃（$Na_2O \cdot nSiO_3 \cdot mH_2O$）。水玻璃化学式中的 n 为模数，模数大于 3 的是中性水玻璃，小于 3 的是碱性水玻璃。一般清洗剂中所使用的水玻璃密度为 40°Be′的碱性水玻璃，模数为 1.6～2.4，它在水中能形成稳定的胶体，形成溶剂化胶束，与表面活性物在一起使用时，有良好的助洗作用。

硅酸盐在水解时提供碱度为

$$NaSO_3 \rightarrow 2Na^+ + SiO_3^{2-}$$

$$SiO_3^{2-} + 3H_2O \rightarrow 2OH^- + H_4SiO_4 \downarrow$$

它们的碱度次序为：原硅酸 > 偏硅酸 > 水玻璃。

水解时生成的硅酸不溶于水，而以胶束结构悬浮于槽液中，这种溶剂化的胶束对固体污垢粒子具有悬浮和分散能力，对油污有乳化作用，因而有利于防止污垢在工件上的再沉积。硅酸盐具有缓冲作用，能与水中的高价金属离子形成沉淀，能除去水中的铁、镁、钙离子，在一定程度上具有软化水的作用。硅酸盐还具有耐腐蚀作用，对于有色金属，尤其是铝、锌、锡等制件使用的碱性脱脂剂中几乎都含有偏硅酸钠或水玻璃。硅酸钠在使用时要注意水洗时应彻

底，因为残留的硅酸钠在下道磷化工序的强酸环境中会水解成不溶于水的游离硅酸并附着于被清洗物表面上，从而影响磷化及涂膜质量。

含有表面活性剂的碱性脱脂剂有着最广泛的应用前景，由于表面活性剂与碱性无机物的协和作用，可使得脱脂效率大大高于单独的碱性脱脂和单一的表面活性剂脱脂。

⑤ 助洗剂。常常把碱性无机物（碳酸钠、硅酸钠、聚合磷酸钠等）称为助洗剂。助洗剂的助洗作用如下：

• 降低表面活性剂的胶束浓度，提高表面活性剂的活性。

• 增加溶液的碱性，以利于中和酸性污物或使动植物油脂皂化。

• 许多碱性助洗剂能起到软化硬水的作用，特别是磷酸盐和硅酸盐的效果较好。

• 有的助洗剂在溶液中呈分散的胶体，起着吸附、悬浮和分散污物的作用。

• 表面活性剂的增强或胶体物质的形成，都起着防止污物再附着的作用。

由此可见，添加助洗剂可减少表面活性剂用量，提高脱脂效果。

4. 表面活性剂

狭义地讲，在很低含量时就能显著地降低水的表面张力的物质，称为表面活性剂。广义地讲，凡是能够使体系的表面状态发生明显变化的物质，都称为表面活性剂。表面活性剂的作用是：降低油污与水及油污与金属表面之间界面张力而产生的湿润、渗透、乳化、增溶、分散等多种作用。

表面活性剂由亲水基团和亲油基团组成。其亲油基团一般由长链烃基构成，在工业脱脂处理中，亲水基一般采用阴离子型和非离子型。

要正确使用表面活性剂，必须了解表面活性剂的两个重要的性能参数，即临界胶束浓度（*CMC*）和亲水基的亲水性与亲油基的亲油性的平衡值（*HLB*）。

CMC 值是指表面活性剂形成胶束的最低浓度。大于临界胶束浓

度时，溶液中又如增加了许多“袋子”，把不溶的油污装入“袋子”，产生增溶作用。*CMC* 值越小，表面活性越大，*CMC* 值的大小与结构有关，也与双亲程度有关：

1）憎水基链越长，越容易形成胶束，*CMC* 值越小。

2）亲水基越强，电荷越多，静电排斥力越大，越不容易形成胶束，*CMC* 值越大。

CMC 值的顺序是：离子型 > 两性型 > 非离子型。

一般表面活性剂的 *CMC* 值都很低，其质量分数大多在 0.02% ~ 0.4% 范围内。使用表面活性剂时，一定要保证它的浓度大于临界胶束浓度，才能充分发挥其性能。

HLB 值的概念是亲水基的亲水性与亲油基的亲油性的平衡值。一般规定亲油性强的油酸的 *HLB* 值为 1，而规定亲水性强的油酸钠的 *HLB* 值为 18，有了这两个标准值，就可以相对地定出每个表面活性剂的 *HLB* 值。表面活性剂的 *HLB* 值与性质的对应关系如图3-1所示。

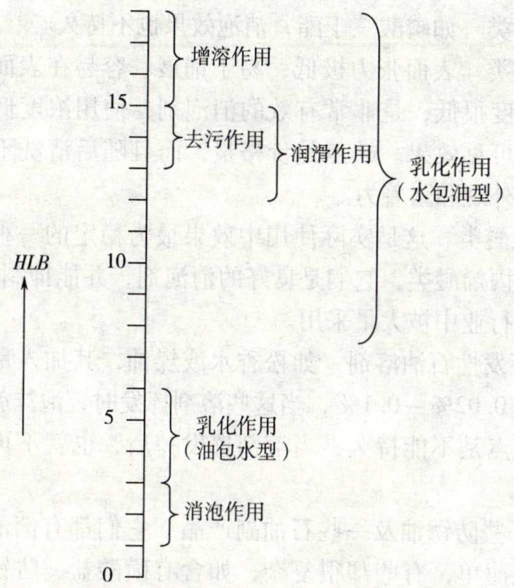

图 3-1 表面活性剂的 *HLB* 值与性质的对应关系

5. 消泡剂

脱脂过程中，适量的泡沫有帮助悬浮油污的作用，对脱脂起了间接的促进作用。但是泡沫过多就会溢出清洗机，不但污染工作场地，而且会造成脱脂液流失，使脱脂液面下降，而脱脂液面过低或泡沫过多，都会使喷射泵不能正常运转，影响喷射压力和流量，甚至无法工作。在喷射操作中必须控制泡沫，除了设备因素以外，在脱脂剂的配方方面，消泡主要从两个方面入手：添加消泡剂或依靠调整配方消泡。常用的消泡剂都是易在气泡液膜表面铺展的液体，一方面，消泡剂在气泡液膜表面铺展时，会带走临近表面层溶液，使液膜变薄从而破裂；另一方面，消泡剂取代了表面膜中的起泡剂分子，使表面膜强度变差而破泡。

常用的消泡剂有：

（1）醇类　低级醇消泡持久性差，挥发后就无消泡作用。高级醇（如辛醇、壬醇）较丁醇、乙醇等低级醇好，但在使用中仍需不断补加。更高级的醇（如油醇），具有非常有效的消泡作用，它不挥发，但也不溶于水，需要溶于较低级的醇中一起添加。

（2）酯类　如磷酸三丁酯，消泡效果也不持久。

（3）油类　表面张力极低，易于铺展，容易在表面吸附，形成的表面膜强度很低，是非常有效的消泡剂，使用浓度低，只需百万分之几十就可见效果。缺点是价格贵，而且随后清洗不易彻底，会影响涂层的外观和附着力。

（4）聚醚类　这是实际使用中效果最为稳定的一种，例如聚氯乙烯、聚氯丙烯醚类，它们是良好的消泡剂，并能抑制泡沫的产生，在汽车涂装行业中被大量采用。

（5）挥发性石油溶剂　如松香水或煤油，其加入量为清洗溶液质量分数的0.02%～0.1%，当这些溶剂挥发时，泡沫就破灭。这种消泡剂的缺点是不能持久，当溶剂挥发掉后，也就不再起消泡作用了。

（6）一些防锈油及一些石油副产品　它们都有消泡作用，其中有些成分较简单，有些却很复杂，如含有磺酸盐、防锈油、皂类及亲油性强的非离子表面活性剂等。

6. 脱脂剂选用注意事项

（1）处理零件的材质　因为不同的金属在碱液中具有不同的腐蚀界限，因此，必须根据工件的材质选择合适的pH值的脱脂剂。钢铁件在碱性脱脂剂中不易腐蚀，但是，如果是由钢和其他金属构成的组合体，则必须考虑脱脂剂的pH值。

（2）油污的种类和数量　要考虑工件上油污的化学性质（储存时能否与周围介质发生反应，而影响脱脂的效果，与脱脂液能否发生皂化反应），油污的物态（固体或液体、油污中固态尘粒的含量），油污对底材的吸附性（分子极性）等情况，再选用合适的脱脂剂。

（3）脱脂剂的正确选择　脱脂的方法不同，对脱脂剂的要求也不同，压力喷射脱脂因机械作用力大，脱脂效果好，但是由于是处在极易起泡的状态下，因而选用低泡性脱脂剂是不可缺少的条件。浸渍脱脂的机械作用较弱，因而要选用脱脂性能较好的脱脂剂，适当的增加脱脂剂的含量和延长脱脂的时间。

（4）注意与下道工序的配合　下道工序是酸洗还是磷化，磷化前有没有表面调整工序，都与脱脂剂的选用有关。因为不同的预处理和磷化配套，所得的磷化膜质量不同，在电子显微镜下观察形貌是不同的，酸洗和强碱脱脂的磷化膜结晶大且比较疏松。对于脱脂，如果下道工序是薄膜型磷化处理，要选用低碱度的带表面调整作用的脱脂剂；如果下道工序是酸洗除锈工序，则不必选用带有表面调整作用的脱脂剂，而是在磷化前道工序单独设立表面调整工序。

7. 脱脂技术的发展动态

多次脱脂处理可保证清洗的质量。例如汽车车身先要进行手工预擦洗，用专用的处理剂去除工件上的严重油污、灰尘和锈蚀。随后工件进入清洗机进行预清理，一般是用碱性脱脂剂进行压力喷射，接着进入主清洗，目前多为全浸式的碱液清洗，溶液强制循环，使车身表面也能得到有效地清洗，在进出浸槽的两个斜坡段还有喷嘴进行喷射清洗。

采用有机溶剂的脱脂剂的比例越来越小。由于采用有机溶剂脱脂剂费用较高、安全性差、对环保不利，因而采用水基碱性脱脂剂的越来越多。

努力降低脱脂的温度。为了节省能源，积极开发高效的脱脂剂，使脱脂的温度由80℃降到55℃，油污较轻的工件可以采用低温脱脂剂。

采用低泡脱脂剂。压力喷射或使溶液强制流动均能有效地提高脱脂效率，但是，会使表面活性剂的溶液产生大量泡沫，因而开发了低泡的脱脂剂。

为了获得结晶的细密、均匀、耐腐蚀性好的薄型磷化膜，开发了带表面调整作用的脱脂剂。

为了便于进行污水处理，减少公害，国外正努力开发无磷或低磷的脱脂剂。

开发易于被清洗的拉延油及防锈材料，使工件上的油污易于被清洗。

加强对槽液的过滤，不仅对脱脂而且对水洗槽液也要安装过滤器。为了除去工件带来的金属屑，一般都采用磁性过滤袋。因为金属屑等杂质会破坏涂层，必须认真除去。

开发脱脂槽液的脱脂装置，延长装置的使用时间，以节省生产费用，为此最新开发了离心分离法和超滤分离法。

二、磷化材料

掌握磷化分类方法。

1. 磷化分类

磷化分类方法很多，但一般是按磷化成膜体系、磷化膜厚度、磷化温度、促进剂类型等进行分类。

（1）按磷化成膜体系分类　主要分为：锌系、锌钙系、锌锰系、锰系、铁系、非晶相铁系六大类。

1）锌系磷化槽液：其主体成分是Zn^{2+}、$H_2PO_3^-$、NO_3^-、H_3PO_4、促进剂等。形成的磷化膜主体组成（钢铁件）是$Zn_3(PO_4)_2\cdot 4H_2O$、$Zn_2Fe(PO_4)_2\cdot 4H_2O$。磷化晶粒呈树枝状、针状，孔隙较多。广泛应用于涂装前打底、防腐蚀和机械加工减摩润滑。

2）锌钙系磷化槽液：其主体成分是Zn^{2+}、Ca^{2+}、NO_3^-、$H_2PO_4^-$、H_3PO_4及其他添加物。磷化膜的主体组成（钢铁件）是

$Zn_2Ca(PO_4)_2 \cdot 4H_2O$、$Zn_2Fe(PO_4)_2 \cdot 4H_2O$、$Zn_3(PO_4)_2 \cdot 4H_2O$。磷化膜晶粒呈紧密颗粒状（有时有大的针状晶粒），孔隙较少。应用于涂装前打底及防腐蚀。

3）锌锰系磷化槽液：其主体组成是 Zn^{2+}、Mn^{2+}、NO_3^-、$H_2PO_4^-$、H_3PO_4 以及其他一些添加物。磷化膜的主体组成是 $Zn_2Fe(PO_4)_2 \cdot 4H_2O$、$Zn_3(PO_4)_2 \cdot 4H_2O$、$(Mn, Fe)_5H_2(PO_4)_4 \cdot 4H_2O$。磷化膜晶粒呈颗粒－针状－树枝状混合晶型，孔隙较少。广泛用于涂装前打底、防腐蚀及机械加工减摩润滑。

4）锰系磷化槽液：其主体成分是 Mn^{2+}、NO_3^-、H_2PO_4、H_3PO_4 及其他一些添加物。钢铁件上形成磷化膜的主体组成是 $(Mn, Fe)_5H_2(PO_4)_4 \cdot 4H_2O$。磷化膜厚度大，孔隙少，磷化膜晶粒呈密集颗粒状。广泛应用于防腐蚀及机械加工减摩润滑。

5）铁系磷化槽液：其主体成分是 Fe^{2+}、H_2PO_4、H_3PO_4 及其他一些添加物。磷化膜的主体组成（钢铁工件）是 $Fe_5H_2(PO_4)_4 \cdot 4H_2O$。磷化膜厚度大，磷化温度高，处理时间长，膜层孔隙较多，磷化膜晶粒呈颗粒状。应用于防腐蚀及机械加工减摩润滑。

6）非晶相铁系磷化槽液：其主体成分是 $Na^+(NH_4^+)$、H_2PO_4、H_3PO_4、$MoO_4^-(ClO_3^-$、$NO_3^-)$ 及其他一些添加物。磷化膜主体组成（钢铁件）是 $Fe_3(PO_4)_2 \cdot 8H_2O$，Fe_2O_3。磷化膜薄，微观膜结构呈非晶相的平面分布状，仅应用于涂装前打底。

（2）按磷化膜的厚度（磷化膜重）分类　可分为次轻量级、轻量级、次重量级、重量级四种。次轻量级膜重为 $0.1 \sim 1.0g/m^2$，一般是非晶相铁系磷化膜，仅用于涂装前打底，特别是变形大工件的涂装前打底效果很好。轻量级膜重为 $1.1 \sim 4.5g/m^2$，广泛应用于涂装前打底，在防腐蚀和机械加工行业应用较少。次重量级磷化膜重为 $4.6 \sim 7.5g/m^2$，由于膜重较大，膜层较厚（一般 $>3\mu m$），较少作为涂装前打底（仅作为基本不变形的钢铁件涂装前打底），可用于防腐蚀及机械加工减摩润滑。重量级膜重大于 $7.5g/m^2$，不作为涂装前打底用，广泛用于防腐蚀及机械加工减摩润滑。

（3）按磷化处理温度分类　可分为常温、低温、中温、高温四类。常温磷化就是不加温磷化。低温磷化一般处理温度为 $30 \sim 45℃$。

中温磷化一般处理温度为 60～70℃。高温磷化一般处理温度高于 80℃。温度划分本身并不严格，有时还有亚中温、亚高温，随着生产现场而定，但一般还是遵循上述划分法。

（4）按促进剂类型分类　由于磷化促进剂主要只有那么几种，按促进剂的类型分有利于槽液的了解。根据促进剂类型大体可决定磷化处理温度，如 NO_3^- 促进剂主要就是中温磷化。促进剂主要分为硝酸盐型、亚硝酸盐型、氯酸盐型、有机氮化物型、钼酸盐型等主要类型。每一个促进剂类型又可与其他促进剂配套使用，因而有不少分支系列。硝酸盐型促进剂包括 NO_3^- 型、NO_3^-/NO_2^- 自生型。氯酸盐型促进剂包括 ClO_3^-、ClO_3^-/NO_3^-、ClO_3^-/NO_2^-。亚硝酸盐促进剂包括硝基胍 $R\text{-}NO_2^-/ClO_3^-$。钼酸盐型促进剂包括：MoO_4^-、MoO_4^-/ClO_3^-、MoO_4^-/NO_3^-。

2. 磷化生产中常见的问题及处理方法

（1）磷化不良　常见的磷化不良问题的主要原因有以下几个方面：

1）处理液方面：技术参数是否正常。

2）设备方面：如喷嘴、传送速度、控温设备等方面存在问题。

3）材质方面：如基材金属、磷化剂等方面存在问题。

4）人为因素：作业人员是否正确操作、是否严格执行了设备保养制度。

（2）处理方法

1）确定是设备问题，还是预处理液的问题。如果是设备问题，使用一替代程序而处理液不变，有助于找出问题所在。

2）如果是处理液问题，设法确认产生问题的工序。

3）对于磷化问题，应正确区分是脱脂问题还是磷化液问题极为重要。

4）保留完整而精确的原始记录。

了解磷化处理中常见问题及解决方法。

3. 生产中常见问题解决方法

（1）黄锈　产生黄锈的原因及防治措施见表 3-1。

表 3-1　产生黄锈的原因及防治措施

影响因素		质量要求	产生原因及防治措施
原材料	防锈油	长期不干结	抛光研磨过的表面活性很高，如果不立即涂上防锈油就会在空气中氧化，有碍于磷化过程，特别是存货期长、天气不好和存放环境不好时，更要注意加强防锈
	抛光研磨	最好没有	采用细抛光材料，如果太粗，研磨时表面温度太高，易产生表面硬化，形成的磷化膜粗糙，抛光后应立即涂防锈油
	酸洗	最好没有	尽可能用机械方法除锈（砂纸等），不得已情况下，要在磷酸酸洗后立即水洗、中和、表面调整和磷化
脱脂	浓度、温度、压力	—	脱脂不彻底，会出现无磷化膜区域，这是黄锈产生的主要原因。另外，碱度高时脱脂和浓度、温度过高，对磷化也不利
	喷嘴方向	—	注意调整使溶液有效地喷到被涂物上
	喷雾量	—	使用大口径的 V 形喷嘴
	喷嘴堵塞	最好没有（控制在 10% 以下）	定期检查，清扫，更换设备，喷嘴要取下来清洗干净，每天更换 1/3
水洗	污染度	微碱性或中性	防止下道工序的酸性液超位喷雾（调整喷嘴），增加溢流量，使其呈中性
表面调整	pH 值	8.0 ~ 9.5	若有磷化液窜入，会使 pH 值降低，表调失效
	喷嘴堵塞	没有	若有阻塞，会使表面处理不彻底，影响磷化膜的均匀、细致
	磷化液超位喷雾	最好没有	把磷化入口端的环形喷嘴改成 V 形，方向朝向内侧

（续）

影响因素		质量要求	产生原因及防治措施
磷化	总酸度	偏上限为好	—
	酸比	—	若过大，则沉淀量增加，材料消耗增多
	加速剂	—	—
	温度	—	—
	药品补充	连续足量	否则总酸度和游离酸度波动大，磷化膜质量不稳定
	运输链停动	—	刚进入磷化区的工件可能会锈蚀
	喷嘴方向	无超位喷射方向	—
	喷雾量/（L/m^2）	最少 L/m^2 为 80	有充足的喷雾量并均匀喷在被处理物上

（2）斑点锈　产生白色斑点锈的原因及防治措施见表 3-2。

表 3-2　产生白色斑点锈的原因及防治措施

影响因素	质量要求	产生原因及防治措施
脱脂液	温度高	检查加热设备
	碱度低	调整供水量，应急方法是补加脱脂剂
脱脂与磷化间隔区	温度高	适当降温
	碱度低	可将促进剂（NO_2^-）加入水洗槽中（约为 200g/L）

（3）水锈斑　产生水锈斑的原因及防治措施见表 3-3。

表 3-3　产生水锈斑的原因及防治措施

影响因素	产生原因	防治措施
基材	钢材经铬酸处理	检查钢材来源
	基材上附着难除尽的植物油	改用易除尽的防锈油
	基材上防锈油变质	缩短库存时间
脱脂	脱脂液浓度过低	调整补给装置
	油分增加	应部分或全部更换脱脂液
	温度低	检查升温装置
	喷嘴堵塞	检查并清洗喷嘴
	浮油附着在喷嘴上	应将浮油除净

（4）磷化膜发蓝　产生磷化膜发蓝的原因及防治措施见表 3-4。

表 3-4　产生磷化膜发蓝的原因及防治措施

影响因素	产生原因	防治措施
表面调整	pH 值低	补加碱或表调剂
	表调与磷化间隔区的水雾喷嘴堵塞	应检查清洗喷嘴
磷化工艺	预处理工序出现故障	排除预处理故障
	磷化槽入口有酸雾，在喷淋线入口一侧或浸渍线出口一侧喷嘴堵塞或方位不对	检查并进行调整
	AC 值高	检查促进剂补加装置
	Zn 含量低（游离酸度也低）	添加锌盐

（5）磷化膜泛黄、挂灰　影响磷化膜泛黄、挂灰的因素很多，如含锌量、成膜盐、游离酸度和总酸度以及添加剂等，都将严重地影响膜层质量。

固定添加剂的用量和组成，在 0.13 ~ 11P 的游离酸度条件进行测试。磷化后经水洗晾干，放置 24h 进行硫酸铜点滴实验，其结果见表 3-5。

表 3-5　硫酸铜点滴实验结果

游离酸度（P）	0.32	0.57	1.10	2.52	4.35	5.61	8.32	10.65
外观	挂灰	轻灰	无灰	无灰	无灰	无灰	轻黄	泛黄
硫酸铜点滴试验/s	5	17	31	38	33	25	11	8

从表 3-5 中结果可见，游离酸度在 1 ~ 5P 内效果较好，既有一定的成膜速度，又能生成较好的磷化膜，因此控制游离酸度的高低是避免泛黄、挂灰的重要条件之一。

磷化膜产生挂灰现象的原因及防治措施见表 3-6。

表 3-6　挂灰产生原因及防治措施

产 生 原 因	防 治 措 施
槽液含渣量大	清除槽液残渣
酸比太高	补加磷化剂
磷化温度高	降低温度

（6）成膜速度慢　磷化成膜速度慢的产生原因及防治措施见表3-7。

表 3-7　磷化成膜速度慢的产生原因及防治措施

产 生 原 因	防 治 措 施
表调不佳	改进表调或换槽
促进剂浓度不够	补加促进剂
酸比低	先调整总酸度，再调整酸比
磷化温度低	提高磷化温度

（7）磷化膜不完整　磷化膜不完整，首先要检查磷化液浓度、pH 值、温度、磷化时间等工艺规范是否适当。磷化液密度低、温度低、pH 值高、磷化时间短，都会造成磷化膜不完整。其次应注意工件预处理是否彻底，如工件沾有油污、未清除干净的铁锈也都会导致磷化膜不完整。磷化膜不完整的产生原因及防治措施见表3-8。

表 3-8　磷化膜不完整的产生原因及防治措施

产 生 原 因	防 治 措 施
总酸度不够	补加磷化剂
磷化温度低	升高磷化温度
促进剂浓度低	补加促进剂
游离酸度低	补加磷化剂

（8）磷化膜疏松　磷化膜疏松的产生原因及防治措施见表3-9。

表3-9　磷化膜疏松的产生原因及防治措施

产生原因	防治措施
工件清洗不干净	加强清洗
表面调整不起作用	补加表调剂

第二节　电泳涂装用材料及涂装工艺

电泳涂料是靠添加中和剂使水不溶性的涂料树脂变成水溶化和水分散化的液态涂料，并在水中能离解为带电荷的水溶性成膜聚合物，在直流电场的作用下泳向相反的电极，在其表面上析出成膜。

一、电泳涂装材料分类

根据所采用的电泳涂装方式的不同，电泳涂料可以分为阳极电泳涂料和阴极电泳涂料两大类。

1. 阳极电泳涂料

阳极电泳涂料使用的成膜聚合物是阴离子型树脂，常用的都是多羟基的聚合物，中和剂为无机碱和有机胺，如KOH、一乙醇胺、三乙醇胺、三乙胺等。阳极电泳涂料在水中离解成阴离子聚合物，常用的有纯酚醛阳极电泳涂料、聚丁二烯阳极电泳涂料等。

2. 阴极电泳涂料

阴极电泳涂料使用的成膜聚合物是阳离子型树脂，在树脂骨架中含有多数的胺基，中和剂为有机酸，如甲酸、乙酸、乳酸等。阴极电泳涂料在水中离解成阳离子的聚合物，最常用的树脂有环氧树脂和聚氨酯等。

二、电泳涂料的发展简况

汽车车身涂底漆在汽车工业100多年的历史中，经历了喷涂、浸涂和电泳涂装三个阶段。当初采用喷涂法时，车身内腔和缝隙间表面喷涂不到而裸露，金属腐蚀从里向外，在高温高湿气候条件下使用1~2年即产生穿孔腐蚀。第二次世界大战后采用浸涂法，仍采用有机溶剂型涂料，车身的耐蚀性有所提高，但缝隙间存在“溶落”现象，还有大槽浸漆火灾危险性大的问题。因此，开发采用水性涂料的新涂装方法势在必行。1809年俄国科学家列斯首先发现了胶体粒子在电场作用下能产生电泳现象。但由于当时缺少良好的水溶性树脂，所以在工业上一直没有得到广泛的应用。直到1960年由英国的卜内门公司与里兰公司共同研制成功阳极电泳漆与涂装工艺。从此，电泳涂装法正式在汽车涂装中获得应用，并且是汽车工业中技术普及更新最快的车身涂底漆方法。随着电泳涂装关键设备——超滤装置（Ultra Filtration 简称 UF）问世，解决了被涂物电泳后水洗的污染处理问题，可基本达到无排放闭路循环水洗，使电泳涂装在防止污染环境方面取得突破性进展，同时还降低了电泳涂料的消耗，提高了电泳槽液的稳定性，成为完善电泳涂装工艺的有力技术支撑。20世纪60年代中期德国BASF公司和美国PPG公司首先进行了阳离子型树脂的合成（即阴极电泳的研究）。1971年美国的PPG公司开始应用第一代阴极电泳漆，先是在菲利浦公司的电冰箱、洗衣机以及干燥机等耐腐蚀性能要求高的家用电器上作底漆。1976年6月美国通用汽车公司将汽车部件采用PPG公司第二代阴极电泳漆（CED-3002#）获得成功。1977年开始正式用阴极电泳漆为底漆来涂装汽车车身。1978年美国通用汽车公司和福特汽车公司基本上已把原来使用的65条阳极电泳涂装生产线改用新的阴极电泳涂装生产线，形成阴极电泳涂装法替代阳极电泳涂装之势。在汽车市场上，形成了未采用阴极电泳的轿车失去竞争力的局面。到了20世纪80年代初期，几乎所有的汽车电泳涂装生产线都由阴极电泳取代了阳极电泳涂装。阴极电泳涂装工艺经过20多年的不断完善，现已成为最成熟的汽车车身、车轮和车架等涂底漆（或底面合一涂层）的先进技术之一，对汽车车身而言，至今尚无替代它的更先进的涂底漆的方法。

40多年的电泳涂装的发展史可划分为以下四个阶段：

第一阶段：阳极电泳涂装的初级阶段（1970年以前），确立电

泳涂装工艺规范，稳定和完善电泳涂装工艺，解决电泳涂膜的弊病，提高电泳涂料的质量和开发新品种。

第二阶段：阳极电泳涂装阶段（1970 ~ 1976 年），在这期间优质的高泳透力的第二代阳极电泳涂料（以聚丁二烯阳极电泳涂料为代表）投产采用，废除了辅助电极，超滤技术在电泳涂装工艺中获得应用，实现了闭合循环水洗系统，达到了电泳涂装工艺合理化，节省劳动力，提高了涂料利用率，减少了电泳废水的污染，汽车车身的耐腐蚀性有较大的提高。

第三阶段：阴极电泳涂装替代阳极电泳涂装阶段（1977 ~ 1985 年），由于阴极电泳涂料的耐腐蚀性成倍地优于阳极电泳涂料，泳透力也较高，且消除了阳极溶解现象等，阴极电泳涂装工艺一开发成功即获得工业应用，很快形成阴极电泳取代阳极电泳之势。

第四阶段：阴极电泳涂装工艺进一步提高完善阶段（1985 年以来），通过改进阴极电泳涂料的质量、开发新品种、完善阴极电泳涂装设备和管理自动化、追求涂装无缺陷化和膜厚的均一化，以适应汽车车身涂装高质量的要求，例如厚膜阴极电泳涂料的投产应用，在车身电泳涂装时采用顶盖电极和底电极等。

应了解阴极电泳材料的组成和功能。

三、阴极电泳涂料的组成及其功能

阴极电泳涂料经近 20 多年的发展，目前有的涂料公司已经生产第四代或第五代阴极电泳涂料。在国际上形成两大体系：①美国 PPG 体系（双组分、双乳液型）；②德国 Hoechst 体系（单双组分、水乳液型或水溶性型）。其他公司都是引进这两家的技术生产的或在引进技术基础上改进自成体系。如日本关西涂料公司在引进 PPG 技术基础上开发形成的阴极电泳涂料体系。

阴极电泳涂料所用的成膜聚合物是阳离子型树脂，在树脂骨架中含有多数的胺基，中和剂为有机酸，如甲酸、乙酸、乳酸等。阴极电泳涂料在水中离解为阳离子，最常用的树脂有环氧树脂和聚氨酯等。中和剂为封闭异氰酸酯树脂。

双组分阴极电泳涂料的组成及其功能见表3-10。

表3-10　双组分阴极电泳涂料的组成及其功能

原漆组成		槽液的组成	功　能	电泳后湿涂膜组成	烘干后干涂膜组成
色浆	乳液				
树脂	树脂	树脂	是涂膜形成物，用它保护颜料，使涂料带正电荷并电泳在被涂物上	树脂	树脂
颜料	—	颜料	是涂膜形成物，可提高涂膜的防锈、着色和物理性能	颜料	颜料
固化剂	固化剂	固化剂	与树脂粒子结合，促进固化，提高涂膜性能	固化剂	
溶剂	溶剂	溶剂	使树脂水溶性化，控制烘干固化时的涂膜流动性	溶剂	烘干时排出体系外，呈油烟状（即为加热减量）
中和剂	中和剂	中和剂	将树脂制成水溶性化所用的中和酸	中和剂（少量）	
添加剂	添加剂	添加剂	改善涂料性能，可提高涂膜性能	添加剂	

一般将在汽车涂装中使用的阴极电泳涂料，按耐腐蚀性能分为三级，即优质防腐级、良好防腐级和一般防腐级。优质防腐级一般用来涂装轿车底盘件、车轮以及一些防腐性能要求较高的零部件，使用材料为厚膜阴极电泳涂料；良好腐蚀级一般用来涂装轿车、载重汽车、面包车、轻型车车身及耐腐蚀性能要求较高的载重车、轻型车的零部件，使用材料一般为进口的薄膜阴极电泳涂料和引进国外技术国内自己生产的薄膜阴极电泳涂料；一般防腐级用来涂装载重汽车车箱、轻型汽车车箱、车架及一些车下黑漆件，使用材料一般为国内自己开发研制的阴极电泳涂料。各等级阴极电泳涂料的性能指标见表3-11。

表 3-11　各等级阴极电泳涂料的性能指标

	项　　目	耐腐蚀性能等级		
		优质防腐级	良好防腐级	一般防腐级
原漆	在容器中的状态	无异味，无明显分层，易搅起		
	粘度	适宜		
	固体分（质量分数,%）	单组分 45～75，双组分 30～60		
	细度/μm	≤15	≤25	≤30
	颜色	各色		
	组分数	单组分或双组分		
	电导率/（μS/cm）	适用于双组分 800～2000		
	pH 值	适用于双组分，色浆 5.0～6.0，乳液 6.6～7.3		
	沉淀性	适用于双组分乳液，120h 不分层，无絮状物析出		
	筛余分（3.25mm）/（mg/L）	≤15	≤20	≤25
工作液	固体分（质量分数,%）	17～20		
	pH 值	5.8～6.7		
	电导率/（μS/cm）	800～2000		
	颜基比（P/B）	0.1～0.6		
	溶剂（体积分数,%）	2～8		
	MEQ 值	双组分 25～35　单组分 40～60		
施工性能	库伦效率/（mg/C）	≥30	≥25	≥20
	泳透率（%）	≥85	≥75	≥65
	L 效果	水平面平整光滑与垂直面无明显差别		
	施工电压/V	150～350		
	电泳时间/min	2～3		
	干燥性能	170～180℃　20～30min		
	加热减量（%）	≤4	≤10	
	再溶解性（%）	≤10，外观无明显变化		
	使用稳定性	敞口搅拌四周后，各项性能无明显变化		
涂膜性能	外观	平整光滑无缩孔	平整允许轻微橘皮，无缩孔	
	膜厚/μm	≥28	≥18	—
	弹性/mm	≤3	≤1	—
	冲击强度/（N·cm）	≥392	≥490	—
	附着力/级	≤2	≤1	—
	光泽（%）	40～80		—
	杯突/mm	≥5		—
	耐碱性/h	≥24	≥8	—
	耐酸性/h	≥24	≥8	—
	耐水性/h	>600	>400	—
	抗石击性/级		≤2	—
	耐盐雾试验/h	≥1000	≥800	≥720
	复合腐蚀试验/循环	≥30	≥25	≥20

四、电泳涂装的局限性

1）仅适用于具有导电性能的被涂物涂底漆。而木材、塑料、布等无导电性能的被涂物则不能采用这种涂装方法。

2）由多种金属组合成的被涂物，若电泳特性不一样也不宜采用电泳涂装工艺。

3）不能耐高温（165～185℃）的被涂物也不能采用电泳涂装工艺。但近几年在国外已开发成功在120℃、150℃下烘干的电泳涂料。

4）对颜色有限定要求的被涂物不宜采用电泳涂装。变化涂膜颜色时必须分槽涂装。

5）对于小批量生产场合（槽液更新期超过6个月）也不宜推荐采用电泳涂装，因为槽液的更新速度太慢，槽液中的树脂老化和溶剂组成的变动大会使槽液性能不稳定。

五、阴极电泳涂料的评价

1. 从所得涂膜的性能评价

1）涂膜的外观：应平整光滑，展平性好。

2）膜厚：应达到工艺的要求且稳定。

3）涂膜力学性能：硬度、附着力、弹性、冲击强度、杯突性能等性能优良。

4）耐腐蚀性（与磷化配套的单层底漆）：耐中性盐雾性按GB/T 1771—1991试验法，优质的不低于720h；复合耐腐蚀性为30或60个循环；锐边的耐腐蚀性（或遮盖性）优良。

2. 从施工性能评价

在最佳的泳涂电压、泳涂时间、槽液的固体分、pH值、温度下进行。

1）泳透率：在统一条件下越高越好。

2）加热减量：在105℃和170℃烘干所得的干涂膜的质量差，也就是在高温烘干时间内的热分解越低越好。

3）槽液的稳定性：在正常的生产场合不需要添加剂，仍保持槽液的稳定。

4）槽液有机溶剂含量在保持槽液稳定的前提条件下越低越好，现今的指标小于2.5%（体积分数），发展的趋势是无溶剂，这样有利于环保。

5）涂膜的烘干性能：从节能角度考虑烘干温度低一些和烘干时间短一些为好。

6）与中涂或面漆的配套性：配套性不好，将直接影响到面漆涂层的附着力和外观。

六、未来阴极电泳涂料的发展方向

未来阴极电泳涂料的发展方向主要是向以下四个方面发展：

1）不含重金属和有机溶剂的阴极电泳涂料。

2）节能、降低电泳涂料的烘干温度。

3）进一步提高电泳涂料的性能。

4）超低的加热减量型电泳涂料，提高涂料的利用率。

第三节　密封用材料及涂装工艺

应了解密封材料有哪些特性。

为了提高汽车车身的密封性（不漏水、不漏气），以提高汽车的舒适性和车身缝隙间的耐腐蚀性，车身的所有焊缝和内外缝隙均需进行密封（涂敷密封胶）。汽车在高速行驶中，路面的砂石会对车身底板及车身的下部产生撞击和冲刷，使车身底板下表面的涂膜损坏。而失去耐腐蚀能力，为提高汽车车身的使用寿命，在车身底板下表面，尤其是易受石击的轮罩、挡泥板表面，增涂 1～2mm 厚的耐磨抗石击性的涂层，称为车底涂层，所用涂料称为车底涂料。

焊缝密封涂料和车底涂料现今采用的是聚氯乙烯树脂（PVC）为主要基料和增塑剂制成的一种无溶剂涂料，其不挥发分质量分数为95%～99%，这种涂料称为 PVC 涂料，其用量很大，每台轿车车身的 PVC 涂料耗用量可达20多千克。

焊缝密封涂料和车底涂料一般通用一种 PVC 涂料，但因使用目的和施工方法的不同，在要求高的场合是采用两种 PVC 涂料，以适应各自的特殊性能，如车底涂层的 PVC 涂料的抗石击性要好，应易于高压喷涂，施工粘度应低一些。而焊缝密封涂料对涂层的硬度、伸长率、抗剪强度、抗拉强度等都有要求，施工粘度应高一些。因此，为适应各自的要求，在配方基本一致的基础上应作一些调整。焊缝密封涂料的性能见表 3-12。

表 3-12　焊缝密封涂料的性能

<table>
<tr><th>生产企业
主要性能</th><th>法国 Revco 公司 EP27</th><th>美国 PPG 公司</th><th>日本 1950A</th><th>上海汉高公司</th><th>长春密封材料厂</th></tr>
<tr><td>涂膜外观</td><td>黄色均质厚浆状</td><td>黄色均质厚浆状</td><td>白色均质厚浆状</td><td>白色均质厚浆状</td><td>灰色、白色均质厚浆状</td></tr>
<tr><td>不挥发分（质量分数,%）</td><td>95</td><td>95</td><td>9</td><td>99</td><td>99</td></tr>
<tr><td>粘度/（Pa·s）</td><td>56</td><td>53</td><td>42</td><td>64</td><td>4.5~5.5</td></tr>
<tr><td>邵氏硬度</td><td>66</td><td>51</td><td>67</td><td>60</td><td>50</td></tr>
<tr><td>流动性/mm</td><td>0</td><td>0</td><td>0</td><td>0</td><td>0</td></tr>
<tr><td>烘干性</td><td>150℃×30min</td><td colspan="4">140℃×30min，无气泡，无裂纹</td></tr>
<tr><td>涂膜质量</td><td colspan="3">无气孔，致密</td><td colspan="2">无气孔</td></tr>
<tr><td>附着力</td><td colspan="4">无整片剥起</td><td>4 级</td></tr>
<tr><td>过烘性</td><td colspan="5">180℃×30min，无起泡，无裂纹</td></tr>
<tr><td>伸长率（%）</td><td>69</td><td>135</td><td>128</td><td>88</td><td>190</td></tr>
<tr><td>抗拉强度/MPa</td><td>2.3</td><td>1.3</td><td>2.4</td><td>1.4</td><td>1.6</td></tr>
<tr><td>抗剪强度/MPa</td><td>1.5</td><td>2.1</td><td>4.1</td><td>2.5</td><td>2.2</td></tr>
<tr><td>耐盐雾性/h</td><td colspan="4">240h 底材无锈蚀</td><td>720h 底材无锈蚀</td></tr>
<tr><td>施工性能</td><td colspan="5">泵比 40:1</td></tr>
<tr><td>高压无气喷涂/挤涂性能①</td><td>1.06bar 挤涂性好</td><td colspan="3">进气压力 1bar 挤涂性好</td><td>进气压力 1.0~1.5bar 挤涂性好</td></tr>
</table>

① 1bar = 10^5Pa。

为提高车身涂膜的抗石击性，除了车底或门槛下围涂 PVC 抗石击涂料外，也有在车身下半部增涂一层抗石击中涂层，一般是采用

具有弹性的聚氨酯型抗石击涂料，但其价格较高。车底用 PVC 涂料的性能见表 3-13。

表 3-13　车底用 PVC 涂料的性能

主要性能＼生产企业	法国 Revco 公司 DC70	德国 AKD503. 504	上海汉高公司	长春密封材料厂
涂膜外观	黄色均质厚浆状	灰色均质厚浆状	灰色均质厚浆状	灰色均质厚浆状
不挥发分（质量分数,%）	95	98	99	99
粘度/（Pa·s）	—	—	146	3. 5 ~4. 5
邵氏硬度	—	—	65	40 ~45
流动性/mm	0	1	0	0
烘干性	140℃ ×30min，无气泡，无裂纹			
涂膜质量	无气孔			
附着力	无整片剥起			
过烘性	无气泡，无开裂			
伸长率（%）	—	—	68	85
抗拉强度/MPa	—	—	1. 1	1. 1
抗剪强度/MPa	—	—	2. 8	2. 5
耐盐雾性（%）	360h 底材无锈蚀			720h 底材无锈蚀
施工性能	涂层滞留量 99	涂层滞留量 98	涂层滞留量 98	涂层滞留量 98
抗石击性能（%）	泵比 40:1			
高压无气喷涂/挤涂性能①	进气压力 3bar 雾化好	—	进气压力 5 ~8bar 雾化好	进气压力 4 ~6bar 雾化好

① $1bar = 10^5 Pa$。

第四节　中间涂层用材料及涂装工艺

> 应了解中间涂层涂料的性能与发展方向。

当对涂膜质量要求较高时都需要涂装中涂层，而要求较低时可以不涂装中涂层。

一、中间涂层涂料的功能

1）具有良好的填充性，能消除底涂层微小的凸凹缺陷。

2）与底涂层和面涂层具有良好的结合力。

3）具有良好的弹性。

4）具有良好的打磨性。

5）提高整体装饰性。

6）具有良好的遮盖力。

7）具有良好的抗紫外线能力。

二、中间涂层涂料的发展方向

1）提高中间涂层的外观装饰性（平滑性），有厚膜化的倾向。

2）提高厚膜涂装的作业性（抗气泡、抗流挂性）。在高装饰的4层汽车涂装工艺中有涂两次中间涂层的趋向。

3）提高中间涂层的耐崩裂性。要求中间涂层涂料与电泳底漆、面漆的结合优良，在受冲击时能承受冲击能量。

4）中间涂层的颜色与面漆的颜色配套，有同色化的倾向，并正在通过改进涂装设备来提高装饰性。

5）适应VOC法规的要求，实现低公害化。

为了适应上述要求，总的趋向是采用高固体分（H/S）中涂层涂料、水性（W/B）中涂层涂料。在西欧非常重视耐崩裂性，以采用PE、聚氨酯系列中间涂层涂料（或耐崩裂涂料）为主流。

中间涂层涂料的水性化是由底到面逐步发展的，底漆已经水性化，中间涂层涂料开始水性化。进入20世纪90年代，加快了使用水性化的步伐，尤其在欧洲，中间涂层涂料已实现了水性化。日本水性化工作的研究已经完成，日产汽车公司村山工厂已使用日本油脂生产的水性中涂涂料。但由于生产成本高，环保要求没有欧美苛刻，所以日本还没有全面推广。

目前水性中间涂层涂料主要有水性聚酯氨基漆和封闭型聚氨酯树脂漆两种。水性中间涂层涂料的特点是施工时固体分高，烘烤温

度低（一般为140～160℃），施工条件宽（施工温度一般为20～30℃，相对湿度一般为60%～80%）。涂膜性能可与传统溶剂型涂料相当，抗石击性能优于溶剂型中间涂层涂料膜。

粉末涂料在中间涂层中已经开始使用。1982年日本日产公司已使用过粉末中间涂层涂料。20世纪80年代中期，美国通用汽车公司已在一个货车厂使用粉末中涂，近年来又在3个小型货车上使用。但是粉末中间涂层涂料在投入生产线使用以前，有几个大的难点，其中最大的难点是如何形成平滑均匀的涂膜、粉末粒子的微粒化技术以及涂装装置的稳定供给，如今涂料和涂装方法的开发都取得了进展，原来比溶剂型涂料差的涂膜外观也得以提高，涂料的稳定供给以及涂着效率的改善已成为可能。

在最近两年，带色的中间涂层已在美国广泛采用，其主要优点是中间涂层的颜色与面涂层的颜色配套，提高了外观装饰性，由于采用带色中间涂层，大幅度降低了面涂层涂料的用量，可减少流挂等缺陷，降低返修率。

第五节　面涂层用材料及涂装工艺

在多层涂装工艺中，涂布最后一层涂料的工序称为涂面漆。面漆涂层直接会影响被涂物的外观装饰性、耐候性和商品价值。因此，必须选用装饰性好、耐候性好、遮盖力强、与底涂层结合力强的涂料作为面漆。

一、选择面漆的依据

根据汽车零部件的技术要求、汽车的使用条件、产品品种和设计要求，在选择汽车面漆或制定面漆技术条件时，应从以下几个方面来考虑。

1. 外观

在符合生产条件下的涂膜厚度与烘干制度下，鉴定涂膜光泽、桔皮、丰满度、影像清晰度和其他涂膜外观，以保证汽车车身具有的高质量要求。

2. 硬度和抗崩裂性

面漆涂膜应坚硬耐磨，具有足够的硬度，以保证涂膜在汽车行驶中由于路面砂石的冲击和摩擦时不产生划痕。

3. 耐候性

耐候性是选择面漆的一项重要指标，如果汽车用面漆的耐候性不好，使用不久就会产生失光和变色，变成旧车，直接影响汽车的装饰性。因此，要求汽车用面漆涂层在热带地区长期曝晒后（不少于12个月）只允许极轻微的失光和变色，不得有起泡、开裂和锈点。

4. 耐潮湿性和防腐蚀性

面漆样板或工件在湿热条件下，如温度（40±2）℃，相对湿度>90%，面漆涂层应不起泡、不变色或不失光。要求面漆涂层与底涂层组合后能增强整个涂膜的防腐蚀性。

5. 耐药剂性

面漆涂层在使用过程中，有可能与蓄电池酸液、润滑油、刹车油、汽油、肥皂液以及各种清洗剂、路面沥青等直接接触，擦净后接触面不应变色或失光，也不应产生斑印。

6. 施工性能

在大量流水生产中，面漆的涂布方法可采用自动静电喷涂，普遍采用“湿碰湿”工艺，烘干温度一般为（120～140）℃×30min左右，所选用的面漆应对上述施工工艺具有良好的适应性。在装饰性要求高的场合，面漆涂层应具有优良的抛光性能。面漆还应具有较好的重涂性（即在不打磨场合下，再涂面漆，结合力良好）和修补性。

7. 耐温变性、抗寒性

对于在寒冷地区使用的汽车面漆涂层应充分考虑到这一点，急冷急热的温度变化会使面漆涂层易开裂，尤其是在面漆涂层较厚，采用热塑性型面漆及刚刚涂装完的面漆涂层更易开裂。在选用面漆时，应通过耐寒性和耐温变性（-40～+60）℃试验，证实即使在最大的许可厚度的情况下面漆涂层不应开裂。

二、按漆基分类的汽车用面漆的性能简介

应了解面漆有哪些种类和性能。

1. 氨基醇酸树脂磁漆

醇酸树脂磁漆作为汽车用面漆均为三聚氰氨醇酸树脂体系，根据氨基树脂和醇酸树脂的比例，可将氨基醇酸树脂面漆分为以下三档：

1）高氨基树脂涂料：氨基树脂/醇酸树脂＝1:1～1:2.5。

2）中氨基树脂涂料：氨基树脂/醇酸树脂＝1:2.5～1:5。

3）低氨基树脂涂料：氨基树脂/醇酸树脂＝1:5～1:7.5。

20多年来，通过下列技术措施，使氨基面漆在质量上有了很大提高。磁漆中的三聚氰氨树脂用量由10%～15%增到20%～40%（即所谓的高氨基树脂涂料），使涂膜具有更好的光泽和硬度。为进一步提高氨基磁漆的耐候性、保光性和不泛黄性，磁漆中所采用的醇酸树脂由原用豆油和脱水蓖麻油改性改用椰子油、合成脂肪酸、支链酸改性，俗称无油醇酸树脂。采用三羟甲基丙烷、新戊二醇代替甘油；采用间苯二甲酸、苯甲酸代替或部分代替苯酐，使本色氨基面漆的光泽、丰满度、耐候性与本色的丙烯酸面漆相仿，甚至略优，在亚热带地区曝晒18个月后，其失光率小于10%，而其价格又较丙烯酸磁漆便宜。所以，现今在欧亚地区汽车用的本色面漆仍是以氨基磁漆为主。

氨基面漆属于热固性涂料，涂料施工性能优良，适用于“湿碰湿”工艺和大量流水生产，干涂膜厚度达40～60μm。

2. 丙烯酸树脂系磁漆

丙烯酸树脂系磁漆广泛地用于汽车面漆，因它具有下列特性：

1）耐候性优良，保光、保色性好，在紫外线的照射下不易发生断链、分解或氧化等化学变化。因此，涂膜不变黄，其颜色及光泽可以长期保持恒定。

2）树脂是无色透明，所制得的清漆涂膜也完全透明无色，制造浅色漆时色泽鲜艳，能制得纯白色涂膜。

3）可制成中性涂料，与铝粉、铜粉等颜料无反应性，因而能制得色泽非常鲜艳的金属闪光色面漆，且耐候性特别优异，显著优于金属闪光色三聚氰氨醇酸漆。

4）耐化学药品性好，可耐一般的酸、碱，耐醇、油脂、汽油、润滑油，并对公路沥青等的作用性良好。

5）耐热性、耐寒性和耐温变性优良。热塑性丙烯酸树脂漆一般可在180℃以下使用，而热固性的丙烯酸树脂漆的上述性能更好。

6）优良的力学性能和附着力，涂膜坚硬。

7）具有优良的抛光性能，能制得平整光滑、物像清晰、光亮如镜的涂膜外观。

汽车用丙烯酸树脂面漆可分为热塑性和热固性两大类，前者随着溶剂的挥发而干燥，而后者要靠加热、触媒或两者结合的作用才能固化成膜。

热固性丙烯酸树脂的优点是：涂膜光泽高，清晰透彻，尤其适于罩光清漆用；保色保光性好，色浅，不泛黄，易于制造高装饰浅色漆；耐候性优良；容易重涂，一般可以不打磨。美国和法国汽车部分使用热固性丙烯酸树脂漆。

值得一提的是丙烯酸树脂磁漆的耐污染性，与氨基醇酸树脂磁漆相比显得十分突出，对于轿车漆有其优越性。表3-14为两种漆的耐污染性比较。

表3-14　氨基醇酸树脂磁漆与丙烯酸树脂磁漆耐污染性比较

<table>
<tr><th rowspan="2">试验项目</th><th rowspan="2">氨基醇酸树脂漆
（140℃×30min）</th><th colspan="2">丙烯树脂酸磁漆</th></tr>
<tr><th>（150℃×30min）</th><th>（170℃×30min）</th></tr>
<tr><td>口　红/24h</td><td rowspan="3">痕迹清晰</td><td rowspan="2">留有极轻微痕迹</td><td rowspan="2">污迹可以除去</td></tr>
<tr><td>酱　油/24h</td></tr>
<tr><td>蓝油墨/24h</td><td>痕迹清晰</td><td rowspan="2">留有极轻微痕迹</td></tr>
<tr><td>红油墨/24h</td><td>留有极轻微痕迹</td><td>污迹可以除去</td></tr>
<tr><td>墨　汁/24h</td><td colspan="3">污迹可以除去</td></tr>
</table>

3. 聚氨基甲酸酯磁漆

聚氨基甲酸酯磁漆具有良好的耐化学药品性、耐水性、物理力学性能和耐热性等，涂膜光泽高，耐候性好，可在常温固化，烘干温度较同类型氨基漆和丙烯酸树脂漆低。一般采用脂肪族聚氨酯涂料，因其保光、保色性能好，而芳香族聚氨酯涂料的保光、保色性能差，涂膜长期曝露于日光下，将很快失光、粉化、泛黄，因而后者不易作为户外涂料使用。

因资源缺乏，价格较贵，在汽车用面漆中占的比重不大，据了解，德国“本茨”、“国民”等部分汽车采用聚氨基甲酸酯和丙烯酸树脂组成的热固性磁漆。

4. 醇酸树脂系磁漆

醇酸树脂系磁漆是20世纪40年代和50年代初期汽车用面漆的主要品种，其耐候性、机械强度和附着力等显著优于硝基漆，形成了取代硝基漆的趋势。但由于其装饰性较差，耐水性差，在湿热的气候条件下易起泡，施工性能较差等原因，现已为氨基醇酸树脂磁漆所取代，仅在重型汽车和在无烘干条件时才采用。

汽车用醇酸树脂系面漆一般使用中油度或长油度改性的醇酸树脂。醇酸树脂磁漆的耐候性、耐潮湿性、装饰性（外观、光泽、涂膜丰满度）等方面都较氨基醇酸树脂磁漆差。

醇酸树脂面漆属于氧化聚合型热固性涂料，能自干也能烘干，但不适于“湿碰湿”工艺，涂膜一次不易涂得太厚，涂厚了易产生表干里不干、起皱等缺陷。为了提高其施工性能和烘干性能，防止涂厚了起皱，通常加入氨基树脂。

5. 硝基磁漆

硝基磁漆是20世纪30年代汽车用面漆的主要品种，当时的硝基磁漆主要用于汽车工业，仅适用于喷涂，故称汽车喷漆。近几十年来，虽然有被合成树脂漆代替之势，但它对汽车工业的发展起到了相当大的促进作用，使当初汽车涂漆工艺适应了大量流水生产。硝基磁漆的主要特点是快干、能抛光、装饰性好、易施工和补修；缺点是耐候性（保光保色性）和耐温变性差，施工时固体含量低，涂料耗量大，成膜薄和火灾危险性大。自20世纪60

年代以来，应用各种优质的合成树脂（如丙烯酸树脂、有机硅改性醇酸树脂、三聚氰氨树脂等）来改良硝基磁漆，在制漆工艺上采用压片法，使硝基磁漆的质量在保持其优点的基础上，显著地提高了耐候性、保光保色性和固体分等，涂膜外观鲜艳，因而仍有一些汽车厂至今还在少量采用，在汽车用修补涂料中硝基磁漆还占有一定的比重。

硝基磁漆一般自干即可，表干只需 10min 左右，但到完全干硬（即溶剂完全挥发掉），需 2～3 天才能抛光，否则易产生倒光现象。为缩短干硬时间，一般可在 60～80℃低温下烘干数十分钟到几小时。为提高面漆涂层的机械强度、耐寒性（耐温变性）和硬度，对一些用环氧树脂或丙烯酸树脂改性的、且树脂含量高的硝基磁漆，推荐将整个涂层在 100～110℃下处理 1h。

6. 过氯乙烯树脂磁漆

此漆是作为汽车喷漆代用品而出现，其耐候性略优于硝基磁漆，耐潮湿性优于醇酸磁漆，也具有快干的特点，但较硝基磁漆干得稍慢。

一般是用低粘度的过氯乙烯树脂并加入多量的其他树脂，以提高涂膜的光泽、丰满度、打磨抛光性能和耐候性。

过氯乙烯树脂磁漆的耐化学药品性、防延燃性、耐寒性等也优于硝基磁漆。其缺点是附着力较差，容积释放性差，固体含量也低。

在施工时，要注意与底漆涂层的配套性，要使用酮、酯、苯类混合溶剂，不能使用硝基磁漆稀料代替，也不能与硝基磁漆混用，因为过氯乙烯树脂不溶于白醇、汽油、乙醇、丁醇等溶剂中。

我国汽车工业始建于 20 世纪 50 年代，前苏联援建时，解放牌载重汽车就选用醇酸树脂磁漆，当时前苏联汽车工业载重汽车车身用面漆还是硝基磁漆。20 世纪 50 年代后期，我国自己研制投产的红旗牌、上海牌轿车还是采用优质合成树脂改性的硝基磁漆。随着合成化学工业的进步和出口产品的需要，我国涂料工业开发了耐候性更优良的氨基醇酸磁漆，自 20 世纪 70 年代初开始逐步替代汽车用的醇酸树脂磁漆，直到 20 世纪 70 年代末全部替代。

进入20世纪80年代改革开放时期，我国汽车工业进入引进技术换型改造期，沈阳、北京等地的漆厂为与一汽、二汽、济汽引进汽车涂装线配套，从日本和奥地利引进了成套汽车涂料的制造技术。

近10年来，轿车工业合资化、引进产品，与此同时世界各大汽车涂料公司也相继进入中国市场，合资或独资办汽车涂料厂，轿车用面漆几乎被这些合资公司所占领，已与世界汽车工业用漆接轨。

三、按装饰性分类的汽车用面漆的性能简介

若把现用的汽车面漆分为三种：第一种为高级装饰性面漆，适用于中、高级轿车车身和同等要求的轿车零部件的面漆涂层，同时也是用于要求较高的轻型车车身的面漆涂层；第二种为优质装饰性面漆，适用于轻型车、中型载货汽车及厢式乘用车车身的面漆涂层，同时也适用于要求较高的轻型载货汽车车厢的面漆涂层；第三种为一般装饰性面漆，适用于载货汽车车厢和装饰性要求较低的零部件的面漆涂层。以上三种面漆材料的性能指标见表3-15。

表3-15　三种汽车面漆材料的性能指标

性能项目		面漆类别		
		高级装饰性	优质装饰性	一般装饰性
原漆	在容器中状态	均匀，无外来杂质，无异物	均匀，无外来杂质，无异物	均匀，无外来杂质，无异物
	颜色	各色	各色	各色
	细度/μm	≤10	≤20	≤30
	固体分（质量分数,%）	≥60（本色）金属色	≥50	≥50
	粘度/s	60～90	60～90	60～90
施工性能	固体分（质量分数,%）	≥50（本色）	≥45	≥45
	粘度/s	22～26（本色）	22～26	22～26
	稀释率（质量分数,%）	15～25	15～25	15～25
	遮盖力/（g/m^2）	根据颜色制定	根据颜色制定	根据颜色制定

（续）

	性能项目	面漆类别		
		高级装饰性	优质装饰性	一般装饰性
涂膜性能	颜色及外观	一次喷涂涂膜在 20μm 以上，外观平整，光滑，无缩孔，ΔE≤1.0	一次喷涂涂膜在 20μm 以上，外观平整，光滑，无缩孔，ΔE≤1.0	一次喷涂涂膜在 15μm 以上，外观平整，光滑，无缩孔，轻微桔皮，ΔE≤1.0
	光泽（%）	≥85（20 度角）	≥90（45 度角）	≥90（45 度角）
	鲜映性	水平面≥0.8	水平面≥0.5	双方商定
	厚度/μm	35～40（本色） 50～60（含罩光漆）	35～40（本色）	30～35（本色）
	硬度	≥0.7	≥0.6	≥0.5
	附着力/级	0～1	0～1	≤2
	柔韧性/mm	≤5	≤3	≤1
	冲击强度/(N·cm)	≥196	≥294	≥490
	杯突/mm	≥4	≥5	≥5
	抗石击性能/级	≤4	≤4	双方商定
	烘干性能	130～140℃×20～30min	130～140℃×20～30min	110～140℃×20～30min
	耐汽油性/h	16（无变化）	16（无变化）	双方商定
	耐机油性/h	48（无变化）	48（无变化）	双方商定
	耐酸性（0.05 mol/L H_2SO_4）/h	24（无斑点，轻微变化）	24（无斑点，轻微变化）	双方商定
	耐碱性（0.1 mol/LNaOH）/h	4（允许轻微变化）	4（允许轻微变化）	双方商定
	耐湿热性(40℃)/h	480（无变化）	240（无变化）	240（无变化）
	耐候性： 大气曝晒	海南曝晒 2 年，失光率≤20%，颜色 ΔE≤3，经抛光后基本恢复原光泽，附着力 100/100（200mm）间隔	海南曝晒 2 年，失光率≤30%，颜色 ΔE≤3，经抛光后，基本恢复原光泽	海南曝晒 2 年，失光率≤60%
	人工老化	1500h 应达到曝晒 2 年的水平	1000h 应达到曝晒 2 年的水平	600h 应达到曝晒 2 年的水平
	与底漆配套性	良好	良好	良好
	再喷涂性	无缩孔，与底漆、中涂及第一层面漆附着力良好	无缩孔，与底漆、中涂及第一层面漆附着力良好	无缩孔，与底漆、中涂及第一层面漆附着力良好
	温变性（+90℃下 240h，-40℃下 24h）	无开裂	无开裂	无开裂

四、汽车用面漆的发展趋势

为适应市场竞争的需要和世界新潮流，努力开发外观装饰性更高的（高光泽、高鲜映性、多色彩化等）和抗擦伤、耐酸雨、抗石击性能更好的面漆，轿车面漆颜色正向具有高透明感、深度感、高色彩的方向发展。

根据汽车面漆颜色比例的最新统计，本色面漆和闪光色（含珠光色）面漆各占一半左右。

为执行世界性和地区性环保法，减少面漆 VOC 的排放量，汽车面漆正向水性化、高固体分化粉末涂料方向发展。德国在 20 世纪 90 年代新建的汽车涂装生产线所用涂料为：底漆（阴极电泳底漆）—中涂涂料（水性中涂涂料）—面漆（水性底色涂料、加罩光清漆）。罩光清漆上采用溶剂型漆（欧洲和北美均使用双组分聚氨酯漆和单组分丙烯酸罩光清漆），现在则开发应用水性罩光清漆和粉末清漆。

五、粉末涂料

粉末涂料是固态粉末状的新型涂料，它的开发和获得工业应用起始于 20 世纪 50～60 年代。随着合成化学工业的进步，粉末涂料新品种不断开发出来，热塑性粉末涂料，有聚乙烯、聚酰胺、氯化聚醚、聚丙烯、聚氯乙烯、聚四氟乙烯等；热固性粉末涂料，有环氧、聚酯、丙烯酸等纯的或相互改性的粉末涂料等。

1. 热塑性粉末涂料

热塑性粉末涂料是靠物理性熔融塑化成涂膜，其涂膜有遇热软化的特性，这是由于它是由高分子塑料粉末制成，因此其涂膜一般具有较好的耐化学试剂、耐腐蚀性、耐磨性和机械强度，适用于化工设备、管道、板材、线材、家电零件、机械零件和食品行业等，作为防腐蚀涂膜、耐磨涂膜和无毒涂膜。但热塑性粉末涂料的涂膜外观（光泽性和流平性）较差，与金属表面的附着力也较差，故多数品种需预涂底漆后方能使用。热塑性粉末涂料在汽车涂装领域应用较少，有些汽车轴类零件涂尼龙粉末涂料，可以提高其耐磨和润滑性能。

2. 热固性粉末涂料

热固性粉末涂料是以热固性合成树脂作为成膜物质，在烘干过

程中树脂先熔融，经过化学交联后固化成平整坚硬的涂膜。固化后的涂膜不因温度的升高而重新软化，而未固化的热固性粉末的涂膜(即未完全固化的涂膜)，冷却后手摸似干了，此时的涂膜无机械强度，很脆，附着力很差。

热固性粉末涂料的涂膜性能（外观装饰性、附着力、机械强度等）显著地优于热塑性粉末的涂膜，其中热固性环氧粉末涂膜的耐腐蚀性、机械强度和附着力好，适用于电动工具、建筑五金、医疗器械、汽车、航空等行业的零部件涂装。聚酯、丙烯酸热固性粉末涂膜具有突出的保光性和户外耐候性，适用于冰箱、洗衣机、空调机、灯具、汽车、摩托车等外表的装饰。

粉末涂料和粉末涂装的优点是无溶剂、低公害、三废处理工作量均为溶剂型液态涂料的10%；涂料利用率可高达95%～99%，而液态涂料一般为30%～60%；一次喷涂可获得较厚的涂层（40μm以上，可高达200μm）等。其缺点是因涂料由传统的液态变成固态粉末，涂装方法及涂装设备要彻底更新；不易换色和复杂外形及结构的被涂物的内腔和缝隙间难涂上粉末涂料；烘干温度较高等。因此，粉末涂料和粉末涂装在汽车涂装领域没有获得如阴极电泳涂料和阴极电泳涂装方法那样的普及速度和普及率。

目前国外汽车涂装科技工作者在汽车车身涂装中采用粉末涂料方面作了很多工作，如粉末电泳涂装法和先粉末涂装、预固化后再进行阴极电泳后烘干固化，后一种工艺充分体现了粉末涂装法和阴极电泳涂装法的优越性。

为适应环保要求和较彻底地消除汽车涂装的挥发物(VOC）排放公害问题，已开发成功流平性好的粉末中涂和外观装饰性优良、耐候性好的罩光粉末涂料(清漆)。从环保角度考虑，车身涂装的最后一道罩光采用粉末清漆替代传统的溶剂型清漆和水性清漆将是21世纪的发展趋势。

第六节　防护蜡材料及涂装工艺

应了解防护蜡的作用。

为提高汽车车身的空腔结构部分的耐腐蚀性，汽车车身在涂完

面漆并经检查合格后送内饰装配之前，应在所有空腔结构部分喷入或灌入防锈蜡。在产品设计中往往特别为喷或灌蜡而设计有工艺孔，而为了保证喷蜡的质量制定了各种保证措施，其中包括在防锈蜡中加入紫外线荧光剂，可以用紫外灯进行检查，或用计算机控制，以避免漏喷。采用灌蜡工艺则要求将车身加热到60℃以上，将蜡加热融化到120℃以上，灌到车身内腔，多余部分淌出去。

为防止整车在储运过程中涂膜受损，确保汽车到用户手中时涂膜完好如新，无锈蚀痕迹，汽车总装的最后一道工序是在检查合格后对整车进行喷蜡封存处理，对发动机室、车身下表面及底盘件喷涂防锈保护蜡，对车身外表面喷涂涂膜保护蜡。储存期短的、国内使用的一般不喷涂膜保护蜡，库存期长的或出口汽车都应喷涂涂膜保护蜡。车底下和发动机室内的防锈蜡在使用前不去除，但涂膜保护蜡在汽车使用前应采用汽油擦净去除。为适应环保要求，减少VOC的排放量，在欧美汽车厂已采用水性防锈保护蜡。

国内各种防锈保护蜡的品种及技术指标见表3-16和表3-17。

表3-16　内腔防锈蜡品种和技术指标

技术指标 / 产品牌号 / 项目名称	红狮涂料公司 内腔保护蜡	长春宽城化工厂 CW—3内腔保护蜡	上海造漆厂 内腔保护蜡
产品粘度/s	DIN4#/23℃，15～23	≥35	—
溶剂	石油烃类	—	—
闪点/℃	—	≥27	—
不挥发性物(质量分数,%)	—	3562	—
电阻率/kζ	>5000	—	—
落滴点/℃	约90	约90	>130
施工粘度/s	15～23(DIN4#/23℃)	—	—
常规喷涂：			
喷嘴直径/mm	1.5	1.5	—
压力/MPa	0.25～0.3	0.3	—
干燥条件：			
常温指干/h	24h	—	—
实干/天	3	4h	—
干膜厚度/μm	30～70	70～80	30～70
被涂底材	未处理钢板	—	—
附着性	—	附着性能好	—
耐湿热（4个循环）	无锈	30天无锈	0级
耐盐雾性/24h	无锈蚀	无锈蚀	240h　0级
耐热性	—	—	80℃×8h，无脱落，无龟裂或失去附着力
耐寒性	—	-（17.5±2）合格	—

表 3-17 面漆保护蜡品种和技术指标

项目名称 \ 技术指标 \ 产品牌号	红狮涂料公司 面漆保护蜡	长春宽城化工厂 CW—3 面漆保护蜡
产品粘度/s	DIN4#/23℃，12 ~ 18	25
溶剂	石油烃类	—
电阻率/kζ	>5000	—
落滴点/℃	约 90	≥70
施工粘度/s	12 ~ 18（DIN4#/23℃）	
常规喷涂：		
喷嘴直径/mm	1.5	—
压力/MPa	0.25 ~ 0.3	—
高压无气喷涂喷嘴直径	0.3mm	—
静电喷涂：		
旋杯转速/（r/min）	15000	—
电压/kV	90	—
干燥抗水/min	1 ~ 2	—
指干/min	10 ~ 20	4h
干膜厚度/μm	10 ~ 20	20 ~ 30
被涂底材	醇酸氨基烘漆	—
耐 SO_2（4 个循环）	蜡膜不开裂，面漆无变化	—
耐湿热（4 个循环）	无变化	无龟裂，面漆无变色
耐盐雾/120h	无变化	—
人工老化（10^3h）	除蜡膜后，面漆光泽比未涂蜡好	170h 光泽变化 10%，$\Delta E = 1$
自然曝晒	12 个月蜡膜不开裂，不脱落，易除去	3 个月后蜡膜不开裂，易除去，失光 < 10%，$\Delta E < 1$

复习思考题

1. 涂装前表面预处理有哪些重要工序？简述各工序的材料及功能。
2. 简述阴极电泳涂料的组成及功能。
3. 密封用材料特性有哪些？
4. 简述中涂涂料的性能与发展方向。
5. 选择面漆涂料的依据有哪些？
6. 简述面漆涂料的分类及主要性能。
7. 简述防护蜡的作用。

第四章

涂装工艺管理

培训学习目标 熟悉涂装工艺文件编制知识，涂装现场管理的原则，原材料消耗定额及经济核算的基本知识，涂装检查管理和工艺管理内容，涂装的环境要求及颗粒控制的基本方法。

第一节 涂装工艺文件编制

一、涂装工艺卡

1. 涂装工艺卡的组成

涂装工艺卡包括涂装零件清单和涂装工艺卡。在工业涂装中，按照零件的涂层质量要求，将零件分成组，使每一组零件的涂装工艺（涂装工艺卡）相同，所达到的涂层质量（相同材质）也相同。

涂装零件清单的内容包括：零件名称，零件号码，零件面积（尺寸）或重量，有无特殊要求。在清单的某一部位（一般在右上角），应有涂装工艺的简要过程。

涂装工艺卡是记载涂装工艺操作顺序和技术要求的工艺文件，与涂装零件清单的分组对应。涂装工艺卡不是按涂装生产线划分的，而是按零件的涂层质量划分的。零件通过同一条涂装生产线，由于质量要求的不同，可能重复或省略了某一道或几道工序，形成了两套不同组的涂装工艺卡（不同的涂装零件清单及不同的涂装工艺卡）。

涂装工艺卡包括内容应熟悉。

2. 涂装工艺卡的内容

1）涂漆前被涂物表面的技术要求，即对未涂装件（俗称白件）的验收质量标准。

2）按工序顺序编写操作内容，包括：工艺参数、用料名称及规格、涂装工艺及设备的型号、辅助用料名称和对操作人员的技术等级要求等。

3）技术参数质量检查工序，包括：检查方式、检查频次（工艺参数为月、周、天、班的检查频次，涂装质量是抽检百分比或频次）、质量标准等。一般在关键工序前后（如涂底漆前的表面预处理质量、涂面漆前检查底漆层的质量及表面清洁度等）设中间质量检查工序和最终验收检查工序。

4）工艺卡的某一部位应标明工艺卡组号及油漆涂层的代号，以示改组工艺卡所能达到的涂装质量要求。

二、涂装工艺操作规程

它是详细记述某关键工序或设备的操作顺序、工作原理、功能及注意事项，以确保某关键工序的操作质量和安全生产，并指导使用和维护某关键设备。它是涂装工艺卡的补充文件。涂装前清洗，磷化处理，电泳涂装，喷涂，烘干等关键工序和设备，一般都编有工艺操作规程。一些大的公司，由公司的工艺部门编写指导性的典型工艺操作规程。各专业厂针对各厂的具体设备，再编写有针对性的工艺操作规程，以供操作者对照检查，因此也叫做工艺操作卡。

涂装零件清单、涂装工艺卡和工艺操作规程（工艺操作卡）是涂装工艺的基本文件。它们既是工厂执行工艺的法规，又是工艺纪律检查的准则。为保证技术上的正确性和严肃性，这些文件是由工艺人员编写和审核，总工程师或技术副厂长签字批准后生效。上述文件内容要保持相对稳定，不允许任意更改，更改时也要经上述手续批准。

第二节 涂装现场管理

现代化的汽车涂装车间一般都为多品种大批量混流生产，再加上涂装现场的整齐、清洁是达到优质涂装的必要条件。因此，涂装车间应按精益生产方式及“3S”或“5S”现场管理的方法来组织生产和加强现场管理。

精益生产方式是介于单件生产和大批量生产两者之间的生产方式。它的核心内容是生产组织中的标准化、自动化以及与之相应的流水生产形式，零库存、多能化、少人化，把权力和责任同时落实到基层的现场管理体制，将计算机技术和看板方法形成一体化并贯彻在现场管理的整个过程中，追求不断地降低生产成本，更好的质量，以“零缺陷”作为质量目标，达到更高的经济效益，从而也具有更高的竞争力。

应熟悉现场管理“5S”基本原则。

所谓“3S”现场管理方法是指“整理”、“整顿”、“清扫”；“5S”现场管理方法是在“3S”基础上再加上“清洁”和“素养”等现场管理内容。“5S”管理是对现场的各种状态往复不断地、持续地、螺旋式上升地进行“整理”、“整顿”、“清扫”、“清洁”、“素养”，其简要内容如下：

“整理”：是指对生产现场把要与不要的物件分开，去掉不必要的东西。

“整顿”：是指对生产现场把要的物件定位定量，把杂乱无章的东西收拾得井然有序。

“清扫”：像人要天天洗脸一样，把生产现场清扫得干干净净。

“清洁”：保持现场整洁、无尘埃、无垃圾。

“素养”：通过全员全方位的现场管理，提高全员职工的自觉性、责任感和素质修养，培养职工当家作主的思想。

通过开展“3S”或“5S”的现场管理活动，使工作环境变得整洁、舒适，使生产井然有序，设备故障得到有效地预防和控制，产品质量得到保证。同时，还能使人际关系变得融洽和睦，使生产者心情舒畅、精力充沛。使现场管理的五大任务（完成任务、提高质量、降低产品成本、实现安全生产、建立好的劳动纪律）都可得以实现。

经验告诉我们，要开展“3S”或“5S”的现场管理活动并有成效，必须做到：全员参加、全方位开展；有专业人员组织、指导；领导必须亲自抓；必须常抓不懈、持之以恒。

第三节 涂装原材料消耗定额及经济核算

一、涂料消耗量

每道涂层涂料的消耗量 e 按以下公式确定

$$e = S \cdot W_1$$

式中 S——产品涂装面积（m^2）；

W_1——与涂装方法和被涂物复杂类别相应的涂料消耗定额（g/m^2）。

常用的涂料消耗定额（涂一道）见表 4-1。

表 4-1 常用的涂料消耗定额 （单位：g/m^2）

序号	典型涂料品种	涂料型号举例	被喷涂工件				涂装方法					备注
			金属件面积		木质件	铸件	浸涂法	电泳涂装	静电涂装	刷涂	刮涂	
			<1m²	>1m²								
1	铁红底漆	C06—1	120～180	90～120	—	150～180	—	—	—	50～80	—	浸涂小铸件
2	各色电泳涂料	F06—10	—	—	—	—	—	70～80	—	—	—	原涂料固体分以质量分数为 50% 计
3	磷化底漆	X06—1	—	20	—	—	—	—	—	—	—	膜厚为 6～8μm 计
4	黑色沥青漆	L06—3 L01—12	—	—	—	—	70～80	—	—	—	—	—

（续）

序号	典型涂料品种	涂料型号举例	被喷涂工件				涂装方法					备　注
			金属件面积		木质件	铸件	浸涂法	电泳涂装	静电涂装	刷涂	刮涂	
			$<1m^2$	$>1m^2$								
5	黑色沥青漆	L04—1	100～120	—	180	—	80～100	—	90～100	90～100	—	浸涂小零件
6	粉末涂料	环氧	—	—	—	—	—	—	70～80	—	—	膜厚以50μm计
7	棕色硝基底漆	Q06—4	100～150	—	—	150～180	—	—	—	—	—	—
8	各色硝基面漆	Q04—2	120～150	—	—	150～180	—	—	—	—	—	—
9	各色醇酸磁漆	C04—2、C04—49、C04—50	100～120	90～100	100～120	—	—	—	—	100～120	—	—
10	各色氨基面漆	A05—1、A05—9	120～140	100～120	—	—	—	—	80～100	—	—	—
11	防声阻尼涂料	—	400～600		—	—	—	—	—	600	—	涂膜厚为1～3mm
12	红丹防锈底漆	—	—	—	—	—	—	—	—	100～160	—	—
13	各色皱纹漆	—	160～210		—	—	—	—	—	—	—	—
14	各色锤纹漆	—	80～160		—	—	—	—	—	—	—	—

注：1. 除磷化底漆、粉末涂料、防声阻尼涂料外，其他涂料形成的涂膜厚度均以20μm计（即一道涂膜厚）。

2. 表中数据除电泳涂料、粉末涂料按原涂料计算外，其他均以调稀到工作粘度的涂料计，扣除稀释率即为原漆（油性漆的稀释率一般为10%～15%，硝基、过氯乙烯漆为100%左右）。

二、辅助材料消耗量

采用化学方法进行涂装前表面预处理时，化学药品的消耗定额见表4-2。

表4-2　化学药品的消耗定额　　（单位：g/m^2）

序号	化学药品名称	规　格	被处理件类型		备　注
			金属板件	金属件/锻件	
1	复合碱清洗液	固体分质量分数为20%	50～60	—	组分为1份NaOH，1份Na_3PO_4，2～3份Na_2CO_3
2	表面活性剂清洗（OP—10和三乙醇胺）	OP—10 三乙醇胺	3～5 1～2	—	—
3	三氯乙烯	工业用	15～25	—	去油用
4	溶剂汽油	工业用	25～30	—	去油用
5	磷化液	总酸度490点以上	30～40	—	—
6	重铬酸钠	工业用	0.65～1	—	清洗后钝化用
7	硫酸（密度为$1.84g/cm^3$）	工业用	65～80	65～80	热轧钢板和锻件酸洗、去油用
8	碳酸钠	工业用	12～25	—	酸洗后中和用
9	硅砂（喷砂用）	—	—	5%～12%	按零件重量计
10	铁丸（喷丸用）	—	—	0.03%～0.05%	按零件重量计
11	砂布	2#～3#	0.1	—	去锈用
12	砂纸	0#～2#	0.04～0.05	—	打磨腻子用
13	砂纸	0#～000#	0.01～0.025	—	打磨腻子用
14	耐水砂纸	220#～360#	0.02～0.04	—	湿打磨腻子用、中间涂层用
15	耐水砂纸	360#～400#	0.05～0.06	—	湿打磨面漆层用
16	抹布、破布	—	10	15	擦净用
17	法兰绒	—	0.04～0.05	—	抛光用

注：砂布、砂纸的消耗单位以平方米计，即打磨$1m^2$涂装表面所消耗砂布或砂纸的平方米数。

第四节　涂装质量管理

在涂装过程中加强质量检查，是保证涂装质量和防止大批量被涂件返修的重要手段，所以在每道关键工序后均应设有检查岗位，做到操作人员自检和专职检查人员检查并举。

按检查工序在涂装工艺中所处前后、检查的内容等，质量检查可分为涂装前表面质量检查、中间质量检查和最终质量检查。

一、涂装前表面质量检查

涂装前被涂物的表面质量是涂膜的基础，直接影响涂装质量，本工序的重点检查内容如下：

1）按涂装工艺规程的要求检查进入涂装车间的被涂物的质量，不合格品应返回前道工序修正。

2）检查涂装前表面处理剂（如脱脂剂、磷化液等）的浓度、液温、水洗用水的清洁度、喷嘴的喷射量等，并做好记录。

3）检查经表面处理过的被涂物的表面状态应符合涂装要求，其表面应清洁，无油脂，无污垢，无水珠、锈、盐、碱等的残留，在有化学处理（磷化处理或氧化处理）的场合，膜层应均匀、致密、无锈。

4）容易锈蚀的金属件进入涂装车间后应力争当日处理完，并做到先来先涂装，不宜在涂装前存放过久以免造成锈蚀。被涂物在表面处理后与涂装之间的时间应尽可能缩短。

5）在表面处理后的整个涂装工艺过程中，严禁用裸手触摸被涂物，以防水中的水溶性盐积聚在被涂物上引起涂膜起泡。

二、中间质量检查

中间质量检查系指涂装过程中对底漆、中间涂层等的涂装质量的检查。其重点检查内容如下：

1）检查各涂层的干燥程度和硬度，各涂层都应干透。

2）检查各涂层的表面状态，底漆应均匀，不应有露底、漏涂、针孔、粗颗粒、气泡等缺陷；腻子层不应有开裂、起泡、剥落等缺陷。

3）检查打磨后的涂装表面状态，湿打磨后的表面应平整光滑，不应有粗糙的打磨纹；打磨灰应清理干净。

三、最终质量检查

系指涂装完毕后成品的质量检查。其重点检查内容如下：

1）检查面漆的颜色、光泽和表面状态，颜色和光泽应符合标准样板的要求，面漆表面不应有流痕、颗粒、尘埃、针孔或缩孔、光色不均等缺陷。

2）检查面漆的干燥程度、硬度和厚度。面漆涂膜应干燥，膜厚应均匀，并达到技术条件规定的硬度和厚度。

检查方法：一般是目测或采用仪器进行不破坏性测定。对整个涂层的质量应定期抽检，进行全面测定（包括涂膜破坏性试验，如附着力、耐水、耐盐雾性、耐候性等试验）。

上述各种检查工序的设置取决于产品设计对涂装质量的要求和涂膜的等级类型，对不同用途的涂膜所检查的重点内容差别很大，如以装饰性为主的涂膜，则重点检查有损装饰性方面的涂膜缺陷；如以防腐蚀性为主的涂膜，则重点检查有损防腐蚀性方面的涂膜缺陷（如涂膜的完整性、附着力、厚度等）。总之，检查内容和检查工序的设置要根据具体情况灵活应用，一般在重点质量保证工序后设置技术检查工序，下面列举的是汽车车身涂装工艺的重点质量保证工序及工艺参数见表4-3。

表4-3　汽车车身涂装工艺的重点质量保证工序及工艺参数

编号	重点质量保证工序	重点质量检查内容	保证质量的重点工艺参数
1	涂装前预处理工序（包括脱脂、去锈、磷化）	表面状态，表面清洁度（油污、水珠、锈蚀等），磷化膜的质量	处理液的温度，处理时间，喷射压力，喷嘴工作状态，挂具结构，药品和水的管理，车身构造以及涂装前的表面质量等

（续）

编号	重点质量保证工序	重点质量检查内容	保证质量的重点工艺参数
2	电泳涂装工序	膜厚和泳透力，表面状态，二次流痕，污染、平整度、缩孔等	电泳电压和电流，电泳时间，槽液温度，水洗及吹风条件，涂料管理条件（槽液的 pH 值、固体分、泳透力等）
3	底漆烘干工序	涂层表面状态，硬度、污物、针孔、气泡等	烘干室的温度，温度分布，烘干时间
4	刮腻子或涂二道浆和涂防声胶、密封胶工序	涂层表面状态，均匀性、起泡、剥落、固化程度等	喷涂压力，涂料的作业性，烘干条件
5	湿打磨工序	涂层表面状态，打磨砂纸纹，光滑度，无打磨灰，无起泡，表面干洁	打磨机种类，打磨方向，水洗除尘室，烘干室的湿度及温度分布
6	涂面漆工序	涂膜厚度，表面状态，流挂、流痕、颗粒、污物、缩孔、发花等	压缩空气压力及清洁度，喷漆室的过滤器和运输链的清洁度，空调，作业环境，涂料的管理，喷涂机的管理
7	面漆的烘干工序	涂膜表面状态，硬度、污物、颗粒、气泡等	晾干时间，防尘，炉温及其分布，烘干时间
8	涂料的调配及输送工序	涂料细度、颗粒、污物、颜色、粘度等	过滤器，调漆室的环境，输送管道和容器的清洁度

第五节 涂装生产线工艺管理

涂装过程中，将各道工序的工艺参数应控制在工艺文件要求的范围内，这是获得良好涂装质量的关键环节。

一、涂装前表面磷化处理的工艺管理

涂装前表面磷化处理是在清洁的金属表面上，通过化学方法生成一层致密的磷化膜，其目的是提高涂膜的附着力和防腐蚀性能。为了获得高质量的磷化膜，在预处理生产线的管理上应做到以下几点：

1）控制进入预处理生产线的白件质量：要求白件不应有锈蚀或严重的油污，如果白件表面有锈蚀，涂装车间可以拒收。在上生产线之前，应对白件再进行检查，手工预清理，擦去严重的油污。

2）各工序的处理液浓度、温度、时间应满足工艺要求：应根据工艺卡标注的工艺参数和检验频次进行定期抽检并记录在案，及时调整不符合工艺要求的参数，对于关键的工艺参数和一些容易忽视但对预处理质量影响较大的因素，如磷化工作液的残渣量、最后一道去离子水清洗的水质（滴水电导）要严格控制。

3）设备运转正常、满足合适的被处理物与处理液的接触条件：对于喷射式处理方式，应注意检查泵的压力、喷嘴的方向和被堵塞情况，一般要求每天应更换1/3的喷嘴并调整喷嘴的方向。

4）检查磷化膜的外观质量：确保达到产品质量要求，若发现异常，应尽快查找出原因及时予以纠正。

二、电泳涂装生产管理

重点掌握电泳涂装工艺管理。

1. 被涂物的管理

1）经常检查被涂物吊挂是否符合工艺要求，应保证吊具导电良好或电极导电良好。

2）检查涂装前表面预处理质量，表面应无油污、锈蚀等污物。应经常检查被涂物带水的pH值和电导率（可在预处理的最后一道水洗后测量滴水电导），还应检查杂质离子的带入情况。

3）记录被涂物的数量与面积，以便预估每天涂料的补加量。

2. 电泳槽和槽液的管理

1）注意槽液的搅拌和循环，为防止沉淀，不涂装时（含假日）也要连续搅拌。

2）槽液的温度应控制在25～35℃范围内，实际上大流水生产线涂装是控制在（28±1）℃范围内，如果有出入时应加以调整。

3）预防杂质混入，严格控制补漆、槽液循环及超滤液返回过程中的过滤。经常检修过滤器，预防尘埃混入。

4）控制槽内液面高度，定期测定槽液的固体分含量，及时补加涂料或水。补加涂料时，不宜将涂料直接加入槽中，应先用槽液或水适当调稀分散后再加入槽中。水要使用去离子水。

5）定期检测槽液的pH值和电导率，一般1日检测1次，将其在规定范围内。

6）经常测定库仑效率，并与配槽时的库仑效率对比，观察是否有差别（每月至少测定1次）。

7）随时检查通电情况（电压、电流密度、时间），以了解是否符合规定条件。如果发现电流密度不正常并与规定值差别很大时，应先检查槽液的固体分、pH值、温度、电导率是否正常，再检查涂料是否变质。

8）测定槽液固体分中的颜基比，如发现与规定值差别很大时，应及时补加颜料浆进行调整（每半个月测定1次）。

9）定期测定一定条件下的泳透率，并检查在运行中的变化（每周测定1次）。

10）检查阳极（或阴极）液的电导率和污染程度，确认阳极（或阴极）罩是否泄漏或电导率超标（每班检查1次）。

3. 涂膜质量管理

1）经常检查涂膜的均一性、膜厚与干燥程度，确认是否符合工艺规定（每周检查1次）。

2）经常察看工件涂膜外观，不应有针孔或流痕等缺陷。

3）定期检查涂膜性能，如测定涂膜的附着力、耐腐蚀性和耐潮湿性能等（每半年检查1次）。

三、涂膜质量管理

1. 喷涂生产环境管理

涂装生产过程中，涂装环境的清洁度对涂装质量的影响极大，

其他条件如温度、湿度、风速等环境条件对涂装质量也有影响，都应在生产环境管理之内。

1）工件的清洁度：喷涂的对象是工件（如车身），随同进入喷漆室的还有运输工具，它们经过前一道打磨工序，有可能存在一些打磨灰屑及灰尘，在进入喷漆室之前，要在擦净间将运输工具上的灰尘吹净，并将喷涂工件全面擦净。

2）施工人员的防尘措施：进入喷漆室的施工人员，均要通过净化间将工作服上的灰尘吹净。施工人员的工作服最好专用并应经常清洗，还应避免在灰尘极大的地区坐卧停留。

3）空调喷漆室的应用：国外和国内水平较高的涂装生产线，均采用带空调送风的喷漆室。送入喷漆室的空调风是经过3~4次过滤的（高效或亚高效过滤，要求3μm以上的灰尘粒绝大部分被过滤掉），然后从喷漆室顶部（上送风下抽风式）或侧上部（侧抽风式）送入，通过零件的风速有一定的控制，过小不利于溶剂的去除，过大会将漆雾抽走造成浪费。一般要求手工喷漆室风速为0.45~0.5m/s，静电喷漆风速为0.2~0.3m/s。

温度和相对湿度对有机溶剂型涂料喷涂的主要影响是挥发速度，对外观质量也有一定的影响，如发白等。对水溶性涂料的影响会更大，相对湿度可以影响涂膜的流平性或产生流挂，因此喷涂水性涂料要求喷漆室温度应在20~26℃之间，相对湿度应在55%~75%之间，超过此范围需要加一些添加剂。喷涂有机溶剂型漆时，可根据不同漆种稍微放宽控制范围。

4）输漆系统的要求：涂料的粘度随着温度的变化而变化，粘度的变化对涂层的外观质量影响较大，因而对调漆间和涂料输送管道应采取控温。调漆间控温最好采用空调送风，如果不能满足这一要求，则调漆间的采暖和送风加热应有单独的系统（不要与车间采暖系统设计成同一系统），以免在车间停止采暖时达不到控温要求。

输漆系统在喷漆室不工作时也应不断地循环，以免涂料沉淀而引起色差。

2. 喷涂生产操作管理要点

现今的汽车涂装中，主要的喷涂操作为空气喷涂和静电（手工

或自动）喷涂。国内大批量（每年5万辆以上）的涂装流水线逐渐采用静电自动喷涂与手工喷涂相结合的方式进行涂装。国外有些汽车厂已实现全自动静电涂装。

1）空气喷涂：喷枪空气用量和涂料喷出量与涂装质量有关，空气喷涂是由空气和涂料混合并使涂料雾化，雾化程度取决于喷枪的中心气孔和辅助空气孔喷射出来的空气流速和空气量，在涂料喷出量恒定时，空气量越大，涂料雾化越细。

使用同一喷枪喷涂粘度不同的涂料，其雾化的细度也不同，粘度越高，雾化越粗。调整方法是加大空气量或减少涂料喷出量，这样雾化就可以变细。提高空气压力，雾化也会变细，这也是由于增大空气量的缘故。所以，喷枪用空气量与涂料喷出量的比值（Q）是影响雾化粗细的最主要的因素，必须在操作时严加控制，一般要求雾化后的空气压力，采用高压喷枪时为0.5MPa左右，采用低压喷枪时为0.3MPa左右，输送涂料的压力为0.1～0.15MPa。

不管是手工喷枪还是静电喷枪，使用完毕后都要进行必要的清洗。

2）涂料粘度：在喷涂施工中要注意控制涂料粘度，涂料粘度过大雾化不好，涂膜产生桔皮缺陷；涂料粘度过稀则易产生流挂缺陷。调漆室应对每批调好的涂料进行粘度测试，并用温度曲线进行校正。

3）静电场强度：静电场强度越强，涂料静电雾化和静电吸引的效果越好，涂着效率也越高。反之，则变差。

静电场强度主要取决于所使用的电压、放电极与被涂物的距离。计算平均电场强度的公式为

$$E_{平} = U/L$$

式中　$E_{平}$——静电场的平均电场强度（V/cm）；

U——加在放电极上的直流电压（V）；

L——放电极与被涂物之间距离（cm）。

平均电场强度太大，会引起火花放电，引起火灾。根据经验，静电涂装最适宜的平均电场强度为3000～4000V/cm。

4）被涂物的装挂和挂具：静电喷涂的被涂物是接地的，其电位为零，相对喷枪的放电极（带负电）是正电位。运输链也是接地的，

地面也是零电位，对喷出的带负电的漆雾也有相同的吸引力。因此，要求装挂的零件上离运输链不少于0.5m，下距地面不小于1m。

工件是通过挂具将电荷从运输链传导出去的，因此要经常检查挂具是否由于涂料的包裹而绝缘，应定期清理挂具上的残漆，定期检查运输链等的接地状况。

5）静电涂装室内的风速：采用旋杯式静电喷枪，风速应控制在0.1~0.3m/s。采用空气静电喷枪，风速应控制在0.3~0.5m/s。风速过大，会影响涂装效果，增加涂料和能源的浪费。在排风装置中，应设置风速调节机构。应定期测定风速（或察看涂装过程中漆雾被抽入废漆系统的情况）并进行必要的调整。

6）静电涂装涂料管理：在静电涂装有机溶剂型涂料时，为取得良好的涂着效果、环保要求和装饰性，必须对涂料的下列性能经常进行测试并进行必要的调整。

① 涂料的电阻值要控制在一定的范围内，电阻值过大，涂料粒子荷电困难，静电雾化性能及涂着效果变差。电阻值过小，在高压电场中易产生漏电，使电喷枪的放电极电压下降，甚至送不上高压。因此，静电涂装用的涂料电阻值要求每批都要进行测定。据有关资料介绍，适宜于的静电涂装电阻值范围极不一致，我国规定为（5~50）$\times 10^6\Omega \cdot cm$；日本为（20~100）$\times 10^6\Omega \cdot cm$；法国为（0.6~50）$\times 10^6\Omega \cdot cm$。当电阻值太高时，可采用丁醇（电阻值为$1.4\times 10^6\Omega \cdot cm$）、二丙酮醇（$2.8\times 10^6\Omega \cdot cm$）等调整到规定范围内。电阻值太低，可采用非极性的溶剂进行调整。

② 静电涂装的涂料粘度一般较空气喷涂的涂料粘度要低一些，通常要求多加沸点高、溶解能力强的溶剂。

对于导电良好的水性涂料及金属色涂料，国外采用外带电方式进行涂装，国内则采用整个输漆、喷枪系统对地绝缘的方式进行涂装。

7）静电涂装设备的日常维护和安全措施：加强对静电涂装设备的检查，确保静电喷枪放电极的清洁度，加强对静电喷枪及其周围的电绝缘部件的清洁检查和清扫，防止发生漏电。加强对高压静电发生器工作状况的检查，保证其输出电流和电压在工艺要求的范

围内。

保证工件和喷漆室内金属结构件接地良好，经常检查其接地线的可靠性。

在静电涂装时应遵守下列安全措施：

① 涂漆室内的所有物件都必须接地。

② 静电喷枪的高电压部位、高压电缆等高电压系统距离接地物体的距离，应保持在该产品要求的安全距离。

③ 进入涂漆室的人员必须穿导电鞋（$10^5\Omega$ 以下）。操作手提式静电喷枪时必须裸手。

④ 涂漆室应整洁干净，无废漆及废溶剂。

⑤ 静电涂装作业一停止，应立即切断高压电源，接地放电。

四、涂装原材料管理

这里所指涂装所用的原材料，除涂料、溶剂外，还包括清洗剂、磷化处理剂、打磨抛光材料等。管理的目的是严格控制原材料质量，防止不合格品投入生产或采取必要的工艺措施后才能投产应用，以确保涂装质量。

原材料的管理主要有以下几方面内容：

1. 材料的技术条件要备全

所用的原材料都应备有技术条件，能与国标、部标统一的尽量选用国家标准和部颁标准。当无国标和部标选用时，则应按涂装设计的技术要求与涂装厂商定技术条件或选用涂装厂的企业标准，作为检查原材料质量的标准或依据。

2. 对进厂原材料应进行取样检验

除信得过产品外，进厂的原材料都应按批取样检验，对质量稳定的原材料可抽检，在储运中不易变质的无机材料（如酸、碱、盐等）可酌情抽检或免检。

进厂检验是把住质量关的第一道，是防止不合格材料投入生产的关键。它不仅可向供应厂索赔提供依据，而且还可预报问题，采取必要的工艺措施，做到按质使用，以防生产出现质量问题。

3. 做好储运工作

涂料和溶剂一般都是易燃的危险品，有些品种存放时间过长或在一定环境下会变质，为此储运工作必须注意到以下几点：

1）不允许露天堆放涂料材料，严禁用敞口容器储运或运输涂装材料，容器应密封良好。

2）涂装材料应储运在气温为5～30℃的通风良好的无阳光直接照射的室内。粉末涂料怕热、怕潮湿但不怕冷，应储存在气温低的干燥的无阳光直接照射的场所。

3）在输送有机溶剂和输送粉末涂料过程中应防止静电荷的积聚。

4）尽量缩短原材料的储存期，做到先来先用。超过储存期的或在储存中发现有异常现象的原材料经复验后按质处理或降级使用。在定点供应或与供应厂有协议时，应将原材料直送生产工位，涂装厂可不设库存，以加速资金周转。

5）原材料储运场所严禁烟火，注意防火安全。

4. 做好涂料的调制工作

进厂的原漆一般较稠，在使用前需加入溶剂（稀释剂）调稀到施工粘度。在调制过程中应注意以下几点：

1）在开桶前应吹净或擦净涂料桶的外壁，严防开桶时灰尘和杂物掉入涂料中。

2）开桶后检查桶中的原漆状态，不应有桔皮、结块、凝胶等现象。若有沉淀应能搅起。若有漆皮则应除掉。如有桔皮、凝胶、沉淀搅不起来等现象，则表明原漆已经变质。

3）将原漆搅拌均匀后倒入调漆罐中，每次都要倒净。当调配对色泽有要求的色漆时，调漆罐应采用溶剂洗净。

4）在使用涂料量大的场合，用户最好按色板向涂料制造厂订购专用漆。因在现场调色时，易产生浮色和色差。如需在现场调色时要选用同一类型（最好是同一型号）的色漆调配。

5）一定要按涂料技术条件的规定选用溶剂（稀释剂），千万不要用错。如需代用时，则应与供应商协商，或通过试验以确保的粘度正常和质量稳定。

6）按工艺要求将涂料调到所需的施工粘度，因为随着温度增高粘度变小，反之粘度增大，所以在调配时应按该涂料的温度—粘度曲线及时校正。这点极其重要，因为涂料的粘度过高或过低，都会造成涂装质量问题。

7）调好的涂料在使用前采用相应的筛网过滤。

5. 涂料的调整量

涂料的调整量一般不应超过三天的用量，调整好的涂料应存装在清洁的密封的容器中。在现场（车间）的储存量一般不应超过一个班的用量。集中输送涂料的系统，应保持不断的循环。

五、涂装设备管理

应使涂装设备处于良好的技术状态，这是确保涂装生产秩序和涂装质量的必备条件之一。例如对现代化汽车涂装来说，这一点显得更加突出，因为很多涂装都是靠高度自动化的设备来实现的，如果设备的技术状态不良，带病运转，将得不到优良的涂膜质量。为了管理好涂装设备，必须有健全的规章制度，其主要内容包括以下几项：

1）关键设备应有操作规程（起动、运转和关闭等操作顺序及注意事项，以及技术状态优良的标准等）。

2）每台设备应有专人负责，工长、调整工、操作人员、维修人员每班都应定期检查设备运转状况，尤其是应注意各种泵、风机、电动机等的运转状况和烘干室的温度，并做好记录。

3）应编制主要关键设备的检修和保养计划，做到定期检修保养。

六、工艺纪律检查

工艺纪律检查系指定期或不定期的对涂装工艺文件、涂装工艺执行情况、涂装设备状况和涂装质量进行抽查，一般由工艺部门组织由专业厂（涂装车间）工艺人员、技术检查人员和生产现场管理人员（如工长）参加，检查涂装工艺文件是否齐全，编写质量、更改情况及审批程序是否合法。涂装过程中出现了质量问题，应按涂装工艺文件逐道进行分析，针对问题制定措施，限期解决；如果是操作者的主观原因造成的质量问题，则将检查结果作为奖惩的依据。

涂装设备的状况是以技术状态、清洁度和完好率来表示的。涂装设备应整洁、完好，运行正常，技术状态良好，不允许带病运转。

涂装质量检查，在现场可用目测或仪器进行检查并记录返修率外，还应取样送到试验室或有关检测机构按涂装质量标准进行全面性能检测。

每次检查完工艺纪律后应写出报告，评分评比，作为对涂装车间（生产线或小组）考核的依据。以下是某厂工艺纪律评分考核方法实例，以供参考。

工艺文件齐全有效（占10分），涂装设备状态良好（占20分），工序或工艺参数正确合理（100%合格占30分），涂装质量合格（质量指标全合格占40分），上述四项得分之和即为某厂涂装车间（生产线或小组）该次工艺纪律检查所得总分。规定总分80分以上为合格；85~94分为良好；95分以上为优秀。

第六节　涂装的环境及颗粒控制

一、涂装环境要求

应掌握涂装环境的要求。

涂装环境对涂膜质量影响极大，例如汽车工业涂装的良好环境应满足下列条件：明亮且亮度均匀；气温在15~30℃范围内；空气相对湿度为50%~75%；空气应清洁无尘；换气适当；具有防火设施。

1. 采光和照明

涂装操作适宜的作业照明见表4-4。涂装车间的照明取决于窗户采光、照明和室内物面的亮度等。室内作业可借助窗户、天窗引入自然光，但不宜有直射日光，还应考虑亮度的均匀性。如果窗户的面积达到车间面积的1/5以上，则采光性良好。现今的多数涂装车间是靠人工照明。

表 4-4　涂装操作适宜的作业照明

涂装类型	作业实例	照度/lx	备　注
高级装饰性涂装	汽车车身涂面漆、检查工位	800~300	新建>800lx
装饰性涂装	一般装饰性涂装，车辆、木工涂装	300~150	
一般涂装	底层处理等	150~170	—

日本推荐工作场所作业面的照度如下：装饰性、精密作业>300lx；一般作业>100lx；粗杂作业>70lx。

不能采用自然光的场合可用人工照明，但必须使整个照明亮度均匀。涂膜表面检查、喷漆室、修补涂装等精密作业可采用局部照明。照明光源一般多采用荧光灯，为防止色变现象，应注意选择荧光灯的类型，即在需要识别涂装颜色的场合选用自然日光色或天然白色的荧光灯，在与颜色无关而仅以照明效果为主的场合采用一般的荧光灯较好。

建筑物内表面涂光的反射率高的（亮度高的）材料和涂亮度高的材料则能提高室内的照明度。天花板的反射率在85%以上，墙壁的反射率为60%~70%、地面的反射率为20%~30%、机械装置的反射率为20%~30%的场合，均能得到适当亮度的作业环境。各种建筑材料的反射率见表4-5。

表 4-5　各种建筑材料的反射率

材　料	反射率（%）	材　料	反射率（%）
白灰泥	80~85	砖瓦（黄色）	40~45
砂浆	25~50	砖瓦（浅绿色）	50~60
混凝土	20~30	砖瓦（水色）	40~50
石板	20~30	木材（新的）	50
砖	10~15	木材（半新的）	35
砖瓦（白色）	64~70	木材（旧的）	15
砖瓦（粉红色）	60~75	胶合板	30~43
砖瓦（奶黄色）	50~60	纤维板	78

149

2. 温度和湿度

大气的温度和湿度与涂料的干燥和施工性能的关系很大，气温在5℃以下，涂料干燥极慢，湿度在85%以上场合涂膜产生发白缺陷，而且还可使涂膜性能下降。所以，应避免在寒冷、多湿的场合进行涂装。各种涂料的涂装温度和湿度见表4-6。

表4-6 各种涂料的涂装温度和湿度

涂料种类	气温/℃	湿度（%）	备注
油性色漆	10～35	85以下	气温高一些，低温不行
油性清漆，磁漆	10～30	85以下	气温高一些好
醇酸树脂涂料	10～30	85以下	气温高一些好
硝基漆，虫胶漆	10～30	75以下	高温不行
多液反应型涂料	10～30	75以下	低温不行
热塑性丙烯酸涂料	10～25	70以下	温度越低越好
各种烘烤型涂料	20（15～25）	75以下	温度、湿度在中等程度较好
水性乳胶涂料	15～35	75以下	低温、高温不行
水溶性烘烤型磁漆	15～35	90以下	温度、湿度越均匀越好

涂装前还要注意，底材应很好干燥，底材表面的温度较气温低时易结露。底材表面温度必须较大气温度高1～2℃。采用湿抹布擦底材表面后应干燥数分钟，再进行涂装。

静电涂装场合要求温度、湿度应恒定，因为随着温度、湿度的变动，容易影响涂膜厚度、干燥、平滑度、光泽和颜色等的均匀性，也影响劳动效率。最适宜的条件应保持气温在20℃以上，相对湿度在75%以上。所以，在冬季需要加热，在夏季需要冷却，高湿度时必须除湿，为此一般喷涂室应安装调温调湿除尘装置。

喷涂水性中涂、面漆的最佳环境温度为20～26℃，相对湿度为50%～70%。

3. 防尘和通风

（1）尘埃　空气中的尘埃是涂装的大敌，特别在涂布烘干型涂料的场合尤为重要。要获得优良的涂膜必须采取适当的防尘措施。

大气中的尘埃不仅有粗粒，而且还有各种有机物尘埃，它们对

涂膜性能、耐久性都将产生恶劣的影响。在涂装车间的尘埃允许程度应控制在表4-7范围以内。

表4-7 涂装车间的尘埃的允许程度

涂装要求	举例	尘埃粒径/μm	尘埃粒子数/（个/cm^3）	尘埃量/（mg/m^3）
一般涂装	建筑物、防腐涂装等	10以下	600以下	7.5以下
装饰性涂装	公共汽车、重型车辆等	5以下	300以下	4.5以下
高级装饰性涂装	轿车等	3以下	100以下	1.5以下

现代化的涂装车间在工艺设计时不仅按温度分区布置，更主要的是按所需的清洁度的等级分区布置，并要求清洁区维持微正压，以防外界含尘空气窜入。国外某汽车公司对轿车车身涂装车间各区提出的尘粒径（粒径小于3μm）企业标准见表4-8。

表4-8 轿车车身涂装车间各区的尘埃粒企业标准①

级别	名称	区域范围	尘埃粒子数/（万个/m^3）	正压状况②
1	超高洁净区	喷漆室内	158.6	++++
2	高洁净区	喷漆室外围	352.5	+++
3	洁净区	中涂、面涂前的准备区	881	++
4	一般洁净区	调漆区、烘干室、预处理、电泳等设备区	2819.6	+
5	其他区	仓库、冷冻机、空调排风设备间	4229.4	—

① 气温最高不超过35℃，生产时的最低温度不低于15℃，停产时的最低温度为12℃。

② 调漆间等处的微正压为+。

（2）通风　为保证喷涂室内的风速和微正压均设置独立的供排风体系，以便排除有害气体（有机溶剂蒸气、CO_2气体和油烟等）的积聚。此外，为创造一个安全、卫生的工作环境，涂装车间还必须进行适当的通风，以便补给新鲜空气。

一般涂装车间适宜的室内通风换气量为每小时室内总容积的4～

6倍；调漆间的通风换气次数为每小时10～12次。另外，也可按有机溶剂中毒性来换算求得。

涂装车间内供排风也应平衡，并保证某些工作区处于微正压，即供风量要分别大于排风量，所供的风应除尘（空调只具有加温、加湿的功能）。

二、颗粒控制

涂膜的颗粒缺陷一直是汽车等涂装作业过程中出现的不可避免的缺陷，因而也是各大小汽车厂涂装车间的顽症，它不但影响涂膜外观质量，还将导致涂装返修增加涂装成本。为此，开展颗粒分析工作，直接控制颗粒来源，是现代化涂装车间最快捷有效地提高涂装质量、降低涂装成本的一项重要的日常工作。目前国外专门开展颗粒分析工作的研究机构寥寥可数，据了解，美国的Premier公司拥有一定的技术和经验以及他们在中国的3个厂家（上海通用、上海延锋、沈阳金杯通用）开展了这方面的工作，国内大多数汽车厂也相继投入了一定的人力、物力开展这方面的工作。例如神龙公司涂装工厂经过两年多的专门摸索和实践，对颗粒进行微观分析、鉴别并控制颗粒来源，已将面漆颗粒缺陷逐步控制在预定水平；在颗粒分析方面也摸索出一定的方法，积累了一定的经验。现简介如下，以飨同行。

应重点掌握涂装颗粒的分析方法。

1. 颗粒分析

涂膜颗粒缺陷形成原因复杂多样，既可能是各种灰粒、渣粒，也可能是各种细小的纤维，它们来源于各种生产辅料，劳防用品，设备的滤料、滤袋、脱落的金属氧化物和涂料以及生产过程中的产物等，例如烘干炉的冷凝物、打磨灰、飞散的胶粒、作业环境中的污染物、预处理和电泳过程中因工艺参数偏离等所造成的颗粒等。我们把由于各种灰粒、纤维等所引起的涂膜缺陷统称为颗粒。要减少颗粒缺陷，最直接有效地方法，就是分析找出造成颗粒缺陷的根本原因并采取有针对性有效措施，才能予以解决。

（1）建立与维护怀疑因素的样本档案库　为了给分析涂膜缺陷提供翔实的比照物，以便快捷地辨别出缺陷的形成原因，应该先对

涂装车间生产环节中各种怀疑因素进行取样，将各种样品装进专用样品袋中建档，并根据涂装生产线的实际情况对所存样品进行不断充实和更新。在条件许可的情况下，配备体视显微镜与计算机，将各种怀疑因素的结构放大后存入计算机以便查对。如果条件进一步具备，可以将各种怀疑因素进行数据化并存入计算机，制作成数据库，以便于查找和确定具体因素时更快速而准确。

（2）缺陷取样　缺陷取样可采用以下两种方法：

1）直接从车身在制品上卸下有颗粒缺陷的零部件并在显微镜下进行分析。若缺陷的零部件位于不能拆卸的部位，则只能采取以下第二种方法取样了。

2）用手术刀将车身在制品上的颗粒缺陷切割下来并固定在贴有双面胶的载玻璃片上。用手术刀切割分为破坏性切割和非破坏性切割：对于某缺陷返修消除不了需要返工的在制品上的颗粒缺陷，可以采取破坏性地深切割法取样；对于能返修消除缺陷的在制品，最好以平面切割法小心地取样。

（3）缺陷剖析　颗粒缺陷在涂膜表面总是被周围的涂膜全部或者部分掩盖，不能辨出其原形，必须将颗粒剖开，剥去周围的涂膜。

针对所取样的颗粒缺陷，可采用较尖细的探针或手术刀在40～500倍带光源的显微镜下对其进行解剖，借助显微镜观察剖出的形成涂膜颗粒的物质。

（4）缺陷的辨别

1）常规辨别方法：常规辨别方法是在显微镜下。观察颗粒缺陷形成物的物理形态。首先，确定颗粒缺陷是固体物形成的，还是纤维物形成的。从我们的观察中发现，有相当多的颗粒缺陷是纤维物造成的。其次，确定颗粒缺陷形成物所在的涂层（清漆层、色漆层、中涂层等），这样就能大大地缩小我们的查找范围。最后，根据涂层圈定样品档案中的几种原始样品，将颗粒缺陷形成物的物理形态与样品进行对照，找出造成颗粒缺陷的直接原因。不能直接辨别出原因时，应圈定几个形态相似的样品，再通过试验逐一验证排除，最后找出原因。

案例1：将一个颗粒剖开后，观察到它的内部是一个与中涂漆同色的灰粒，见图 4-1，灰粒呈粉末状。

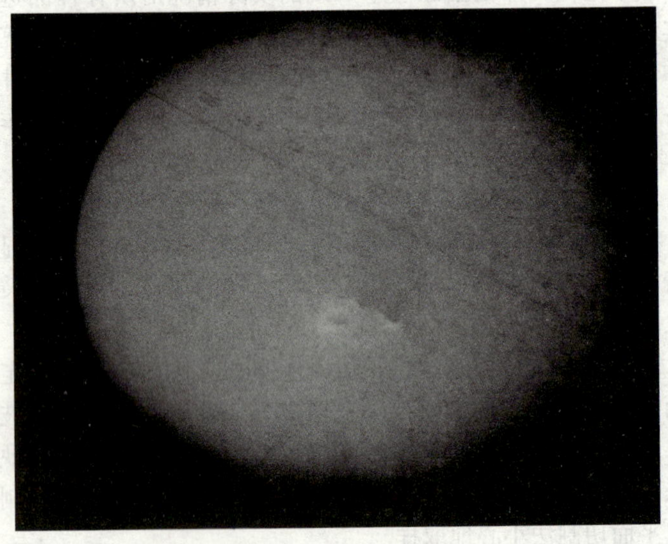

图 4-1　中涂颗粒

结论：该颗粒由中涂打磨粉尘形成。如果灰粒与中涂漆胶着在一起，表明中涂颗粒没有被打磨掉而在面漆上形成了颗粒。

案例 2：将一个颗粒剖开后，在显微镜下观察到它是一个有多层不同颜色的有一定硬度的小漆渣。

结论：经过与样品档案中的“雪撬漆渣”和“工装漆渣”对比，得知该颗粒是“工装漆渣”脱落造成的。

案例 3：在日常检测过程中发现，神龙涂装工厂车身面漆有较大比例的颗粒是由一种扁平状、白色透亮的纤维形成。

结论：经过与样品档案中几种含纤维的物质对比，总共有以下几种物质的单丝纤维与颗粒中的纤维类似：喷漆用尼龙手套、粘性抹布、高效空气过滤棉、油漆过滤芯、防毒面罩滤膜、抛光盘羊毛、白色无纺布、蓝色无纺布。遇到这种情况则一时难以辨别出颗粒到底是由哪种物质造成的，此时就必须进一步采取措施来寻找颗粒的具体形成因素。

2）试验排除法：如遇到上述案例 3 的情况，只有逐一排除、验

证才能准确地找出真正形成颗粒的原因。现仍以案例3为例，在显微镜下观察每种物质的单丝形态上的区别，见表4-9。从它们的形态上，还不能很科学地确定到底是哪一种。可以利用不同材质的纤维与化学溶液有不同反应的化学特性来进一步加以区别。配备两种化学溶液，分别与几种纤维反应，可以看出它们的溶解性不同，见表4-9。再用1#、2#溶液与颗粒中的纤维反应，发现颗粒中的纤维只溶于1#溶液，由此即可排除表4-9中的2、3、4、6、7五种纤维，只有1、3、8三种纤维有形成我们所剖析颗粒的可能性。针对这三种纤维，可以采取再染色试验的方法。

表4-9　不同纤维形态及溶解性区别

	怀疑物质	单丝纤维形态	溶解性
1	涂装用尼龙手套	白里透亮，表面光洁，扁平状，拉伸不易断，有韧性	溶于1#溶液
2	粘性抹布	白中微黄，晶莹光洁，扁平状，拉伸易断	溶于1#、2#溶液
3	高效过滤棉	白色，反光不强，扁平状，拉伸有一定韧性	溶于1#溶液
4	油漆过滤芯	白里透亮，表面光洁，宽扁状，拉伸不易断	不溶1#、2#溶液
5	面罩滤膜	白里透亮，表面光洁，扁平状，拉伸不易断，韧性大	不溶1#、2#溶液
6	抛光盘羊毛	白中带黄，表面粗糙，扁带形，拉伸易断	溶于1#、2#溶液
7	白色无纺布	白色，不透亮，细扁，拉伸有一定韧性	溶于1#、2#溶液
8	蓝色无纺布	表面蓝色，底面白色，有一定光亮，表面平滑，拉伸有一定韧性	表面溶于1#、2#溶液，底面溶于1#溶液

由于蓝色无纺布底面仍为白色纤维，所以三种物质的单丝纤维都为白色，因此我们选择了一种操作方便、成本投入小的涂装用尼龙手套进行染色试验。涂装工戴着变了色的手套工作一定周期，经

过检测，涂膜中发现有较多的与手套染色后一样的纤维，从而可以断定：涂装用尼龙手套的纤维是案例3中颗粒的直接形成原因。

3）其他试验方法

① 涂料清洁度检测试验。涂料本身的清洁度不过关对涂装质量会直接造成影响，同时还污染涂料循环管路系统。除了检测涂料清洁度，还应定期对涂料的循环管路系统的相关部位进行清洁度检测。其测定方法主要是采用滤布过滤，然后观察滤布上残留物的类别和数量。

② 各种过滤介质清洁度的检测。涂装车间的不同类型的空气过滤棉、涂料过滤袋和过滤芯等过滤介质可起到保证各种液体、气体清洁度作用的同时，其自身的清洁度也是不可忽视的一个重要方面。

对于过滤介质的检测是非常复杂的事情，故在选择过滤介质时应尽量选用信誉好的大公司作为供应商，这些大公司的产品品质比较有保障。

③ 各种纤维材质纤维含量的测定。涂装车间使用的带纤维材料相当多，如各种擦净布、粘性抹布、各种劳保用品、遮蔽纸等，要采用专门的测试方法对未使用过的新状态下和使用过的状态下进行纤维含量的测定，纤维含量过大的材料不宜进入涂装车间使用。其测定方法主要采用标准胶带粘着法。

④ 喷涂室顶部脱落物的监测。喷涂室顶部在作业过程中是否掉落脏物，这对中涂和面漆涂层上是否产生颗粒缺陷至关重要。它们可能来源于顶部过滤网格上的金属氧化物，顶部过滤层的纤维和少量干结的漆雾粒子，送风系统中的其他污染物，甚至空调中的水垢等。其监测方法主要是观测单位时间内、一定面积上捕集到的脱落物的数量。生产时间内和非生产时间内都要监测。

应掌握颗粒的预防控制方法。

2. 颗粒的预防控制

涂装车间的颗粒控制因素既广泛又复杂。在直接分析颗粒产生原因，并针对产生原因采取措施的同时，还要进行许多日常的预防控制措施，才能将许多潜在因素消灭在形成颗粒之前。

（1）日常监控

1）颗粒指数跟踪统计：为了搞清楚每天生产出来的车身上有多少颗粒，应该先对在制品车身上的颗粒进行抽样统计，为此应设立电泳颗粒指数、中涂颗粒指数、面漆颗粒指数，每天分批次跟踪取整辆车身上或选定车身上某个部位的颗粒数量，每天的颗粒数量平均值代表当天的颗粒指数。颗粒指数越高，反映当天的车身颗粒数就越多；反之则越少。

2）面漆颗粒指数分色统计：为了反映不同颜色的车身颗粒缺陷对涂装质量造成的影响，应该在车身面漆烘干后设立车身分色颗粒指数统计，该统计可反映出每个时间段、不同颜色车身的颗粒数量，以便于颗粒缺陷分析时从相应颜色的车身或者从时间段查找原因。

3）车间环境空气含尘量的监控和检测：按照涂装车间洁净度要求，洁净度分为三个等级：喷漆作业区域为超高洁净区；密封、打磨、精修等作业区域为高级洁净区；预处理区域为洁净区。各个区域的含尘量均有量化的数据标准。应定期采用灰尘测量仪测定车间各区域的含尘量，适时向相应部门通报测定结果，促使对未达标区域进行整改。

4）车间环境通风的平衡监控：按照涂装车间通风平衡的工艺要求，喷涂室为一级送风区域，密封、打磨、精修为二级送风区域，预处理为三级送风区域。必须保证喷涂室内各区域达到正常的正负压状态，各区域间的风压应该为：高洁净度送风区相对于低洁净度送风区为微正压状态，依次到常压状态。每天对通风平衡进行监控和统计，并适时向相关部门通报未达标区域，促使对未达标区域进行整改。

5）各种过滤介质和涂料的清洁度定期监控。

6）其他关键因素、偶发因素以及预批量的阶段性监控。

（2）颗粒控制环节　按照涂装车间整体环节来分析时，各种因素笼统繁杂。按照车间的不同工序来分别控制，则直观、有效。

1）人员、环境

① 车间全员的洁净度意识高。

② 员工作业时不涂抹有污染的护肤品，不携带纤维多、有污染的衣物、用品进入作业区。

③ 员工应严格按照工艺操作，保证车身内外表面少尘、少纤维，不将问题流到下工序。

④ 车间整体送风洁净、平衡，严格按工艺要求控制送风的相对湿度，防止湿度过量。

⑤ 地面、设备及墙体等裸露部位洁净无尘。

⑥ 进出物料、车辆等应严格除尘管理，不在作业区拆除包装物。

2）材料、设备

① 涂料本身清洁度合格。

② 各种生产辅料脱落的纤维少，无污染。

③ 各种输送链不掉落铁屑、脏物。

④ 空调系统（如喷涂室及厂房空调）洁净、无脏物产生。

⑤ 闪蒸室、烘干炉洁净、无脏物（如滴油、滴胶、冷凝物、铁屑、碎纸等）产生。

⑥ 各种过滤介质过滤有效无污染，更换及时。

⑦ 涂料各循环管道系统清洁、无污染。

⑧ 工装、夹具脱漆及时，不掉落漆渣、脏物。

⑨ 喷涂室、烘干炉、闪蒸室、冷却室及相应输送设备、工装、滑撬、自动化喷涂机等设备为技术清扫的重点。

⑩ 保证预处理、磷化、电泳、输调漆设备的工艺参数稳定，避免产生不必要的颗粒。

3）预处理生产线应保证焊装白车身内外清洁、无脏物。

4）电泳打磨生产线

① 车身打磨灰的控制，保证工位通风良好，吸尘器吸尘效果良好。

② 车身内外脏尘的处理；保证打磨面及周边缝隙的灰尘处理干净且不污染相邻车身。

5）密封生产线

① 喷涂胶雾应加以控制，保证胶雾尽量不污染非喷涂面。

② 擦胶工位应保证将胶迹擦净且不污染非擦胶面。

③ 及时去除空中悬链掉落在车身水平面上的污染物。

6）喷涂室

① 保证车身喷涂前喷涂面的擦净和非喷涂面、内表面的清洁度。

② 保证喷涂室的空气含尘量、通风平衡、温度和湿度达到工艺规程要求。

③ 保证喷涂室内部及周边的清洁度。

④ 喷涂室的隔栅应及时脱漆，并保证脱漆漆渣不乱飞溅。

7）中涂打磨生产线

① 车身打磨灰及车身内外尘埃应进行有效控制。

② 员工身体应对车身无污染。

③ 抹布、砂纸、工具等对车身应无影响。

④ 保证打磨室内通风良好，相对室外应为负压。

8）精修生产线

① 注意抛光盘羊毛对进入喷涂室的返工车身的影响，应尽量采用海绵抛光盘进行抛光。

② 保证返工车身内外的清洁度。

③ 保证备件架的洁净度，应定期进行脱漆。

④ 减少抹布对返工车身的影响，应采用低纤维抹布。

⑤ 精修生产线与中涂打磨生产线应分别封闭隔离，应保证负压状态。

复习思考题

1. 编制涂装工艺文件的基本内容有哪些？
2. 如何进行涂装现场的管理活动？
3. 计算电泳涂装 $120m^2$ 车身需用电泳原漆及辅助材料各为多少？
4. 涂装质量检查包括哪些环节？
5. 汽车涂装的重点质量检查控制项目包括哪些？
6. 涂装生产线的工艺管理包括哪些内容？

7. 如何通过槽液管理来提高车身电泳涂装质量？

8. 涂装原材料的管理内容有哪些？

9. 涂装环境的基本要求是什么？

10. 颗粒分析的基本方法有哪些？

11. 如何保证超高洁净区达到颗粒控制的目的？

第五章

涂装技术发展新趋势*

培训学习目标　掌握国内外涂料、涂装设备及最新涂装技术的现状及发展趋势。

第一节　国内外涂装新技术及发展简介

涂装技术发展到今天，随着人们对产品涂装质量要求的提高，随着人们对环保意识的增强，促使涂装技术不断发展，尤其是近10年来，涂装新技术、新工艺、新材料、新设备与工具的不断涌现，使我国的涂装技术进入了一个崭新的阶段，形成了具有现代涂装技术特色的涂装工艺体系。

一、涂料的生产现状及发展趋势

应了解国内外涂料生产现状及发展趋势。

涂料工业发展正向着高装饰、高保护、低毒害、低污染、高效、节能的方向发展。目前我国涂料工业通过引进国外先进技术或合作生产，产品品种基本上可以满足不同层次、不同产品的涂装需要。

1. 国内新型涂料的生产现状

在近几年国内涂料生产中，各种类型的涂料都有新品种问世，而且批量生产和应用于产品涂装中，适应了现代涂装技术发展的要求。

（1）新型水性涂料　国内新开发的水性涂料主要包括环保型电

泳涂料、水性乳胶漆和水性汽车用漆。其中电泳涂料主要以新型无重金属成分的环保型阴极电泳涂料为代表。这些阴极电泳涂料，主要是国内的涂料生产厂家在引进国外技术的基础上开发的，并且已经广泛地应用于汽车生产中。例如，沈阳关西涂料有限公司，引进日本关西涂料技术的 KT—10 无铅、无锡、低温烘烤型阴极电泳涂料；杜邦公司的 EC—3000 无铅、无锡、少溶剂型阴极电泳涂料；立邦涂料（中国）有限公司的 PN—100 无铅、低温烘烤型阴极电泳涂料等。近年来，水性乳胶漆的生产发展很快，在涂料的生产中占了很大比重，主要应用在建筑行业上。对于水性汽车用中涂、面漆涂料，国内比较大的涂料生产厂家已经有产品开发出来，而且目前国内新建的大规模的汽车涂装生产线也都考虑了将来使用水性涂料的可能，可以预见在不久的将来水性汽车涂料将广泛地应用到汽车工业中。

（2）辐射固化涂料　辐射固化涂料，包括紫外线固化涂料和电子束固化涂料。紫外线固化涂料，是经紫外线辐射，使光敏剂分解成游离基引发含不饱和双键的树脂聚合成膜的涂料。电子束固化涂料，是光敏剂吸收电子束发射的能量分解为游离基引发含不饱和双键的树脂聚合成膜的涂料。这两种涂料的优点是：常温下可以迅速固化，生产效率高，无溶剂，污染少，省料和节能。这两种涂料可广泛用于木材、塑料和金属的涂装。

（3）非水分散体涂料（NAD）　将粒径为 0.1～1.0mm 的聚合物，稳定地分散在非光化学活性溶剂（主要是脂肪烃）中而制得的非水分散体涂料，其固体分的质量分数可高达 70% 以上。它的生产和应用均不需专门设备，生产投资少，成本低，涂膜坚韧，保光，保色，耐候。它主要是丙烯酸系非水分散体涂料。这种涂料适用于汽车、家用电器、仪器仪表等多种产品的涂装。

（4）新型粉末涂料　近年来，粉末涂料在国内发展很快，目前我国已经成为世界上粉末涂料生产大国之一，在亚洲产量最大，并且以热固性粉末涂料为主。在热固性粉末涂料方面，聚酯/环氧涂料占主导地位。因为粉末涂料具有无溶剂污染、涂料利用率高、一次涂层可达到要求厚度、节省能耗等优点，所以在国内有很大的发展

前景。国内粉末涂料主要应用在家电行业，目前在汽车零部件涂装领域也有较广泛的应用。

（5）高固体分溶剂型涂料　高固体分涂料，一般是指固体分的质量分数达到70%以上的涂料，比普通的溶剂型涂料的固体分提高了20%~30%，溶剂的挥发量可以减少一半左右。高固体分涂料在国内正处于研制和试生产阶段。

（6）新型汽车用涂料　近10年来，随着我国汽车工业的发展，汽车涂料也随之发展起来，尤其是代表涂料工业技术水平的轿车用漆与轿车工业同步发展，基本上满足了汽车工业的需要。在汽车用底漆方面，我国先后从日本、奥地利、德国、荷兰等引进了薄膜、中厚膜、厚膜电泳漆的生产技术。同时，具有我国自主知识产权的阴极电泳漆也投入使用。到目前为止，我国的主要汽车制造厂都已采用电泳底漆，并且以阴极电泳漆为主。在汽车用中涂漆方面，目前各大涂料生产厂家正在为水性涂料在生产中的实际应用目标而努力。在汽车用面漆方面，国内的许多涂料生产厂家从国外先进涂料生产国家引进技术，开发出许多高装饰性面漆，主要有聚氨酯、氨基醇酸、丙烯酸类等本色面漆以及金属闪光色、珠光色漆和罩光漆，主要应用在轿车上，水性面漆也正在开发当中。

（7）新型功能性涂料　国内核工业、原子能发电站等所用的各种耐辐射涂料，其产品性能已达到国外先进水平。电子工业中的电感器、电阻器、电容器所需的涂料品种性能也达到进口同类涂料水平。西北油漆厂研制的反射发光涂料、蓄能夜光涂料等道路标志漆，武汉材料保护研究所开发的自泳涂料、减摩涂料、新型防腐涂料等功能型涂料品种，也都达到了相当高的水平。

2. 国外新型涂料生产及开发现状

综合世界各国新型涂料的生产，与我国目前的涂料生产类型上没有太大的区别，只是在某些类型的品种突出一些，同类产品的质量高一些。近年来，国外各大涂料公司都在继续开发新型涂料，并努力向着高装饰、高保护、低毒害、低污染、高效、节能的方向发展，并取得一定的成就。

（1）预处理材料　汽车车身预处理过程中有大量的废水排放，

其排放量占涂装车间废水排量的80%左右，此外还有磷化渣的排放。因此，减少废水废渣排放，降低环境污染，低温节能、长寿命是预处理材料的发展方向。

1）脱脂剂的开发主要集中在选择优质的生物可降解的表面活性剂，以提高去油能力和水洗效果，减少漂水洗，降低COD排放。日本发展无磷、无氮脱脂剂，降低废水处理负荷，减少海水富营养化。液体脱脂剂由于无尘，生产和使用方便，漂洗水少，成为一种潮流。

2）使用液体表调剂时，由于槽液在50℃时磷酸肽胶体仍然稳定，可用滴加泵直接补充槽液而不必换槽。而固体表调剂的胶体稳定性较差，通常每两周就必须更换，污水排放量较大，正在迅速被液体表调剂替代。

3）常规钝化　使用的六价铬是一种剧毒物质并有致癌危险，因此无铬钝化发展迅速，可以分成有机聚合物钝化液和无机物钝化液。

（2）新型阴极电泳涂料　近几年来，国外阴极电泳涂料的更新换代速度非常快。例如美国PPG公司、日本关西涂料公司、日本涂料、德国巴斯夫、美国杜邦等几个大公司，已相继推出了他们的第五代、第六代阴极电泳涂料。阴极电泳涂料正向着低温固化、低加热减量、低VOC的方向发展，其主要特点是：泳透率高，颜基比低，边角覆盖效果好，无铅无锡。

双层电泳的开发成功是涂装过程的一次革新。因为通过二次电泳可使目前使用的中涂完全被省略了，从而简化了工艺，减少了人员，涂料利用率最高可达到98%，并且进一步提高了车身的抗腐蚀能力，降低了成本。目前研制成功的双层电泳工艺见表5-1。

表5-1　双层电泳工艺

涂　层	第　一　层	第　二　层
颜色	黑色、导电	灰色或彩色
膜厚	10μm	20~30μm
电压	100V	250V
时间	90s	180s
烘干规范	180℃×30min	180℃×30min

第一层：为黑色导电层，其作用是防腐蚀并有良好的泳透性。

第二层：为灰色或彩色电泳漆，因为和面漆配合颜色不宜太深。主要作用是抗石击和抗紫外线造成的涂膜粉化。

（3）新型汽车用涂料　国内汽车用的中涂、面漆仍为溶剂型涂料，已有数十条轿车涂装生产线采用水性中涂和水性底色漆或水性闪光漆。在欧洲罩光漆主要是使用双组分的溶剂型清漆，个别生产线开始试用水性清漆和粉末清漆。北美情况类似，采用粉末清漆的比例高一些。日本由于环保法规没有欧美高，水性清漆和粉末清漆推广较慢。在国内整车涂装尚无使用水性清漆和粉末清漆的先例，但近几年新建和筹划中的大规模的汽车涂装生产线也都为将来使用水性涂料作好了准备。

（4）新型粉末涂料　国外的新型粉末涂料是粉末电泳涂料，并采用粉末电泳涂装方法用于汽车车身的涂装。更为新型的粉末涂料可以自动同时形成底层、面层为复合涂层的热塑型环氧与丙烯酸粉末混合型粉末（采用静电喷涂法），底层为热固性环氧粉末涂层，其上面则是热塑型丙烯酸粉末涂层。

（5）新型高固体分溶剂型涂料　高固体分溶剂型涂料在世界上各个地区和国家中应用情况不一，美国和西欧一些国家发展高固体分技术比较快，在各类涂料中占有很大的比重，主要有氨基醇酸、氨基聚酯和丙烯酸类高固体分溶剂型涂料。

（6）新型水稀释涂料　国外水稀释涂料主要是建筑用的乳胶漆，其新型品种有纯丙烯酸乳胶漆、醋酸乙烯乳胶漆、苯乙烯-丙烯酸乳胶漆、醋酸乙烯或叔碳酸乙烯酯改性醋酸乙烯乳胶漆。这些涂料主要用于建筑的内墙和外墙涂装，其中内墙乳胶涂料的耐擦洗性一般在800次以上，外墙涂料的耐候、耐久性方面可达20年左右。

（7）PVC涂料　PVC涂料是一种以聚氯乙烯粉末+粘结剂、增塑剂、碳酸无机填料+少量邻苯二甲酸二辛脂作溶剂组成的涂料，用于焊缝、密封和底部喷胶。轻型PVC涂料是车身密封胶发展的主要方向，已投入实际应用的PVC涂料的密度已经从$1.4g/cm^3$降到了$0.8g/cm^3$，这就大大降低了整车PVC涂料用量，降低了成本，减少了车重。PVC涂料分解时有致癌物质。目前，一种以聚酯化合物为

主要原料的密封胶已开发成功，其性能与现在的 PVC 涂料一致或更优，如用于车尾部的焊缝密封，采用普通的 PVC 涂料易开裂，使用新的聚酯类密封胶则不会开裂。新型密封胶目前存在的问题是价格较贵。

最新开发成功的又一种与油相溶性好的双组分密封胶，可以直接在油性板材表面上施工，采用电磁固化，在 120℃ ×20s 以内即可固化，因此一部分焊缝密封过程可以移到拼装车间完成，其中某些工件可以改用胶粘结构，以减少焊接过程。另一部分焊缝则留到面漆完成以后再密封，底部喷胶也可以移到总装车间完成，这样涂装车间就没有 PVC 涂料密封这一工序了，这对提高涂装车间清洁度和涂装表面质量有一定的好处。

新型汽车用 PVC 抗石击涂料，要求施工性能好，附着力强度高，固化温度低，触变性好，烘烤时不流挂，成本低。

（8）自泳涂料　自泳涂料是一种通电后经过化学反应覆盖在钢板上的全浸式水系涂料，具有低成本，省空间，节能源、高效率的特点。自泳涂料在美国的汽车配件生产中推广迅速。

3. 国内外新型涂料的发展方向

随着科技的发展和人类生活水平的提高，人们对涂装产品的质量要求越来越高，环境保护意识也越来越强，对能源的利用越来越珍惜，这些因素都促进涂料向着高装饰、高保护、低毒害、低污染、高效、节能等方向发展。

由于汽车的使用环境较差，严寒酷暑，日晒雨淋，石子飞溅，常年高速运行，要保证由薄钢板制成的车身 6 年甚至 20 年不穿透，靠的是涂装。因此，轿车涂装代表了涂装的最高水平，轿车用涂料代表了涂料的最高水平和发展方向。传统的预处理、电泳工艺会产生大量的废水，中涂、面漆会产生废渣和大量的 VOC（挥发性有机化合物）排放，随着环保要求的日渐增高，传统的溶剂型涂装材料将被逐渐淘汰。新型涂料的开发在提高性能的同时将更加注重环保性能，应能不断减少有害物质和废水排放是预处理材料研究开发的方向；无铅、无锡电泳涂料及双层电泳材料的开发，可使电泳涂装材料更适应环保要求；水性涂料由于以水替代溶剂，使 VOC 排放很

低；粉末型涂料无溶剂排放之虑且回收利用方便；高固体分涂料可以直接利用现有设备进行施工，溶剂排放却可以降低。因此，水性涂料、粉末涂料以及高固体分涂料，将逐步替代传统的溶剂型中涂、面漆涂料，成为现代汽车环保型涂料的主流。

应了解涂装设备、工具的应用现状及发展趋势。

二、涂装设备、工具的应用现状及发展趋势

涂装技术发展到今天，为了适应现代化大批量涂装生产要求的高效、低耗、节能、减少或消除环境污染、改善劳动条件的需要，国内外各种涂装方法所用的设备及工具都有了很大的变化，并且在应用中不断得到发展，各种先进的涂装设备和工具目前国内都有不同程度的使用，只不过不像国外普及得那么快，我国的一些先进的涂装设备与工具大多是从发达国家进口。下面简要介绍各种涂装设备及工具的国内外应用现状及发展情况。

1. 刷涂

刷涂是使用最早和最简单的涂装方法。由于这种涂装方法的劳动强度大，生产效率低，近年来对刷涂用具进行了改革，将涂料供给泵和刷子配套使用，涂料供给泵可将涂料罐中的涂料沿一软管压送到刷子上，在刷子端部安装有控制阀，可通过手指控制供漆量的多少，因而可以大大地提高刷涂效率和质量。

2. 浸涂

浸涂是涂装生产中使用很普遍的传统涂装方法。浸涂设备已从早期手工浸涂使用的简单的小型浸涂槽，发展为半机械化式的设备，由浸涂槽、滴料槽、电葫芦、各种热源形式的不同结构类型的烘干炉等组成。随着涂装技术的发展，为适应不同形状、大小批量的产品涂装要求，现代浸涂设备已实现了除挂、卸浸涂件外的全部自动化的涂装生产。全自动化的浸涂设备由浸涂槽、滴料槽、清除多余涂料装置、通风装置、悬挂输送链及传送机构、烘干炉等组成。烘干炉多采用桥形通道式电加热远红外线辐射对流烘干。近年来又出现了高红外线快速固体化技术。清除多余涂料的最先进方法是静电清除设备。

3. 流涂

用喷嘴将涂料淋在被涂物表面上的涂装方法称为流涂。过去是对小批量被涂物件采用手工向被涂物件上浇漆，故又称为浇涂。而现在已发展为具有现代化涂装技术特色的自动化的大、中型通过式流涂生产线，其设备由流涂室、滴料室、涂料槽、涂料泵、涂料的加热及冷却装置、环保安全装置、通风装置、电控装置、悬挂输送链、传送机构或传送带等组成。流涂室、滴料室多为通道式。吸附装置、尾气燃烧装置已成为必备的配套设备。目前，幕帘式流涂法是最广泛应用的自动化流涂法。

4. 辊涂

辊涂方法包括手工辊涂和机械辊涂。手工辊涂是用手动方法，将辊子浸入涂料中浸润，然后辊涂到被涂物件的表面上。目前比较先进的辊子是采用涂料供给泵供给涂料。自动辊涂是采用一组或几组辊子组成的辊涂机进行涂装。此种设备适宜大批量的自动化连续生产，生产效率极高。又由于能采用较高粘度的涂料，涂膜较厚，可节省稀释剂，而且涂膜的厚度能够控制，材料利用率高，涂膜质量也较好。辊涂可广泛用于金属板、胶合板、硬纸板以及皮革、塑料薄膜等平整被涂物面的涂装，有时还与印刷并用。

5. 高压无气喷涂

高压无气喷涂设备的使用始于20世纪60年代，最初只有气动式一种。它的动力源是压缩空气，以0.7MPa的压缩空气驱动气压泵将涂料增压，通过减压阀调整空气压力来控制涂料的压力，这是目前使用最多的一种泵。这种气压泵的最大特点是安全。目前，高压无气喷涂设备相继推出电动式和液压式。电动式高压无气喷涂设备是采用交流电源直接驱动电动泵。这种泵的容量不大，喷出压力最高为19.6MPa，优点是更换场地方便，不需要特殊的动力源；缺点是需做好电气的防爆措施。液压式高压无气喷涂设备是以液压源为动力驱动液压泵使涂料增压，借助减压阀门控制液压来调整涂料压力。液压泵弥补了气动泵和电动泵的缺点，即动力利用率非常高（约为气动泵的5倍），因为无排气噪声与气动泵同样使用安全，泵的维护也较容易。液压泵的缺点是需要有专用的液压源，若混入涂

料后会产生不良影响。但这些缺点都容易克服，故今后的发展趋势是取代气动泵。另外，为提高涂料的利用率，将高压静电喷涂技术应用于高压无气喷涂技术设备中，即将小型高压静电发生器安装在高压无气喷枪的枪体上，使已经具有很高压力的涂料在喷出时又带上负电荷，在喷枪与被涂物阳极之间形成高压静电场，使高度雾化的涂料微粒得到进一步雾化，在喷涂时产生静电吸附，涂料将均匀的牢固的喷涂在被涂物表面上。高压无气喷涂设备及工具正在不断更新，向着高效、节能、节省涂料的方向发展。

6. 空气喷涂

空气喷涂是传统的涂装方法，国内外喷涂设备和工具经过多年的更新换代，不仅喷枪出现了许多新的类型，向着操作方便、节省涂料、雾化效果好的方向发展，而且其他喷涂设备也有不同程度的改进，以适应喷涂不同工件的要求。

（1）喷涂室　空气喷涂所采用的喷涂室类型有多种，根据捕集漆雾的方式及装置不同，可将喷涂室分为干式和湿式两大类。其中，干式喷涂室又分为折流板型、过滤网型、过滤网与折流板结合型等。这些干式喷涂室，适用于小批量的涂装生产。例如修理汽车用的喷涂室。湿式喷涂室又分为侧抽风通过型（进一步又可分为水幕型、水幕喷洗型、无泵型、心轴型等，适用于大流量流水生产的中小件涂装）和上送风下抽风型（进一步又可分为文丘里型、喷射水型、旋风动力管型等）。通过型喷涂室适用于大批量流水生产线的大型件涂装，例如汽车车身喷涂。单室式喷涂室可供批量生产的大型件涂装用，例如重型机械喷涂。目前使用比较多、比较先进的喷涂室是文丘里型喷涂室，其捕集漆雾的原理是使污染空气和水流在特殊文丘里汽水分离器内充分接触，随后急速扩散和冲击，使漆粒、水滴与空气分离，漆粒则通过废漆处理装置清除。这种喷涂室捕集效率高，室内气流均匀，有较好的作业环境。

（2）通风装置　喷涂室的形式不同，所附属的通风装置的结构也多种多样。在质量要求高的涂装作业场合，喷涂室的通风装置分为送风系统和排风系统两部分。送风系统是由设备空调向喷涂室提供的经净化、调湿、调温的洁净新鲜空气。排风系统是将喷涂室内

的被漆雾污染的空气经漆雾捕集装置处理后直接排出厂房，并使排风量和送风量达到一定的平衡。在目前比较先进的通风系统中，为了节省能源，利用热交换装置来回收喷涂室排风中的热量，这种技术在冬季寒冷的地区比较实用，可以节省大量能源。

(3) 涂料供给装置　空气喷涂所用的涂料供给装置，最初是采用涂料增压箱。涂料增压箱是一种带盖的密封型圆柱容器，涂料加注在容器内，靠调节容器内的气压，将涂料压送到喷枪，采用这种装置输送涂料，仅适用于1~2个涂料出口的单色系统。这种供给装置在补加涂料时较困难，目前已经有了一种小型输漆装置可以取代涂料增压箱装置，操作方便，补加涂料容易。以上两种涂料供给装置，只适用于小批量生产、涂料需求量小而且颜色比较单一的场合。为了适应现代化自动生产线连续式大批量生产的需要，国内外普遍采用集中输调漆系统。此系统是由调漆间、调漆装置、输漆装置、循环管路系统、温控系统等组成。采用集中输调漆系统有如下优点：涂料的工艺参数容易控制，可保证涂料的连续供给，能改善涂装作业环境，减少涂装现场火灾危险，节省工时，节约费用等等。目前，国外比较先进的、现代化的集中输调漆系统是采用计算机来控制涂料的工艺参数和补加数量，可使供给的涂料的各项参数更加均一。利用计算机还可对系统中的故障进行自动诊断，例如诊断管路的渗漏、控制输调漆系统的自动关闭等。

(4) 机械化运输系统　为实现空气喷涂作业的自动化流水线生产，要根据不同的涂装产品来选用不同的机械化运输系统。目前，比较常用的机械化运输设备。主要有普通悬挂输送机、轻型悬挂输送机、程控电葫芦、单轨电葫芦、程控行车、空中推杆悬链、摆杆链、垂直回转地面链、水平回转地面链、地面推杆链和滑橇输送机等形式。

其中滑橇式输送机是比较先进的形式，它由驱动滚道、升降机、横移小车、移行机、单排可集放式输送机、双排工艺链式输送机、可升降驱动滚道等多种基本单元组成。滑橇输送机是依靠滑橇来实现喷涂工件运输的，具有自由分流、合线、积放存储、垂直升降、可实现多层空间布置、与先进的A型烘干炉相适应等优点。目前，

还有一种地面推杆和滑橇混合的运输系统，这种系统兼备了地面推杆和滑橇的优点，在日本的涂装生产线上应用较多。

7. 电泳涂装

我国应用电泳涂装技术已有30年的历史，随着电泳涂料的发展，电泳涂装先后经历了阳极电泳到阴极电泳的过程，到目前为止，我国采用的电泳涂装大部分为阴极电泳涂装，尤其是在汽车行业，阴极电泳涂装已占90%以上。伴随着电泳涂装方法的更新换代，电泳涂装设备也有了不同程度的更新，更能适应现代化大批量流水生产线的需要。我国的电泳涂装设备在引进技术和走国内外合作发展的基础上，与国外的先进设备相比没有太大差别，只不过由于受到经济条件的限制，一些先进的设备在国内普及较慢。下面以阴极电泳涂装为例，简要介绍一下电泳涂装设备的国内外应用现状及发展情况。

（1）电泳槽和电泳涂装室　电泳槽是电泳涂装作业的浸槽（或称主槽），其形状有船形和长方形两种。在电泳槽的出口端设有溢流槽（也称辅槽），它的作用是接收电泳主槽表面液流带入的泡沫和灰尘，并有消除泡沫的功能。主槽和辅槽之间通常设一可调堰，以调节液位及表面流动状态。为了在清理或维护电泳槽时满足槽液的储存，通常设有电泳储槽（或利用后冲洗槽替代），电泳储槽的容量应能容纳全部电泳槽液并有足够的余量。电泳涂装室是设置在电泳槽上的一个封闭室体，室体一般采用镀锌钢板、铝合金和不锈钢材料制成。电泳涂装室设有排风换气系统、观察窗和出入门，门上装有安全连锁装置，以保证操作的方便性和安全性。

（2）电泳槽液循环系统　为保持电泳槽液均匀混合，防止颜料在槽中或在被涂物的水平面上沉淀并及时排除在电泳过程中在被涂物表面上产生的气体而设置槽液循环系统。另外，在槽液循环系统中还设有过滤装置和冷却装置。其中冷却装置可维持电泳槽液温度在一定恒定的工艺要求范围内。冷却装置包括循环泵、换热器、冷却液循环管路、冷却机组、温度控制器和调节阀等。过滤装置主要作用是将槽液中的尘埃颗粒、凝聚颗粒和其他机械杂质清除。

（3）超滤（UF）系统　超滤系统是电泳涂装的主要设备之一，

它的性能和使用效果好坏直接影响电泳涂装质量及生产成本。超滤系统包括供漆装置、过滤装置、超滤模组、控制和检测装置和反洗装置。其中，供漆装置为超滤模组提供电泳漆。过滤装置设置在超滤模组前面，通过过滤装置将电泳漆中的颗粒、凝聚物过滤掉，以防止堵塞超滤模组。超滤模组是一种选择性透过膜，允许水、小分子溶剂和低相对分子质量的树脂通过，通过此模组的电泳涂料，即可分离出超滤液。超滤模组有管式、卷式、板式、中空纤维式四种。因卷式超滤模组体积小，膜面积大，同样的透过量时价格低，所以应用较广。控制和检测装置可以保证超滤系统正常运行，实现故障报警和停机。超滤系统在运行中不允许随意停机，因为停机运行时，槽液（即电泳涂料）会沉积在超滤模组内容易堵塞超滤模组，所以对其控制要求较严格，当超滤系统供漆泵停止运行时，应采用新鲜的超滤液将槽液排到电泳槽内，并用新鲜的超滤液浸泡超滤模组。另外，超滤系统中还应安装流量计和浊度计，以便随时观察透过量的变化情况和超滤模组有无破损情况。在超滤模组的进口端应安装压力、温度保护器，一旦压力、温度超过许可范围，整个系统可自动停止运行。

（4）阳极液系统　阳极液系统是由阴极膜系统、极液循环管路、泵、极液槽、电导率和混浊度控制仪、纯水供给管路等组成。在现代化的阳极液系统中，阳极液的电导率是自动控制的，设定阳极液的电导率为一确定的范围，当电导率超过设定值上限时，将自动排放阳极液，加入新鲜纯水，直到电导率符合设定值为止。另外，在阳极液返回极液槽的管路上安装混浊度控制仪，当阳极罩损坏并有漆液进入阳极液时，混浊度控制仪将发出故障报警信号，阳极液循环泵自动停机，以便进行维护。目前，阴极电泳涂装用的阳极主要有板式、管式、弧形三种。板式阳极是国内外应用最早的一种，至今仍占有很大比例。管式阳极是比较新的一种，目前新建的阴极电泳涂装生产线多采用这种类型，这种阳极可设置在电泳槽的两侧，也可设置在槽底和被涂物与主槽液面之间，它具有体积轻、更换方便等优点。弧形阳极是目前最新型的阳极，它具有管式阳极的特点，但相对于管式阳极，它的膜面积更大，使用寿命更长，在国内已经

有几条大型的轿车涂装生产线使用或准备使用这种类型的阳极。

（5）涂料补加系统　电泳涂料随着的生产的不断进行，槽液中的固体分将下降，槽液的组分和添加剂的含量也将有所变化，因此需要根据试验测定结果定期补加涂料和添加剂。通常补加方式有如下几种：

1）对于单组分电泳漆，一般配备专用的涂料补加装置（由混合罐、搅拌机、供给泵、过滤器等组成）。按涂料的调配要求，先将涂料在混合罐中与槽液或纯水充分（或加中和剂调整好 pH 值和稀释度）搅匀混合后，再借助供给泵将调好的涂料输入电泳槽中。

2）对于双组分电泳漆，直接用泵分别将色浆和乳液补加到两条循环管线（主槽循环管路、制冷调温循环管路），如果色浆有沉淀现象，应将色浆搅拌后再补加。

（6）电泳用机械化设备　电泳涂装用的机械化运输设备，与预处理所用的机械化设备基本一致，主要有程控葫芦、空中推杆悬链、轻型悬链、程控行车、摆杆链。在最近几年，随着对预处理、电泳质量要求的提高，其输送系统有了长足的进步。图 5-1a 为德国 DÜRR 公司推出的 RODIP 输送系统是在推杆链的基础上，经过特殊的机构能使车身在处理槽内翻转。图 5-1b 为德国 EISENMANN 公司的多功能穿梭机也可以实现车身在槽内的翻转，其翻转的灵活性要优于 RODIP 形式，每台穿梭机都是独立运行的，有点类似于程控葫芦。这两种运输方式都可以实现 90°角出入槽以降低处理槽的长度，与以往的摆杆链输送系统相比，整个预处理电泳生产线的长度可以缩短 30% 左右，同时在控制上还可以实现对浸式处理和喷射式处理的选择，由于车身可以在槽内翻转，从而可消除气室的影响，还可以改善车身总体的泳透效果，使车身上下膜厚均匀。

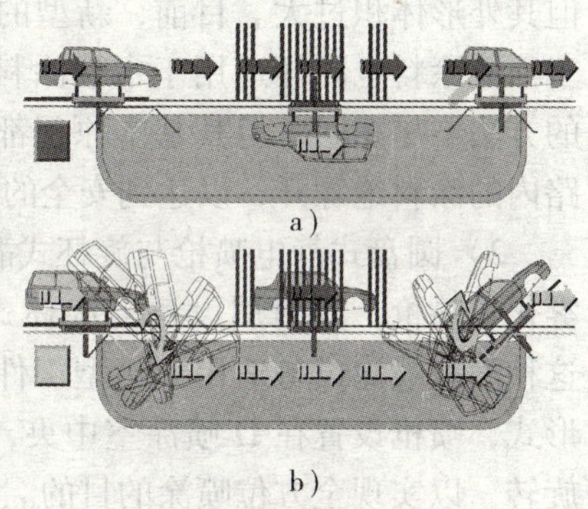

图 5-1　德国电泳涂装机

a）RODIP 输送系统　b）多功能穿梭机

8. 静电喷涂

静电喷涂技术发展到今天，其中静电喷枪和附属设备都有了相应的发展，目前国外应用较广泛的静电喷枪有旋杯式、圆盘式、手提式、空气雾化式等。

1）旋杯式和空气雾化式静电喷枪近年来在国内涂装生产线上应用较多。由旋杯式和空气雾化式静电喷枪组成的自动化涂装生产线，在汽车车身涂装上应用很广。这些设备一部分是从国外成套引进的；还有一部分是从国外引进主要硬件，国内自行设计的控制系统和喷涂程序，制成的国产化率较高的静电自动喷涂设备。旋杯式静电喷涂设备在喷涂工作时，旋杯高速旋转（30000r/min 左右），涂料滴在旋杯表面依靠离心力被甩出，在甩出的同时附上高压静电，在静电力和离心力的共同作用下得到最佳的雾化效果，故旋杯式静电喷枪又称为离心力静电雾化式喷枪。随着水性涂料的发展，静电喷涂设备为适应水性涂料也有了比较大的发展。由于水性涂料的导电性，最初的水性涂料静电喷涂设备大多采用外置式电极，以保证安全，但其外形体积过大。目前，新型的内置电极静电喷涂设备不但适用于油性涂料也同样适用于水性涂料，虽然各静电喷涂设备厂家采用的方法不尽相同，但其基本原理都是将喷枪内的水性涂料同循环管路内的涂料绝缘开，以达到安全的目的。

2）圆盘式静电喷枪与旋杯式静电喷枪一样，同属于离心力静电雾化式喷枪，其附属设备与旋杯式静电喷枪的附属设备同步更新。这种静电喷涂设备适用于小型工件的静电喷涂，其喷涂室多采用 Ω 形式，喷枪设置在 Ω 喷涂室中央，工件在其周围圆形布置，可自动旋转，以实现全方位喷涂的目的。

3）手提式静电喷枪在国内外涂装领域的应用也比较广。手提式静电喷枪按照高压静电发生器的安装形式可分为两种：一种是枪体外带高压静电发生器，高压静电通过电缆连接到枪体上，也称为外置式手提静电喷枪；另一种是将高压静电发生器安装在枪体内部，也称为内置式手提静电喷枪。外置式高压静电喷枪同内置式静电喷枪相比，其枪体重量轻，但枪下多接了一根电缆；内置式静电喷枪还另外需要接地线，以保证操作者的安全。

总之，静电喷涂设备随着各种新型产品涂装的需要，将会不断地更新和发展，以适应现代化涂装生产发展的要求。

9. 粉末涂装

近年来，国内粉末涂装有了很大进步，尤其是在家电行业应用更广。粉末涂装在国外，尤其是欧美等地区，已经应用到各个领域。目前，已获得工业应用的粉末涂装方法有：流化床法、熔射法、粉末静电喷涂法、静电流动床法、粉末静电振荡涂装法等。在这些粉末涂装方法中，静电喷涂法应用较多。因此，与粉末静电喷涂设备配套的设备发展也较快。

粉末静电喷涂设备主要包括：喷粉室、供粉装置、粉末回收装置、静电发生器、静电喷涂工具等。其中，在喷粉室的结构方面，为了使过喷的粉末在喷粉室底部均匀、连续地输送到回收装置，再送到供粉系统，在喷粉室下部设置振动床、自动刮板等机构用于回收粉末。

目前，粉末涂装在欧美的汽车领域中也有较广泛的应用。粉末中涂和粉末面漆已经在不少涂装生产线上使用。为了满足涂装时的快速换色，其回收的粉末不与原颜色粉末混合使用，而是集中到一起，喷涂到车身内表面一些对颜色要求不高的部位，这样不但可以简化回收系统的结构，同时还可以最大限度地利用回收的粉末，减少浪费，缩短换色时间，从而提高生产效率，能够满足生产的需要并保证产品质量。

在某些使用条件下，喷粉室内部采用卷板材料，通过特定的装置张紧形成密封的室体，当换色时，喷粉室内壁自动卷动，将旧的内壁卷在一起作为废料处理，新的卷板自动形成封闭的喷粉室，可方便换色。风管和回收系统因采用多单元小旋风等形式的分离装置，其粉末回收单元根据颜色的多少采用模组的形式，当换色时只须将需要换色的粉末收集箱拉出，再放入新的颜色粉末收集箱即可。

在粉末回收装置方面，粉末回收方式有旋风分离器、烧结板过滤器、袋式过滤器等。它们可以单独使用，也可以联合使用。其中，烧结板过滤器的回收效率最高。回收效率可高达99.9%。

在供粉系统中，粉末静电喷涂的供粉方式有流化床式供粉和振荡式供粉。其目的都是将粉末稳定的和均匀的送入喷粉室。

在粉末静电喷涂工具方面，按照高压静电发生器的安装形式可分为两种：一种是将高压静电发生器和枪体分体安装，即外置式；另外一种是将小型高压静电发生器安装在喷枪体内，即内置式。除此之外，还用一种摩擦静电喷枪，这种喷枪不需要高压静电发生器，是靠粉末粒子与枪体摩擦管摩擦使粉末粒子带电。

总之，随着国内外粉末喷涂技术的不断推广，粉末喷涂设备也将不断更新和发展，以适应现代涂装生产的需求。

应了解涂装新技术、新工艺应用现状及发展趋势。

三、涂装新技术、新工艺的应用现状及发展趋势

近几年来，国内外涂装技术发展很快，新技术、新工艺层出不穷，现就目前应用较多和正在推广使用的新技术、新工艺，如阴极电泳涂装工艺、静电喷涂工艺、粉末静电喷涂工艺、高红外快速固化技术、反渗透（RO）技术、机器人喷涂等技术的应用现状和发展动态简介如下，以供参考。

1. 阴极电泳涂装工艺

（1）阴极电泳涂装法的优点

1）整个涂装工序可实现全自动化，适用于大批量、流水生产线涂装产生。

2）可以得到均一的涂膜厚度。根据被涂物的要求，可选择不同的电泳涂料，通过调整施工参数，可以得到要求的膜厚。与浸涂法不同，在烘干时缝隙间的涂膜不会产生“溶落”现象。

3）泳透力好，可提高工件的内腔、焊缝、边缘等处的耐蚀性能，薄膜电泳涂料的耐盐雾性在500h以上，厚膜电泳涂料的耐盐雾性在1000h以上。

4）涂料利用率高，电泳后可采用UF液水洗回收带出槽的涂料液，涂料的利用率在95%以上。

5）安全性比较高，是低公害涂装。其溶剂含量低，无火灾危险；对大气污染少；采用UF液和反渗透系统，可实现电泳后冲洗的全封闭，因而可以大大减少废水处理量。

6）电泳涂膜外观好，烘干时有较好的展平性。电泳涂装所得的涂膜含水量少，溶剂含量也少，在烘干过程中不会像其他涂料那样产生流痕、溶落、积漆等缺陷。电泳水洗后的涂膜是干的，甚至手摸也不粘手，晾干时间可缩短，并可直接进入高温烘干。

（2）阴极电泳涂装法的局限性

1）一般电泳涂膜的耐候性较差，不耐紫外线照射，除特殊的耐候性电泳涂料外，在户外使用时一般需涂装面漆。

2）适用于具有导电性的被涂物，而木材、塑料布等无导电性的物件不能采用这种涂装方法。

3）适用于沥水好、能在水中全浸没的结构工件。对于有复杂内腔结构的工件不宜使用这种涂装方法。

4）由多种金属组合成的被涂物，如电泳特性不一致，也不宜采用这种涂装方法。

5）不耐高温烘烤的被涂物也不能采用这种涂装方法。

6）对颜色有限定要求时也不宜采用这种涂装方法。变换涂膜颜色时必须分槽处理。目前已有彩色电泳涂料问世，而且透明电泳涂料也有问世，但仍旧无法解决换色问题。

7）小批量生产场合也不宜采用这种涂装方法。因为槽液需要有一定更新速度，速度过慢，槽液中树脂易变质，槽液中的溶剂组成变动大，会造成槽液的不稳定而导致浪费。

（3）阴极电泳涂装工艺管理要点　阴极电泳涂装工艺一般由涂装前预处理、电泳涂装、电泳后冲洗、电泳烘干等工序组成，其工艺管理要点具体如下：

1）涂装前预处理：为了得到优质的、耐蚀性好的涂膜，电泳前被涂物表面必须进行预处理，首先是清洗掉工件上的各种污物（如油污、锈蚀、氧化皮、焊渣、金属屑等），随后进行化学处理（磷化、钝化处理等），并进行充分的水洗去除工件表面残留的各种杂质离子，其最后一道纯净水洗后滴水电导率不大于30μS/cm。

2）电泳涂装工序：将被涂物浸入电泳槽中，按规定的涂装工艺参数（电压、槽液温度、电流、时间等）进行电泳，使槽液中的成膜物质泳涂到被涂物表面上。要想得到良好的涂膜，必须按所使用涂料的特性来控制电泳涂装的工艺参数，在电泳涂装现场需要控制以下四个方面工艺参数：一是槽液的成分方面，有灰分、MEQ 值、固体分和溶剂含量；二是电泳条件方面，有槽液温度、施工电压、施工电流、通电时间；三是槽液特性方面，有 pH 值、电导率；四是电泳特性方面，有库仑效率、最大电流值、膜厚和泳透力。在上述四个方面的工艺参数中，施工电压、通电时间、槽液固体分、槽液温度、槽液 pH 值和电导率是现场控制的主要项目。具体要求如下：

① 槽液固体分。称取符合工艺要求的槽液 2.0～2.5g，在 120℃下烘干 1h 后，所留下的不挥发分质量占所取槽液的质量分数，称为槽液的固体分。随着生产的不断进行，槽液的固体分会不断下降。为保证电泳涂膜的质量，必须定期向电泳槽内补加电泳涂料，使槽液的固体分控制在工艺要求的范围内。

② 槽液的 pH 值、电导率。它们是电泳槽液的两大特性值，对电泳特性、槽液的稳定性和涂装质量都有较大的影响，因此都应严格地控制在工艺规定的范围内。阴极电泳槽液系酸溶液体系，需要依靠适量的酸度才能保持槽液的稳定，当 pH 值高于所规定值时，槽液会产生不溶性颗粒，槽液易分层、沉淀、电导率下降、堵塞阳极隔膜和超滤膜，使涂膜产生颗粒。当 pH 值低于所规定值时，对涂膜的再溶性和设备的腐蚀性增加。槽液的电导率的过高或过低对涂膜厚度、外观和泳透力都有影响，槽液电导率的增高，泳透力增高，膜厚增加。当槽液电导率高于规定值上限时，可用纯净水置换超滤液来降低；当槽液的 pH 值升高时，可以通过补加中和酸来调整。

③ 施工电压。两极间施工时接通的电压，称为施工电压。施工电压是有一定范围的，超出施工电压上限的一定值时，在沉积电极上的反应加剧，会产生大量气体，使沉积的涂膜破裂，绝缘被破坏，附着异常，此时的电压称为破坏电压。当低于施工电压下限时某一值时，几乎泳涂不上涂膜（即沉积速度和溶解速度相等），此时的电压称为临界电压值。施工电压介于临界电压和破坏电压之间。在其他泳涂条件不变的场合，涂膜厚度和泳透力随着施工电压的提高而提高。

④ 槽液温度和泳涂通电时间。槽液温度、泳涂通电时间是电泳涂装的两个基本工艺参数，经调试并选择最佳值后，在电泳涂装生产线上是应保持稳定不变的。槽液温度对电泳涂装影响很大，随着槽液温度增高，涂膜增厚。但槽液温度提高，易使有机物的水溶液加速变质，对槽液的稳定性不利。槽液的温度低，对槽液的稳定性有利，但涂膜变薄。当温度过低时，湿涂膜的粘度大，被涂物表面的气泡不易排出，因而涂膜薄，易产生涂膜缺陷。槽液温度对泳透力也有影响，通常可在较低温度下得到较高的泳透力。在电泳过程中，电能转变的焦耳热和搅拌产生的热量均可使槽液温度上升，为使涂膜质量稳定，必须通过制冷系统将槽液温度变化控制在±1℃的范围内。电泳通电时间系指被涂物在槽液中通电成膜的时间，通常限定在2～4min。通电时间一旦设定，将不再变动，除非有提高或降低生产线速度的需要。

3）电泳后冲洗：电沉积在被涂物表面上的涂膜具有水不溶性，因而能经受超滤液和纯净水的冲洗而不掉，但附着在表面上的槽液却能冲洗掉，这是一般的浸渍法所不具有的特性。电泳后清洗的目的是：回收槽液，提高电泳涂料的利用率；提高和改善涂膜表面质量，减少电泳流痕，从而减轻打磨工作量，提高涂层的耐蚀性。电泳后冲洗一般由下列工序组成：

① 槽上“0”次清洗。在被涂物出槽端或溢流槽上，用纯净水、新鲜UF液、循环UF液喷雾淋洗（单排或双排喷管），被涂物出槽至清洗的时间间隔不要超过1min。

② 用循环UF液冲洗30～40s。

③ 用循环UF液浸洗（全浸没，浸入即出）。

④ 用循环UF液冲洗30～40s。

⑤ 用新鲜UF液淋洗，淋洗液进入循环UF液冲洗槽内。

⑥ 用循环纯净水浸洗或喷洗30～40s。

⑦ 最后用新鲜纯净水淋洗（单排或双排喷管，视产量而定）。

以上是对于涂装质量要求高的工件较为典型的电泳后冲洗工艺。对装饰性要求不高的工件电泳后冲洗可以简化，只需浸洗或冲洗1～2次即可。在上述各道冲洗中，清洗液应采用逆向补充，除部分

循环纯净水清洗液排向污水处理外，其余各超滤液清洗和超滤系统、电泳槽可形成封闭式电泳后冲洗工艺。

4）电泳涂膜烘干：根据电泳涂料的特点，合理地选择烘干温度和烘干时间，对确保阴极电泳涂膜的质量是十分重要的。如果烘干温度和时间低于规定要求，则涂膜不能固化或固化不完全，严重影响涂膜的内在质量，如耐腐蚀性能、附着力、耐冲击等级等。如果烘干温度过高，烘干时间过长，则会产生过烘烤，轻者影响中涂或面涂在电泳底涂层的附着力，重者会使涂膜变脆，甚至脱落。

（4）阴极电泳的应用现状及发展趋势　国外20世纪70年代后期开始应用阴极电泳涂料，到20世纪80年代中期基本上由阳极电泳涂装过渡到阴极电泳涂装。国内应用阴极电泳始于20世纪80年代中期，以汽车行业为龙头，到目前为止，汽车行业90%以上使用阴极电泳涂装，其他行业也正在普及和推广，例如机械、化工、电器、仪器仪表等产品的涂装，正向高耐蚀、低温、无公害、节能方向发展。由于电泳涂装有着优异的特性，随着涂装产品质量防腐性能要求的提高，阴极电泳涂装将很快在国内各个行业的涂装生产中推广和应用。

2. 高速旋杯式静电涂装工艺

国内外静电涂装技术应用较多的有手提式、圆盘式、旋杯式等静电涂装法。其中以高速旋杯式自动静电涂装法应用最多，下面就其原理、特点、工艺管理要点、应用现状及发展趋势简介如下。

（1）高速旋杯式静电涂装原理　高速旋杯式静电涂装用的喷枪是以接地的被涂物作为阳极，以高速旋杯式喷枪为阴极。高速旋杯式静电涂装的工作原理是：首先靠高速旋转的喷头产生离心力，使涂料分散成漆滴，当漆滴离开喷头的电晕锐边时将得到电荷，使带电的漆滴又进一步雾化成微滴，随后在电场力的作用下，沿着离心力和静电力场的合力方向吸向接地的被涂物，放电后涂敷在被涂物表面上。

（2）高速旋杯式静电涂装法的优点

1）涂膜装饰性好、质量稳定。在传统的手工喷涂过程中，一般无法保证喷涂质量始终如一，因为手工操作受到操作者的素质、责

任心、熟练程度以及心情的影响。而采用自动设备，可以使涂膜效果保持在调试好的最佳工作状态不变。另外，由于采用高速旋杯自动静电喷涂设备，旋杯空载下转速可达60000r/min，喷涂时转速可达30000r/min，在强离心力和静电的作用下，是涂料雾化得很细，涂料的液滴直径可雾化到50～100μm，可大大提高涂膜的展平性和鲜映性。

2）涂着效率高，节省涂料。由于喷涂时采用8～10kV的高压静电，这种静电喷涂具有良好的环抱效应，可使涂料利用率达到90%以上，因而可以节省涂料，降低涂装成本。

3）改善作业环境，减轻涂装公害。采用高速旋杯式自动静电喷涂，可使繁重的、对操作者身体健康有害的喷涂工序实现自动化操作，因而可以改善作业环境。由于涂装效率高，排放的有机溶剂量明显减少，从而减轻了涂装公害。

4）能成倍地提高生产效率，适用于大批量流水线生产。在手工喷涂时，运输链的速度高于4m/min，劳动强度很大，尤其是在喷涂外形复杂的大型工件时，手工喷涂更加困难。这时如果采用自动静电喷涂设备则很容易操作。

（3）高速旋杯式静电涂装法的局限性

1）设备一次投资比较大，因此大量推广有一定困难。

2）因为喷涂时采用的是高压静电，所以有一定的火灾危险性，必须有可靠的安全措施。

3）因为静电屏蔽作用和电场分布不均匀，致使涂膜厚度不均匀，一般在凸出、尖端和锐边处涂膜薄。对于不良导体，例如木材、塑料、橡胶、玻璃等材质的被涂物不经特殊处理则涂装困难。

4）对所用涂料和溶剂有一定的要求，例如对涂料的导电性、电阻和对溶剂的沸点及溶解性等都有一定的要求。

（4）高速旋杯式静电涂装工艺管理要点　影响高速旋杯式静电涂装效果的主要工艺参数有：静电场的电场强度、旋杯转速、涂料流量、喷径等，下面简要介绍如下：

1）静电场的电场强度：静电场的电场强度是静电涂装的动力，它的强弱直接影响静电涂装的效果（静电效应、涂装效率和涂膜厚度的均匀性等）。在一定的静电场的电场强度范围内，静电场的电场强度越强，静电雾化和静电吸引的效果越好，涂装效率也越高；反之，电场强度越弱，静电雾化效果和涂装效率变差。静电场的电场强度主要取决于电压和极距（即被涂物与放电极之间的距离），它与电压高低成正比，与极距成反比。静电涂装用的静电场是不均匀电场，其强度一般也用平均电场强度来表示。平均电场强度的计算公式为

$$E_{平} = U/L$$

式中 $E_{平}$——静电场的平均电场强度（V/cm）；
U——喷枪上所加的直流电压（V）；
L——极距（cm）。

在通常情况下，根据经验，静电涂装最适宜的平均电场强度为3000～4000V/cm，直流电压为8～10kV，极距一般控制在25～30cm。

2）旋杯的转速：旋杯的转速是对高速旋杯雾化细度影响最大的因素，当其他工艺参数不变时，旋杯的转速越高，雾化后漆滴的直径越小。在稍低速范围内，转速对雾化的影响比在高速范围内明显地增大。旋杯转速对涂膜有很大影响，当转速过低时，会导致涂膜粗糙；而转速过高时，雾化过细，会导致涂料损失，使涂膜厚度出现波动。同时当涂料雾化超细时，则对喷涂室内任何气流均十分敏感。另外，旋杯的过高转速运转还会导致旋杯轴承的过量磨损，缩短轴承的使用寿命。

3）涂料流量：涂料流量是指单位时间内输给旋杯的涂料量。当其他工艺参数不变的情况下，涂料流量越小，涂料雾化颗粒越细，但同时也会导致漆雾中溶剂挥发量增大，涂料流量大，会形成波纹状涂膜。当涂料流量过大，使旋杯过载时，旋杯边缘的涂膜增厚至一定程度，将会导致旋杯上的沟槽纹路不能使涂料分流，会产生层状漆皮、气泡或使漆滴大小不均匀。涂料流量与旋杯的口径、转速、所喷涂工件的区域等有关。经验表明，一个调试好的旋杯，它的涂料流量是按照工件的膜厚要求由涂料计量装置恒定地输给旋杯的，从而保证涂膜质量。涂料流量值通常为几十到几百毫升。

4）喷径：旋杯后的空气帽上有许多小孔，喷涂时压缩空气通过这些小孔排出，形成整形空气，整形空气大小的范围称为喷径。喷径可以控制漆雾喷涂的覆盖范围。喷径的大小与空气帽内通入的压缩空气压力有关。压力增加时，喷径变小；反之，喷径变大。另外，喷径的大小还受到转速、高压静电值、极距等影响。在涂料流量不变的条件下，喷径的大小与涂膜的厚度成正比。

（5）高速旋杯式静电涂装的应用现状及发展趋势　高速旋杯式静电涂装技术与计算机控制技术相结合，可根据不同被涂物的要求，组合成不同布置形式的成套自动涂装设备，目前在汽车（车身和部件）、家用电器、金属家具、农机具、电动工具等涂装中应用较广。在国外，这种涂装技术已得到普及，国内近年来新建的涂装生产线也大多采用这种技术。

3. 粉末静电涂装工艺

粉末涂装法有流化床法、熔射法、粉末静电涂装法、静电流动床法、粉末静电振荡涂装法以及各种改良方法等。其中，粉末静电涂装法应用最广，下面就其原理、特点、工艺管理要点、应用现状及发展趋势简介如下，以供参考。

（1）粉末静电涂装法原理　粉末静电涂装法的工作原理与一般溶剂性涂料的静电涂装法（尤其是采用空气雾化的电喷枪的场合）几乎完全相同，所不同之处为：粉末涂装是分散而不是雾化。静电粉末涂装法是靠静电粉末喷枪喷出粉末涂料，在分散的同时使粉末粒子带上负电荷，带负电荷的粉末粒子在空气流的催动下，受静电场静电引力的作用而涂装到接地的被涂物上，然后经过加热熔融固化成膜。

（2）粉末静电涂装的特点　粉末静电涂装法与传统的涂装法几乎完全不同，但有其独特的特点。

1）粉末涂料为无溶剂涂料，在涂装时几乎不产生挥发性有机化合物（VOC）的涂装公害，仅有少量粉末污染，但好根治。

2）涂装效率高，过喷粉末可回收利用，涂料损失少。在采用静电粉末喷涂和专用的粉末回收装置的场合，粉末涂料的损失率小于5%。

3）一次喷涂可获得厚涂层，且宜厚不宜薄。粉末涂装一次喷涂可得到300~400μm厚的涂膜，极易获得60~180μm厚的涂膜，且无流挂、无针孔等缺陷。但要把一次喷涂的涂膜厚度控制在30μm以下则很难，且涂膜厚度不均匀，流平性较差。

（3）粉末静电涂装工艺管理要点　影响粉末静电涂装效果的因素很多，这里主要介绍对涂膜质量和涂装效率有直接影响的几点因素。

1）被涂件涂装前表面预处理：被涂件涂装前表面预处理是最终获得优良涂膜的主要因素之一。粉末涂装因为多数都不需要涂底涂层，通常是进行一次性涂装，所以涂装前的表面预处理就显得尤其重要，被涂件表面上的油、锈蚀必须处理干净。油、锈蚀处理不彻底，不但影响粉末涂料的吸附，还使粉末涂膜干燥后产生针孔、缩孔、气泡、早期生锈等缺陷。磷化处理是一次性粉末涂装所必须的，而且磷化膜质量一定要均匀致密，膜层不宜过厚，一般面密度应控制在$3g/m^2$以下。

2）粉末粒子电荷量：粒子的电荷量是静电粉末涂装（粉末粒子被吸引和附着到被涂物上）的原动力。如果电荷量低，则仅在正面附着，内表面的附着显著降低。如果电荷量过高，静电平衡的结果反而会使涂膜变薄。实际测得的电荷量在$(1\sim20)\times10^{-7}C/g$的范围较好。

3）被涂物接地电阻：库仑力与相对带电量的差成正比。静电涂装要求被涂物接地电阻要小，其电荷量通常应是零。如果接地不良，即对地绝缘，或接地电阻非常高时，则被涂物自身能蓄积由喷枪来的离子而带电，造成不能完全涂装，使涂装效率下降，甚至涂不上涂料。电荷量大时，与接地物之间会产生火花放电，可能引起火灾，甚至有爆炸的危险。

4）粉末粒子的形状和粒度：采用静电粉末喷涂法涂装时，当粉末粒子呈球状时，则涂装效率最为理想。另外，球状粒子流动性好，喷枪和输粉胶管不易堵塞，存在粒子间的空气少，因而在涂膜中不易残留气泡，在加热熔融时易流展，能得到均匀平滑的涂膜。在静电粉末涂装时，希望使用粒度小的粉末，其原因是粒子的质量越小，

受自身重力的影响越小，在一定的粒度范围内，粘度的大小与涂装效率成反比，经验表明，粉末粒子的直径大小在 20～60μm 的范围内较好。

（4）静电粉末涂装技术的应用现状及发展趋势　粉末静电涂装法于 1962 年首创于欧洲，至今已有 40 多年的历史。这项涂装技术在欧美地区发展和推广很快，在涂装行业的各个领域都得到了应用。在国内，粉末静电喷涂技术在近年来发展很快，广泛应用于家用电器、仪器仪表、汽车零部件、机床、化工防腐、钢制家具、轻工产品等的涂装，其中粉末静电喷涂技术在家用电器行业涂装应用最多。因为粉末静电喷涂具有污染小、涂装方便、涂装效率高等优点，所以粉末静电喷涂具有广泛的发展前途。

4. 高红外固化技术

高红外辐射技术原是美国的一项军工技术，20 世纪 90 年代转为民用。国内锦州红外辐射技术应用研究所开发了高红外烘干设备，在实际推广应用中显示出高效、节能、投资少的效果。现将高红外快速固化技术的原理、优点、应用现状及发展动态介绍如下。

（1）高红外加热原理　高红外加热技术是在红外辐射光谱和被照射物吸收光谱相匹配的理论基础上发展起来的，有机涂膜的吸收波长均在长波段，可按匹配理论来选用远红外加热固化涂料，但是远红外波段的辐射能量低，在工业应用中又很难达到最佳匹配，因而完全按匹配原理来指导生产实践很难达到预想的效果。而高红外辐射元件是用钨丝作为热源，用石英管作为热源外罩及定向反射，可分别辐射短波、中波、长波红外区光谱，因此高红外辐射元件是全波辐射，可达到最大辐射输出状态，热响应之快也是前所未有的。

（2）高红外固化技术的优点

1）升温速度快，输出功率大，烘干时间短。传统的远红外元件的起动时间大约需要 5～15min，元件表面功率为 3～5 kW/cm^2；而高红外元件起动时间大约只需要 1～3s，元件表面功率为 15～25 kW/cm^2。在实验室采用高红外烘干设备，烘干阴极电泳底漆样板只需130～150s，与用常规电烘箱在170℃下、烘干时间为30min的涂膜干燥程度一样，都达到了完全固化。

2）加热温度范围容易控制。

3）高效、节能、投资少。采用高红外快速固化技术可以改造旧的烘干室，提高产量，还可以缩短新建烘干室的长度，节省设备投资。

4）对需要烘干温度高的粉末涂料、蒸发潜热大的水性涂料以及质量大的工件的烘干更加适用。

（3）高红外固化技术的应用现状及发展趋势　高红外固化技术在涂膜的烘干中推广应用，尤其适用于汽车行业涂装粉末涂料、水性涂料、中涂涂料、PVC车底涂料及密封胶等涂膜的烘干。目前，在新建的涂装生产线和旧的涂装生产线烘干炉的建设和改造上采用高红外固化技术，可具有节省投资、占地面积小、装机功率和能耗大幅度降低、生产效率提高和产品内在质量好等优点，高红外固化技术在涂装行业中将有很大的发展前途和应用价值。

5. 反渗透（RO）技术

反渗透（RO）技术是一种膜分离技术，最初应用在电子、医药、饮食等行业制备纯净水。近几年，随着涂装技术的发展，这种反渗透（RO）技术在涂装行业也得到了一定的应用，具有很高的使用价值，取得了良好的经济效益。下面就反渗透（RO）技术原理、在涂装行业的应用以及此项技术的发展趋势简述如下，以供参考。

（1）反渗透（RO）技术原理　此项技术是利用半透膜在压力作用下对溶液中水和溶质进行分离的一种方法。当不同含量的溶液被半透膜间隔时，依照自然现象，含量较低的溶液会往含量较高的溶液一侧渗透，例如纯净水往盐水方向渗透就是一个典型的例子。但是如果在盐水一方施加足够大的压力（也即大于渗透压），那么就会产生盐水往纯净水方向渗透的反常现象，这种现象称为反渗透。利用这一技术，可将溶液进行分离，从而实现其在涂装行业中的应用。

（2）反渗透（RO）技术在涂装行业中的应用　在涂装行业中，

反渗透技术一方面可以替代离子交换系统来制备纯净水；另一方面可以对电泳超滤（UF）液进行进一步处理，用作电泳生产线喷淋系统的末级喷淋用的“纯净水”，还可以用于反渗透（RO）系统作为离子交换系统的前处理来制备纯净水，现就以下三个方面问题进行简要介绍。

1）以反渗透（RO）系统替代离子交换系统来制备纯净水：传统的纯净水制备工艺多采用离子交换系统，它是依靠离子交换树脂来脱解水中的盐，使水质达到纯净水标准，但是当树脂达到交换容量时，需要较多的酸、碱进行再生。而反渗透（RO）装置是膜分离过程，在一定的压力下，使原水通过半透膜分离成两部分：一部分透过液即为纯净水，作为涂装生产用；另一部分为浓缩水，可作为一般要求不高的生活用水，例如冷却循环系统用水、冲刷设备用水、冲洗地面和厕所用水等。反渗透（RO）膜的脱盐率可达98%以上，此性能可以在相对较长的时间内保持稳定，清洗频率每年只需约2～3次。在涂装车间，对纯净水的电导率要求一般为小于或等于10 μS/cm，硬度约为50×10^{-6}，只要采用反渗透（RO）系统就可以使产出的纯净水电导率小于或等于10μS/cm，可满足涂装用纯净水的水质要求。采用反渗透（RO）技术制备纯净水，具有设备占地面积小、投资费用少、操作维护方便、安全无污染等优点。

2）对超滤（UF）液进行纯化处理：其处理液可用于末级喷淋，以实现更高的封闭回路清洗工序，即EDRO工艺。在传统的工艺中，超滤（UF）系统的超滤液用于冲洗工件，可达到回收电泳漆的目的，但在清洗工序中最后一级需采用纯净水喷淋，并且经常需要往系统外排放，这一级喷淋用纯净水的使用量是很大的。在超滤（UF）设备后加装反渗透（RO）设备，可对超滤（UF）的透过液进行纯化处理，经纯化后的透过液可用于末级喷淋，这样即可大大减少纯净水的使用量。由于使用了EDRO技术，实现了电泳涂装后冲洗水的闭合循环，既可提高电泳漆的回收率，又可减轻废水处理带来的负担。

3）以反渗透（RO）系统作为离子交换系统的预处理来制备纯净水：这种配置的目的是对进入离子交换系统的水进行预脱盐，在

原水水质较差的地区电导率大于400μS/cm，只要使用反渗透（RO）系统和离子交换设备配合使用，就可以达到所需要纯净水的质量标准，从而减少了树脂再生用药品费用、人工费用及再生造成的废水处理费用。

（3）反渗透（RO）技术的发展趋势　通过上面反渗透（RO）技术在涂装行业上的应用介绍，可以看出反渗透（RO）技术有很广阔发展前景的，尤其是EDRO技术，可以有效地降低电泳后冲洗水的排放，预计将会有更广泛的应用。

6. 机器人喷涂技术

所谓机器人喷涂，就是利用机器人模仿人的动作来完成喷涂作业。下面将机器人喷涂的优点、应用现状及发展趋势简介如下，以供参考。

（1）机器人喷涂的优点

1）喷涂质量稳定　可排除由于操作者的熟练程度、情绪波动、疲劳程度等因素对涂装质量的影响。

2）节省劳动力　由于采用机器人喷涂，可节省手工喷涂所需的劳动力。随着经济的发展，节省劳动力是各生产厂家考虑成本的主要因素。

3）能解决人工喷涂所棘手的问题　可解决如汽车涂装中的厢式车内表面的喷涂、车底涂装等人工难以涂装部位的涂装问题。

4）节省能源　可实现喷涂操作无人化，从而减少喷涂室内的换气风量，节省喷涂室能耗。

（2）机器人喷涂的应用现状及发展趋势　在国外，由机器人替代人的操作已于20世纪70年代试应用，20世纪80年代无人操作的全自动涂装流水线上已推广应用，主要用于货车、厢式车、旅行车内外表面的空气喷涂、静电喷涂。到了20世纪90年代，机器人喷涂已应用到各个行业的涂装生产线上。在汽车涂装方面，利用机器人喷涂车底PVC涂料，由机器人组成的全自动喷涂生产线，此时机器人可以完成自动开启车门、发动机罩、行李箱盖，完成车身内外表面的喷涂工作，以及汽车保险杠、油箱、排气管、车桥等零部件的喷涂工作。在家电涂装方面，利用机器人喷涂电视机、洗衣机、

电冰箱的壳体等。

在国内，汽车涂装领域目前已经有多条汽车车身和零部件涂装生产线已经应用了机器人喷涂技术；家电行业的机器人喷涂技术的应用也逐渐在增加。目前，阻碍机器人喷涂技术推广应用的主要原因是机器人喷涂技术所用设备投资大，日常的维护费用也比较高，同时要求使用者和维修人员要有较高的技术水平。相信在不久的将来，随着我国经济的发展以及工程人员技术水平的不断提高，随着我国机器人研制技术的进步，机器人喷涂技术在我国必将得到更加广泛的应用。

第二节　涂装技术发展新趋势

环境保护已经深入到人类生活的各个方面，对于与环境污染问题密切相关的涂料、涂装工业更是越来越引起人们的关注。我国目前使用的大多数涂料都是有机化学溶剂型涂料，例如在2C1B的涂装场合80%使用的是有机溶剂型涂料，随着生产的进行，这些溶剂几乎全部排放到大气中。同时，生产中还有预处理过程的脱脂后清洗污水、磷化后清洗污水、钝化后清洗污水，电泳后的清洗污水，以及生产线倒槽、清理维护过程中产生的污水，还有生产过程中产生的磷化渣、废漆渣等，以及含有铬、镍、COD、BOD、悬浮物、磷酸盐等污染物。有关文献表明，许多癌症，如皮肤癌的发生率与涂料的使用有着很大关系。另据统计，全球每年因使用有毒化学溶剂型涂料造成环境破坏带来的经济损失达数百亿美元。由此看来，采用新型的环保型涂料已成为涂料行业发展的必然趋势。

一、与涂装相关的环保法规

从20世纪80年代开始，欧美等汽车工业发达的国家就制定了相应的法律法规来限制有毒污染物的排放，随着社会的发展，世界各国对有毒污染物的排放标准也越来越严格。表5-2～表5-5分别为欧洲及我国相关的环保法规。

表 5-2　欧洲对 VOC 排放的要求

（每平米汽车涂装面积的 VOC 排放量）（单位：g/m²）

地域、法规	1985 年	1990 年	1995 年	2000 年	2005 年
欧洲：SMP（溶剂管理规划）： 已有设备的 VOC①排放量 新建设备的 VOC 排放量	 — —	 1994 年 为 45	 1998 年 为 90	 2003 年 为 60	 45 45
德国：（TA · Luft②1986 年） 已有设备的 VOC 排放量 新建设备的 VOC 排放量	 1987 年 为 45	 — —	 45 35	 35 —	 30 30
英国：环保法（1990 年） 已有设备的 VOC 排放量 新建设备的 VOC 排放量	 — —	 — —	 1996 年 为 60	 60 —	 — —

① VOC 为挥发性有机化合物。

② TA · Luft 为排出防止法。

我国至今尚无限制 VOC 排放量的法规，目前我国汽车涂装的 VOC 排放量现状为 100～120g/m²。

表 5-3　我国大气污染物综合排放标准

污染物名称	最高允许排放质量浓度/（mg/m³）	
	1997 年 1 月 1 日前建设	1997 年 1 月 1 日后建设
铬酸雾	0.080	0.070
铅及其化合物	0.9	0.70
镍及其化合物	5.0	4.3
镉及其化合物	1.0	0.85
苯	17	12
甲苯	60	40
二甲苯	90	70

表 5-4　我国第二类污染物最高允许排放标准

污染物名称	最高允许排放质量浓度/（mg/m^3）					
	1997 年 12 月 31 日前建设			1998 年 1 月 1 日后建设		
	一级标准	二级标准	三级标准	一级标准	二级标准	三级标准
pH	6～9	6～9	6～9	6～9	6～9	6～9
色度（稀释倍数）	50	80	—	50	80	—
悬浮物（SS）	70	200	400	70	150	400
五日生化需氧量（BOD）	30	60	300	20	30	300
化学需氧量（COD）	100	150	500	100	150	500
石油类	10	10	30	5	10	20
硫化物	1.0	1.0	2.0	1.0	1.0	1.0
磷酸盐（以 P 计）	0.5	1.0	—	0.5	1.0	—

表 5-5　我国第一类污染物最高允许排放标准

污染物名称	最高允许排放质量浓度/（mg/L）
总汞	0.05
总镉	0.1
总铬	1.5
六价铬	0.5
总铅	1.0
总镍	1.0

二、环保型涂料的种类

目前环保型涂料大致可分为以下几种：水性涂料、粉末涂料、高固体分涂料（或称无溶剂涂料）和辐射固化涂料等。

1. 水性涂料

水有别于绝大多数有机溶剂的特点在于其无毒、无臭和不燃，将水引进到涂料中，不仅可以降低涂料的成本和施工中由于有机溶剂存在而导致的火灾，也大大降低了 VOC。因此水性涂料从其开始出现起就得到了长足的进步和发展。中国环境标志认证委员会颁布

了《水性涂料环境标志产品技术要求》，其中规定：产品中的挥发性有机物质量浓度应小于250g/L；产品生产过程中，不得人为添加含有重金属的化合物，重金属总含量应小于500mg/kg（以铅计）；产品生产过程中不得人为添加甲醛和聚合物，其质量浓度应小于500mg/kg。

目前，汽车用水性涂料主要有阴极电泳漆、水性中涂漆及水性面漆，具有无重金属、少二氧化碳、质轻、节能等特点。

2. 粉末涂料

粉末涂料是质量分数为100%固体含量的涂料，具有一次成膜厚度大、少污染、环境污染小等特点，主要用于门窗、围墙、电杆、护栏以及建筑用管材的涂装等。

3. 高固体分涂料

高固体分涂料即固体分含量特别高的溶剂型涂料，在涂装时溶剂的排放量大大减少，已成为涂料发展的重要方向。目前，国外高固体分涂料的研究开发重点是低温或常温固化型和官能团反应型快固化且耐酸碱、耐擦伤性好的高固体分涂料。

4. 辐射固化涂料

辐射固化涂料在光照下几乎所有成分都参与交联聚合并进入到膜层成为交联网状结构的一部分，可视为质量分数为100%固体分的涂料。辐射固化涂料具有固化速度快、生产效率高、少污染、节能、固化产物性能优异等特点，是一种环境污染小的绿色涂料。

三、环保型涂料的发展方向

轿车和面包车用的中涂漆主要有聚酯型和氨基聚酯型，今后的发展方向是抗石击和耐寒性优良的聚氨酯中涂漆、水性中涂漆及粉末中涂漆。汽车面漆应开发耐划伤、耐酸雨面漆以及水性、高固体分、粉末等环保型涂料品种。PVC防石击涂料还需向低温烘烤方向努力。

在汽车涂装方面，要发展适合中涂漆/面漆湿碰湿工艺、中涂底漆/中涂漆湿碰湿工艺的涂料、对施工环境温度要求范围宽的水性涂料、低温固化涂料和高固体分涂料等。

国外涂料行业特别重视涂料施工技术的发展，尤其是对于在线涂料涂装（OEM）施工的研究，其投入经费远远超过涂料产品本身的研究经费投入。在进行涂料开发研究的同时，国外非常重视有关法律和环境保护法规。例如，严格限制涂料产品中挥发性有机化合物的法规，推动了环境适应型的水性涂料、高固体含量涂料和粉末涂料的发展。限制铅、铬等重金属颜料在涂料中的应用，促进了低毒性颜料的开发。限制、禁止使用有机锡防污剂的法规，促进了开发不含锡、低毒、长效防污涂料。激烈的军备竞赛，刺激了隐形涂料等高性能专用涂料的发展。

世界涂料工业正朝着高装饰、高保护、低毒害、低污染、高效、节能的方向发展，继续开发技术性能、使用性能和施工性能更好的涂料新品种，以适应社会经济发展的需求。例如，装饰性、鲜映性要求很高的轿车面漆；耐腐蚀性极优，具有10年以上保护性的重防腐蚀涂料；耐候性、耐久性达15年的氟碳树脂涂料；电子产业、高新技术要求配套的各种涂料；塑料及橡胶制品涂料；各种功能性涂料等。低污染涂料主要指环境适应型涂料，如低污染节能的水性涂料、粉末涂料、高固体分涂料和辐射固化涂料。目前，国外水性涂料已占涂料总量的12%，随着溶剂型涂料份额的逐步减小，水性涂料的市场份额不久将占50%左右。为适应世界涂料的发展方向，需要对树脂进行改性，推出水性树脂、氟碳树脂、硅树脂及其改性树脂、高固体分树脂、超细填料、各种低毒的防腐蚀、高装饰性、耐候性颜料，以及水性涂料专用设备等。

汽车涂料助剂对改进涂料生产工艺，改善产品性能，提高涂料施工性能，减少对环境的污染，开发涂料新品种，赋予涂料特殊功能等方面具有重要意义，涂料助剂的应用水平已成为涂料生产技术水平的标志之一。

涂料助剂由于其功能各异而品种繁多，据不完全统计，其种数高达几千种之多。目前，涂料助剂按功能划分，其应用范围相当宽，无论是建筑涂料、工业涂料，还是功能性涂料，都广泛而大量地使用各种具有不同功能的助剂，以达到预期的性能要求。目前，使用较多的主要涂料助剂有：催干剂、抗结皮剂、乳化剂、润湿分散剂、

消泡剂、流平剂、防缩孔剂、增滑剂、光引发剂、紫外线吸收剂、抗氧化剂、防污剂、防霉剂、杀菌剂、消光剂、偶联剂、助成膜剂、增稠剂、引发剂、阻聚剂、防沉剂、流变剂、pH 值调节剂、催化剂、抗静电剂、导电剂和附着力促进剂等。

20 世纪 80 年代初期，我国涂料工业开始进入较广泛地使用助剂的阶段，其主要品种有：催干剂、乳化剂、船底防污剂、抗结皮剂和催化剂。利用我国丰富的稀土资源开发成功了稀土催干剂，可部分代替环烷酸钴。水性和溶剂型颜料分散剂聚羧酸盐、聚丙烯酸盐和磷酸酯盐等得到了广泛应用，使乳胶漆色浆的制造技术得到了很快的提高。以醚酯类化合物和有机磷酸盐为基料的消泡剂在乳胶漆中也大量使用，其性能达到了国外同类产品的水平。另外，在防霉杀菌剂、流平剂、偶联剂、防污剂、消光剂、助膜剂等方面也都有应用，使各种家具的涂装装饰水平有了一定的提高。

20 世纪 80 年代末至 90 年代初，一大批生产涂料助剂的跨国公司纷纷进入中国市场，如 Byk、Henkel、EFKa、Tego、Ciba-Geigy、Angus、Degussa、Grace、Rhom&Hass、Tioy、Deuchemine、ICI、Monsato、Eastman、Kusumoto、PCI、Bayer 等公司先后在国内设立办事处，扩大了对助剂品种选择的余地，助剂的应用推动了涂料生产和涂装技术的进步。目前，进口的流平剂、高分子分散剂、消泡剂、消光剂和流动控制剂，已大量在汽车涂料、家具涂料、卷材涂料等高档涂装中使用。

四、入世后我国涂料工业的发展情况

2000 年，我国涂料总产量达到 200 万 t，位居世界第三位，而按人均涂料消耗量为 1.5kg 计，与发达国家的人均涂料消耗量 15kg 计仍有巨大的市场潜力。入世后，我国涂料工业面临更严峻的国际化挑战，我国当前面临的重要课题是实现涂料的低污染化，国家正在制订和实施建筑室内装饰装修材料限量标准，这是一个强制性的国家标准，已于 2002 年初发布实施，其中的建筑内墙涂料和木器涂料两大类是近年来发展最快、用量最大的两种涂料，必将影响到相关涂料企业的产品结构和市场销售。

1. 我国涂料工业问题与挑战并存

从全国范围看，我国涂料工业的发展还不很平衡，一是广东、上海、北京、江苏、河北5个省市的涂料产量占到全国总产量的76%，而其他地区，特别是西部地区的涂料发展比较慢。二是生产企业多，规模小，经济效益差，改革开放以来乡镇企业发展较快，各地中小型涂料生产企业蜂拥而上，据统计全国涂料生产企业已达8000多家，其中相当部分企业盲目追求大而全、小而全，没有形成自己的拳头产品，导致企业经济效益差，行业整体技术水平低。企业无法进行扩大再生产和技术改造，很难与相关工业同步发展。入世后，面对国外大公司的挑战势必会有一大批小企业被淘汰。

从整体上看，我国涂料工业的基础研究比较落后，具有竞争力的产品不多。此外，由于信息不灵，市场调研不力等，我国涂料工业一度出现了无序发展、重复引进、重复建设的问题。国外对涂料用树脂的研究非常重视，而我国涂料工业基础研究力量弱，往往只局限于配方的研究，对科研开发投入较少，仅占产品销售额的1.2%（国外一般为5%～10%）。我国涂料工业还存在着只重视生产环节而忽视施工应用研究的不良倾向，产品售后技术服务也比较薄弱。我国涂料产品标准缺乏统一有效的监督管理手段，造成假冒伪劣产品一哄而起，扰乱了国家涂料市场。我国不太重视专利及国际贸易，这使得研发人员对行业内极具市场竞争力的新技术研究滞后于国外，企业科技创新难度增大，致使发展战略处于被动。与国外相比，国外的环保型专用涂料品种多、档次高、价格贵，而我国环保型专用涂料品种少、档次低且良莠不齐。

我国涂料企业的人才流失也比较严重，加之我国涂料企业原有的机制不合理、体制不健全，使得一些大的国有涂料企业留不住人才，而被外资、合资企业“挖走”。此外，我国原有的人才大多缺乏国际贸易知识和外语交流能力，不能满足国际交流的需要，这也给我国企业与国际接轨带来了困难。要解决这些问题，必须加快原有企业的机制改革步伐，加强人才管理力度，努力培养适应时代发展的新型人才。

2. 我国涂料工业面对问题形势乐观

我国涂料工业虽然存在着许多的问题，但我国涂料市场开放比较早，入世前，国内涂料工业已初具国际竞争力，市场前景看好。

我国的涂料市场已初步呈现国际化形态，世界排名前10名的涂料制造商及国外主要涂料厂商均以其产品、技术或其他方式进入中国市场，以独资、合资形式在中国办厂的外资企业已有数百家之多。同时，世界绝大多数涂料用的主要原材料、颜料、树脂、色浆、设备、仪器生产厂商及贸易公司也都以不同的方式进入中国市场，目前进口涂料只占市场总量的10%左右，外资、合资厂商在国内市场的销售份额比例也不是很高。

外资、外商的进入，既对国内涂料工业带来冲击，也激励了国内涂料工业的发展，促进了国内企业品牌意识的觉醒，质量、营销理念的更新，专业化生产格局的变化带动了我国涂料产品结构的调整以及产品质量的提高。在竞争中，国内已经形成了长江三角洲、珠江三角洲、北京周边地区三个涂料生产基地。新兴的民营企业以灵活的经营方式、各具特色的拳头产品和地区经济优势，形成了一批颇具规模的企业，并逐步确定了自己稳固的市场地位，国企、民企、三资企业已成“三足鼎立”之势。

市场潜力巨大，建筑涂料需求猛增，2005年中国对涂料的需求量达到255万t，预计到2015年将达到400万t。其中，工业涂料约占35%~40%，特种涂料约占10%~15%，而建筑涂料则将占到45%~50%。

3. 我国涂料工业发展将走向国际化

目前国际涂料工业的发展方向为：一是企业向专业化、集团化、规模化方向发展；二是产品向高科技含量、高质量、多功能方向发展；三是品种向环保型方向发展；四是市场向全球化方向发展。根据这个大趋势，入世后，中国涂料工业将有一些不适应之处，其主要反映在：产业布局、产品结构不合理；规模和技术方面差距较大；产业至今基本以国内市场为主，产品缺乏国际竞争力。另外，由于水性涂料长途运输极不经济，国内原料、劳动力的低成本，预计入世后外商在国内建厂将出现新一轮高潮，国内企业原有的原材料和

劳动力优势将大大削弱。为此，我国涂料工业今后应重点做好以下几方面的工作：

1）通过体制改革和资产重组，推动大型涂料集团的组建，逐步形成与汽车、船舶、建筑、家具、机械等行业相配套的专用涂料基地。

2）加大产品研制开发力度，进一步调整产品结构。目前在国际涂料界，高、中档的环保型涂料和水性涂料、功能性涂料已成为发展的主流。而我国仍以溶剂型涂料为主，通用涂料占涂料产量的绝对比例大，高性能专用涂料不但品种少，质量也与国外先进产品有很大差距。为此，我国涂料工业必须加大产品和技术开发力度，尽快赶上或达到世界先进水平。

3）健全法制，规范市场。目前有关涂料行业的国家现行管理制度不够完善，标准不统一；另外，“绿色”、“环保”等标准没有明确的界定与经认定授予的标志。涂料的市场营销还需改变传统模式，建立起以产品、技术、原材料相结合，集商贸、服务、交流、培训为一体以及开展网上商务的新模式，以适应国际竞争的需要。

4. “绿色”涂料的定义及其发展趋势

由于传统涂料对环境与人体健康有影响，所以现在人们都在想办法开发“绿色”涂料。所谓“绿色”涂料是指节能、低污染的水性涂料、粉末涂料、高固体含量涂料（或称为无溶剂涂料）和辐射固化涂料等。20 世纪 70 年代以前，几乎所有涂料都是溶剂型的。20 世纪 70 年代以来，由于溶剂的昂贵价格和降低 VOC 排放量的要求日益严格，越来越多的含有低有机溶剂和不含有机溶剂的涂料得到了大发展，现在使用“绿色”涂料越来越多。下面几种新涂料是目前开发较好的涂料：

（1）高固体含量溶剂型涂料　高固体含量溶剂型涂料是为了适应日益严格的环境保护要求从普通溶剂型涂料基础上发展起来的。其主要特点是在可利用原有的生产方法、涂料工艺的前提下，降低有机溶剂用量，从而提高固体组分。这类涂料是 20 世纪 80 年代初以来以美国为中心开发的。通常的低固体分溶剂型涂料的固体分质量分数为 30% ~50%，而高固体分溶剂型（HSSC）涂料要求固体分

质量分数为65%~85%，从而满足日益严格的VOC限制。在配方过程中，利用一些不在VOC之列的溶剂作为稀释剂是一种对严格的VOC限制的变通方法，如丙酮等。很少量的丙酮即能显著地降低涂料粘度。但由于丙酮挥发太快，会造成潜在的火灾和爆炸的危险，需要加以严格控制。

（2）粉尘涂料　粉尘涂料是国内比较先进的涂料。粉尘涂料理论上是绝对的零VOC涂料，具有其独特的优点，也许是将来完全摒弃VOC后，粉尘涂料将是涂料发展的最主要方向之一。但其在应用上的限制需更为广泛而深入的研究，例如其制造工艺相对复杂，涂料制造成本高，粉尘涂料的烘烤温度较一般涂料高很多，难以得到薄的涂膜，涂料配色性能差，不规则被涂物的涂膜均匀涂布性较差等，这些都需要进一步改善，是今后的发展方向之一。

（3）液体无溶剂涂料　不含有机溶剂的液体无溶剂涂料有双液型、能量束固化型等。液体无溶剂涂料的最新发展动向是开发单液型，而且可采用普通刷漆、喷漆工艺施工的液体无溶剂涂料。

综上所述可见，涂料的研究和发展方向越来越明确，就是寻求VOC不断降低直至为零的涂料，其使用范围要尽可能宽，使用性能优越，设备投资额度适当等。因而水性涂料、粉末涂料、无溶剂涂料等可能成为将来涂料发展的主要方向。

复习思考题

1. 国内新型涂料的生产现状如何？
2. 国外新型涂料的生产现状如何？
3. 国内外新型涂料生产的前景如何？
4. 概述国内外涂装设备及涂装工具的现状及发展情况。
5. 国内外涂装新技术、新工艺有哪些？
6. 简述阴极电泳涂装原理。
7. 简述阴极电泳涂装特点。
8. 试述阴极电泳涂装的工艺管理要点。
9. 国内阴极电泳涂装的发展前景如何？
10. 简述静电喷涂的工作原理。

11. 影响高速旋杯静电涂装效果的主要因素有哪些？简述这些因素对涂膜的影响。

12. 简述静电粉末涂装的工作原理及优点。

13. 试述静电粉末涂装的工艺管理要点。这些要点对涂膜质量有哪些影响？

14. 简述高红外快速固化技术的工作原理和优点。

15. 简述高红外快速固化技术的应用现状和发展动态。

16. 简述反渗透（RO）技术在涂装领域的应用状况。

17. 反渗透（RO）技术在涂装领域的发展前景如何？

18. 简述机器人喷涂技术的优点。

19. 简述机器人喷涂技术在国内外的应用现状及发展动态。

20. 简述环保型涂料的重要性。

21. 简述环保型涂料的发展方向。

第六章

涂装环境污染与防治方法*

培训学习目标 掌握涂装过程中三废（废水、废气、废渣）以及噪声的产生原因及其防治方法。

第一节 涂装三废的产生及危害

现代的涂料技术虽然已摆脱了植物油和天然树脂为原料，而代之以高分子合成树脂、合成油、改性油、有机或无机化工颜料、有机溶剂等混炼而成的涂料，但这些涂料中的毒性却未见有太多的减少。人们在运用先进的科学技术来改善涂料及涂装技术对环境的污染和对生产者的危害方面，近几十年来已经取得了一定的成果，例如一大批低污染涂料品种的置换型涂料、高固体分涂料、原浆涂料、非水分散型涂料、水乳胶涂料、水溶性涂料、粉末涂料、辐射固化涂料和塑料涂料等，以及随着涂料生产技术和应用工艺而发展起来的高压无气喷涂法及其设备、阴极电泳涂装法及其设备、静电喷涂法及其设备、粉末涂装法及其设备等多种新技术。上述新型涂料及设备的推广应用，可从各个方面提高涂装效率、降低涂料消耗、节约能耗、减轻环境污染和对操作者健康的危害。但是，由于目前使用的涂料仍然以有机溶剂型涂料为主，在涂料的生产和使用中过程产生的三废（废水、废气、废渣），对自然环境和操作者所产生的影响依然严峻。

一、涂装三废的产生根源

应了解涂装三废的产生根源。

涂装生产中的三废产生根源：有涂装前工件表面脱脂、除锈、磷化、钝化等化学处理和电泳涂装所产生的废水；有机溶剂型涂料施工时产生的含漆废水和含溶剂废气；有涂膜烘干过程中产生的溶剂蒸气及其燃烧时所产生的废气等。

1. 涂装过程中产生的废水

(1) 涂装前表面预处理产生的废水　为了保证涂装质量，被涂物表面的污物、油渍、锈蚀物及其他不利于涂装的有害杂质必须在涂装前清理掉。为了提高涂膜的防腐性能，还要对被涂物进行磷化、钝化和阳极氧化处理等等。被涂物经过上述处理后表面会附着少量处理液，需要用充足的水流冲洗。而化学处理液绝大多数含有有害的化学物质，在浸泡和冲洗过程中，含有有害化学物质和重金属离子的工业废水就产生了。例如，配制的碱性溶液，被涂物表面调整剂，表面活性剂，煤油、汽油和冲压油的脱脂清洗溶液，酸洗除锈溶液，锌系、锰系和钙系磷化处理溶液，高价铬离子钝化处理溶液等，都需要定期更换和清理，因而都会产生性质不同的工业废水。

(2) 涂装生产中产生的废水　涂装生产中的废水有来自水溶性涂料的涂装废水，也有溶剂型涂料施工时的清洗废水。例如，在电泳涂装时，被涂物需要使用大量的水冲洗，才能除掉附着在被涂物上的沉渣、浮沫和电泳漆。高档水溶性面漆的剩余物，废弃物的水中含有酸、碱、有机溶剂、金属盐类、有机树脂、颜料、化学填料等有害化学离子。有机溶剂型涂料在施工过程中，为了减少空气污染，也将有废弃的涂料、施工时的漆雾、溶剂雾等排放物夹带到废水中。

2. 涂装过程中产生的废气

(1) 涂装生产中产生的废气　在涂装生产过程中，使用的涂料种类不同，相应使用的溶剂种类也不同，涂料和稀释剂的利用率和消耗量也不同，它们所造成的危害也大不相同。例如，在喷涂硝基类涂料、过氯乙烯类涂料、铝粉或珠光底层涂料及其他一些合成膜

固体分较低的溶剂型涂料时，都有大量有机溶剂挥发到空中产生危害。另外，涂装方法也对挥发溶剂量有着直接影响。例如，空气喷涂、无气压力型喷涂，是有机溶剂挥发快的方法；浸涂、流涂、刷涂其次；静电喷涂方法污染较小，而粉末喷涂无环境污染影响。通过安装良好的通风设备，可减少操作环境中溶剂蒸气的含量。也可在喷涂室安装水帘或水旋式排气系统等许多行之有效的措施来减轻环境污染。但是，由于有机溶剂和过喷漆雾的回收处理效果或效率欠佳等原因，仍会有大量的有机溶剂蒸气和飞散漆雾污染环境，损害操作者健康。虽然国家已经对各种涂料、施工环境和施工方法规定了有机溶剂挥发物排放限制标准，但由于涂装产品的情况不一，涂装方法不同，设备工具以及涂装操作者水平、涂装环境不同和环保措施不力等，仍将会造成严重的环境污染与危害。此外，在涂装干燥过程中，由于使用的涂料不同，干燥要求与设备不同，干燥时挥发出来的废气也不同。以上所述的挥发性有机溶剂主要有：苯、甲苯、二甲苯、酯、酮、醇类及少量的醛类和胺类等污染环境、危害健康的有毒有害气体。

（2）涂装前预处理产生的废气　涂装前预处理液需要在一定温度下才能较好地完成对被涂物的脱脂、除锈及磷化等工作。高、中、低温度下处理反应和作用中，也会有废气排出或处理液蒸气排出，同样会污染环境，危害健康。

3. 涂装过程中产生的废渣

涂装生产过程中产生的废渣主要有：涂装前表面预处理反应过程中生成的沉淀物；被涂物表面上形成各种沉积膜时产生的沉淀物；不同涂装方法的过喷涂料飞落在喷涂室壁、通风排尘设备、输送涂料的容器、管道内壁等处，待有机溶剂挥发后所形成的沉积废渣；电泳涂装槽液经长期泳涂后形成的沉淀物；水帘、水幕、水旋式、浸涂等涂装过程中处理回收废水中的沉积废渣等。涂装前表面预处理废渣中含有大量的多种金属盐类和重金属离子，如硫酸亚铁，磷酸盐，锌、锰、镍离子及其化合物，氢化物，铬、镉、铅及其化合物等。涂装过程中的涂料废渣，则主要含有有机树脂、颜料、填料和有机溶剂等化学污染物。

4. 涂装过程中产生的粉尘

涂装生产过程中的粉尘，由于粉末涂装的出现和广泛应用而显得突出起来。粉末涂装以粉末硫化床、粉末静电流化床、粉末振荡流化床等涂装方法的粉尘较少，但粉末装入流化床时或更换不同颜色的粉末过程中的清理、装入以及补加新粉末和清扫回收时都会有粉末产生。粉末涂装中尤其是粉末静电涂装法产生的粉末最多。尽管采用了粉末静电吸附等先进的涂装方法和良好的引风回收装置，使粉末很少外溢于喷粉室和回收装置外面，但由于国内粉末涂装只有10多年的历史，粉末涂料的性能和质量、粉末静电成套设备性能结构还有一些技术上的不足之处，涂装工艺操作水平有待进一步提高等，因此，少量的粉尘飞散尚难避免。例如，由于粉末静电喷涂法使用的粉末粒度不均匀，粉末在静电喷粉室内雾化、带电、吸附结构不好等原因，致使粒度粗的粉末进入喷粉室底面。由于喷粉室开口、回收引风机入口、引风量、引风气流在喷粉室内的气流不是从被涂物四周通过等，造成喷粉过程中粉末回收情况不好，落入喷粉室和室壁上的粉末较多，从开口处外溢的粉末也较多。此外，由于粉末回收量大和过筛量大，则产生的粉尘也较多。其他的粉尘来源则是中间涂层的打磨和打磨腻子造成的粉尘飞散，以及溶剂型涂料涂装时的漆雾飞散等。

二、涂装三废的危害

应了解涂装三废的危害。

涂装生产过程中产生的三废如上所述，若不对其采取有效地全面地妥善治理，对环境污染和对操作者的危害是很严重的，甚至会大大超过国家制定的GB 11719～11726—1989《工业企业设计卫生标准》和GB/T 8978—1996《污水综合排放标准》。现将涂装过程中产生的三废来源和危害分别叙述如下：

1. 涂装废水来源和危害

涂装生产过程中的大量废水主要来自涂装前表面预处理过程中的脱脂、除锈、磷化、钝化和阳极氧化等冲洗废水和涂料涂装前的再处理，例如电泳涂装前后对泳涂件的冲洗等所产生的大量废水，其危害如下：

（1）脱脂废水的来源和危害　脱脂采用碱液、汽油、煤油和三氯乙烯等有机溶剂以及正在大力推广使用的表面活性剂及金属洗涤液等。用氢氧化钠、碳酸钠和磷酸钠（三钠）配制的碱液脱脂剂少量存在于表面活性剂中，脱脂后的冲洗废水中含有的这些碱性物质，它能与水起反应，具有很强的腐蚀性，危害水源和生物。由于用水配制金属洗涤剂的表面活性剂性质很复杂，大多数是非离子表面活性剂，同汽油、煤油一样属于石油类（烃类和烷类）产品，表面活性剂属低毒处理液。油类中含有大量有害化学物质和金属铝、三氯乙烯时，则毒性很大。煤油基本上无腐蚀作用。有这些物质的超标废水是有害的。

（2）酸洗废水的来源和危害　涂装前被涂物表面除锈，通常使用硫酸、硝酸、盐酸（三酸）为主配制而成的酸洗液，清除锈蚀物和氧化皮的能力很强，但腐蚀金属也很厉害。工业上称“三酸”为强酸，具有一定毒性和强腐蚀性。磷酸为弱酸，只有磷酸二氢盐和磷酸盐中钾、钠和铵盐溶于水，所含有的其他盐类不溶于水。而溶于水的无污染，不溶于水的稍有污染，为生物所不吸收。以“三酸”为主配制的强酸稀释溶液，可加入缓蚀剂或再加入乳化剂等进行除锈。除锈处理后的大量冲洗废水都含有有毒物质，pH 值呈强酸性，对水质和生物危害极大，必须进行有效的中和处理后才可排放。磷酸无毒，但一般都不单独作为除锈剂，因其价格太贵且除锈能力弱，而是与其他一些氮化物、缓蚀剂、综合剂等组成综合处理剂，称为低毒处理剂，是发展的方向。

（3）磷化处理废水的来源和危害　磷化处理液有磷酸锌系、铁系、锌钙系、锰系、镍系等磷化处理液，其组成成分复杂，有以磷酸为主的；还有以硝酸、铬酸、丹宁酸、柠檬酸等和大量化合物及络合物等形成的金属盐类。磷化处理液通常以补加掺合剂进行调整处理而不轻意排放，因为处理液中含有毒性化合物和金属盐、重金属离子等。对磷化处理后表面进行冲洗从而产生废水。废水中含有悬浮物、已烷提出物等以及含铁、锌离子等金属物质，磷化废水的 pH 值较高，必须妥善处理后才可排放。

（4）钝化废水和阳极氧化废水的来源和危害　为提高金属防腐

性、防锈性和涂膜在产品表面上的附着力，需进行表面钝化和阳极氧化处理。其处理液的组成成分化学性质很复杂，主要是重铬酸盐类。处理后的大量废水中含有悬浮物、已烷及金属离子，如六价铬等许多有害化学物质和金属离子。钝化和阳极氧化产生的废水污染最厉害，处理也很复杂，应尽量不采用为好。

（5）涂料涂装中废水的来源和危害　涂装过程中的废水，主要来自涂装前表面预处理的冲洗废水。废水中含有预处理液中的所有的化学物质和有害金属盐、重金属离子以及各种油类制剂等。涂装后冲洗废水（如电泳后冲洗水）中含有颜料、合成树脂、金属物及有机溶剂（甲苯、二甲苯、酯、酮、酸类等）。涂装生产中的电泳涂装应用很广，电泳涂装的冲洗废水量很大。例如一个大型企业电泳涂装生产线冲洗废水量每天可达1000t以上，可见废水量之大和可能造成的危害之严重。又如水源中含油量在0.01mg/L以上，鱼类就会死亡。现代涂装生产中对电泳涂装废水处理均应给予高度重视。

2. 涂装废气来源及危害

涂装过程中的废气主要是涂装前表面预处理工序和涂装过程中产生的，其危害性分述如下：

（1）涂装前表面预处理废气的来源和危害　涂装前表面预处理中的化学药剂法脱脂、除锈、磷化、钝化和阳极氧化以及阳极电泳等所有处理条件，大多是在高温或中温下进行，较少在低温下进行，金属表面附着的油类、锈蚀物、氧化物等都会在处理过程中与处理液在一定温度下进行反应，释放出挥发性气体，如各种酸气、氢气、少量氯气，以及有机溶剂的挥发物，如汽油、三氯乙烯、甲酸、乙酸等腐蚀性气体和有害于健康的气体，其危害将严重腐蚀各种处理设备和工具，当它们被排放到大气中，又会与大气中有害气体混合产生更大的毒性，例如废气被操作者吸入体内，将造成气管、肺部等呼吸器官的功能性疾病。因此，对于废气必须经过有效处理后才可排放；同时操作者也应加强个人防护措施，才能有效减少危害。

（2）涂装生产过程中废气的来源和危害　在涂装生产过程中会产生大量的废气。在各种涂装方法中，以手工喷涂产生的废气最为严重。例如在喷涂时，会有大量的过喷漆雾和大量的有机溶剂气体。

在涂膜（层）干燥过程中会挥发出大量的溶剂气体。这些废气将挥发到涂装操作现场、周围空气中或经过喷涂室附设的通风装置排出室外。在一些需要烘干才能完全干燥的涂膜，在烘干时，也会排出大量有机溶剂及助剂气体。这些有机物的毒性都很大，例如甲苯、二甲苯、酯、酮、醇类等混合溶剂，被吸入人体内，将危害人的呼吸器官、神经系统和造血系统。涂装操作者常见的白血球数量低、血压低等就与吸入有机溶剂有关。如果有机溶剂气体不经处理排入大气，对环境的污染程度也是相当严重的。涂装生产过程中的大量漆雾微粒是湿性粉尘，它包括涂料的全部组成，如颜料树脂、各种辅助材料和有机溶剂等。其中的一些有机物和少量无机颜料是有毒的，个别的则有剧毒，例如铬黄等。毒性主要来自铅，还有涂料中含有金属原料（固化剂、催化剂）和树脂（高分子合成物）等，这些化学物质进入人体，会危害呼吸道、肺、胃及其他器官，严重时将导致铅中毒。上述有机溶剂和涂料微粒还可损害皮肤，使皮肤脂肪溶解出现干裂、发炎及其他皮肤病，并可通过皮肤侵入体内造成危害。操作者在涂装过程中有时会出现恶心、头昏、昏迷、疲劳等症状，就是中毒的现场表现。长时间接触涂料还会有脱发的症状。对人的危害是如此，对大气、生物和环境的污染更是严重。因此，必须予以充分重视，采取有效的保护措施。

3. 涂装废渣来源和危害

在涂装生产过程中，废渣主要来自化学法预处理溶液的反应物、沉淀物；浸、流、辊、电泳等涂装方法的涂料溶液的沉淀物；废水处理后的废渣和涂装设备上沾附的涂料干燥后形成的废渣；在粉末涂装过程中过喷和外溢的喷粉，设备不良及人为浪费的粉尘等。涂料废渣中含有各种有机、无机和两者混制的颜料、树脂胶体物、各种金属盐类、少量油剂、少量有机溶剂及重金属离子等污染物。上述废渣如不经处理就倒掉，则会严重危害土壤和水源。例如，含有毒性和腐蚀性的废渣，对植物会造成不开花、不结果实、中毒死亡等危害。涂装过程中的漆雾飞散微粒、打磨腻子和涂层的粉尘，都含有涂料组分的所有毒性成分。被吸入人体内，将对呼吸道、肺、胃等器官产生危害，使人患气管炎、砂肺等疾病。若排入大气，将污染环境和水源。因此，对于废渣必须实行回收处理，操作者应加强自身防护。

第二节　涂装三废的治理

一、涂装三废排放标准简介

在 GB 8978—1996《污水综合排放标准》及其他有关标准中，对三废物质排放浓度都有明文规定，见表 6-1 ~ 表 6-4。

表 6-1　第一类工业废水排放标准

序　　号	有害物质名称	最高容许排放浓度/（mg/L）
1	汞及其无机化合物	0.05（按汞计）
2	镉及其无机化合物	0.1（按镉计）
3	六价铬化合物	0.5（按六价铬计）
4	砷及其无机化合物	0.5（按砷计）
5	铅及其无机化合物	1.0（按铅计）

表 6-2　第二类工业废水排放标准（一级标准）

序　　号	有害物质或项目名称	最高容许排放浓度/（mg/L）
1	酸碱值	6 ~ 9
2	悬浮物（水力排灰、洗煤水、水力冲渣、尾矿水）	500
3	生化需氧量（5 天 20℃）	30
4	化学耗氧量（重铬酸碱法）	100
5	硫化物	1
6	挥发性酚	0.5
7	氰化物（以游离氰根计）	0.5
8	有机酸	0.5
9	石油类	10
10	铜及其化合物	0.5
11	锌及其化合物	2
12	氟的无机化合物	10
13	硝基苯	2
14	苯胺类	1

表 6-3　车间空气中有害物质排放标准

序号	物质名称	最高容许浓度/（mg/m^3）	序号	物质名称	最高容许浓度/（mg/m^3）
1	二甲苯	100	9	三氯乙烯	30
2	丙酮	400	10	溶剂汽油	300
3	丙烯醛	0.3	11	醋酸乙酯	300
4	甲苯	100	12	甲醇	50
5	苯（皮）	40	13	丙醇	200
6	松节油	300	14	丁醇	200
7	氯化氢及盐酸	15	15	戊醇	100
8	二氯乙烷	20	16	醋酸丁酯	300

表 6-4　有害工业废物的检验标准

序　号	有害物质名称	根据溶解析出试验而制定的浓度标准
1	烷基水银化合物	不允许检出
2	水银及其化合物	不能检出水银
3	镉及其化合物	每升检液镉在 0.3mg 以下
4	铅及其化合物	每升检液铅在 3mg 以下
5	有机磷化合物	每升检液有机磷化合物在 1mg 以下
6	砷及其化合物	每升检液砷在 1.5mg 以下
7	六价铬化合物	每升检液 Cr^{6+} 在 1.5mg 以下
8	氰化物	每升检液氰化物在 1mg 以下

二、涂装生产的发展与涂装三废治理的关系

我国的工业产品涂装，在国内涂装领域占有很大的比重，需要进行涂装的产品成千上万，品种繁多，分别有各种各样的保护、装饰、标志和特殊要求，产品涂装质量对其在国际、国内市场上与国外的同类产品进行激烈的竞争有重要的作用。

涂装现已被国内的各行各业所重视。涂装产品的现状，已从六七十年代以手工刷涂和喷涂为主的涂装方法，发展到大力推广高压

无气喷涂、电泳涂装、静电喷涂和粉末涂装等多种涂装方法的新格局。在现代先进的涂装方法中，微机程序控制、闭路电视监控等手段相继采用，以保证自动涂装和机器人涂装的质量稳定。新型的高环保、高装饰性、低毒、低污染的涂料和助剂，与半机械化、机械化、自动化的流水生产线的浸涂、流涂、辊涂，以及光固化、辐射固化、热固化等涂装方法相配套，构成了现代涂装向着高质、高效、低耗、节能、环保和低劳动强度的新涂装体系。

近年来，造成环境污染严重的空气喷涂方法，已从占据我国涂装技术较大的比重下降了下来，但是从国内经济情况、人员技术水平、技术实力和涂料生产工艺水平及涂装设备现状等实际情况看，手工空气喷涂仍在一段时间内难以消除，溶剂型涂料目前还占有很大的比例。但是，国内的低污染的非水分散型涂料、高固体分涂料、水乳胶涂料、增溶性涂料、阴极及阳极电泳涂料的生产量将会不断增多。

此外，通过把手工喷枪、喷枪辅具、喷涂室等进行改造而代之以手工静电喷枪、高速旋杯式静电自动喷涂和机器人喷涂等高机械化、自动化的生产线，以及环保设施的广泛采用，再加上一批新型涂料、新的环保设备正在不断被引进、开发并迅速扩大应用和完善，以及一批新型涂装设备正在不断地研制和投入批量生产，普通空气喷涂方法所造成的环境污染定会日益减少。总之，我国的涂料生产和涂装技术将会逐步接近国外发达国家先进水平，发展前景还是令人乐观的。

三、涂装三废的治理方法

应熟悉和掌握涂装三废的治理方法。

随着涂装技术的发展，涂装污染的治理方法也在不断成熟，现将其中几种简要介绍如下。

1. 涂装废水治理

涂装废水治理可分为涂装前表面预处理废水治理和涂装生产中废水治理两大类。

（1）涂装前表面预处理废水的治理　涂装前表面预处理废水有：采用碱液脱脂后的含碱废水；酸洗法除锈后的含有硫酸、盐酸、硝酸、磷酸、氢氟酸等废水；磷化处理后的含悬浮物废水，BOD（生化需氧量）、COD（化学耗量）、己烷提取物以及铁、锌等金属盐废水；钝化、阳极氧化处理后的含重铬酸盐废水；含铬废水；含油、表面活性剂、碱和三氯乙烯的废水等。

1）含碱废水的治理方法：含碱废水的治理主要采用中和法。简单的中和法，即是通常所说的酸碱中和法。例如，向含碱废水中加入泛酸（也称废酸），用来调整 pH 值，使之达到 pH 为 6～9 的排放标准。较复杂的和处理量较高的方法是化学凝聚法，即是向含碱浓度较高的废水中和经过煮泡旧涂膜的碱性废水中投放酸性物质，例如加入酸性白土及石灰（或氢氧化钙水溶液）等。这种化学处理方法实际上是电解处理法，含酸性物质带正电，废水中的胶体物质带负电，在两者吸附过程中，在酸性物质（又称凝聚剂）的作用下，产生化学反应，加速凝聚。为了加快凝聚和处理彻底，还可以用搅拌的方法，使之加速沉淀，达到较高的处理质量。一般含碱废水采用中和法所使用的是混合槽、中和槽、沉淀槽以及酸、碱液槽，按顺序进行混合搅拌均匀，在中和槽测定 pH 值后，再调整 pH 值后放入沉淀槽进行沉淀，待上部废水达到规定的 pH 值符合排放标准时，即可将其排放掉。这种酸碱中和法，也可以处理含酸废水。酸、碱槽是盛装处理前的含酸或含碱废水的。

2）含各种酸的含酸废水的治理方法：治理含酸废水的方法很多，大致可分为两类：第一类是有效的妥善治理，符合国家标准后排放；第二类是废物利用，即回收再利用。

现将第一类含酸废水的治理方法简介如下：涂装前表面预处理的含酸废水的治理方法有中和法，其中又分为简单的中和法，类同于含碱废水的中和治理方法；复杂的治理方法是采用中和塔和曝和塔的两级阶梯式污水治理方法。此外，还有氧化还原加药治理法、曝气治理法及过滤法等。现扼要分述如下：

① 酸、碱中和法。把涂装前表面预处理过程中的含酸废水和含碱废水分别盛装在各自槽内，处理时将两者按比例混合注入混合槽内，充分搅拌后注入中和槽，测定其 pH 值，如果不符合规定排放标准，再用含碱废水或碱性物质，如“三钠”进行再中和，直至调整

pH 值达到 6 ~ 9 为止。最好是 pH 值为 7 呈中性后注入沉淀槽，让含酸废水中的其他物质沉淀后，槽上部的达标废水即可排放，然后再对沉淀废渣进行处理。

② 中和塔与曝和塔两级阶梯式治理法。在中和塔（用钢铁型材制成）中装入一定直径大小的硅石和含有一定碱值的石灰石、白云石和电石渣等物质，其堆积高度为 1.2m 左右，将含酸废水从地下污水池（用水泥等筑成）中用耐酸泵抽入中和塔中与上述物质中进行中和，使含酸废水的 pH 值达到 6 ~ 9 后，再抽入地下沉淀池中沉淀，然后将达标废水排放，对沉渣进行再处理。

3）磷化处理废水的治理方法：磷化处理废水的治理一般是采用氧化还原过滤法和中和塔阶梯治理法，也可采用碱性中和法。氧化还原过滤法，是采用氧化剂和还原剂组成过滤层，让废水通过，进行氧化还原反应使之净化，再加入碱性物质调整 pH 值，直至达标后排放，其中的金属盐及金属离子沉淀物需进行再处理。

4）含铬废水的治理方法：钝化或阳极氧化处理后的重铬酸盐含铬废水，其治理方法中，主要是采用氧化还原加药治理方法。此法是在含铬废水中加入亚硫酸盐、二氧化硫、亚硫酸氢钠作为氧化还原剂，使废水中的六价铬变为三价铬，还原后还可进一步通过曝气装置的氧化作用，使有害的金属物质氧化和沉淀，再对沉淀废渣进行治理。此外还可采用离子交换法，此法具有现代化的治理水平。离子交换法是采用强碱性的阴离子交换树脂，用于交换废水中的离子，主要用于净化有害离子。含铬废水还可以采用电解法，即采用极距小、高电压、小电流的电解设备及适宜的电解质治理含铬废水，然后对沉淀废渣进行再处理。

5）含酸废水的回收治理方法：涂装前表面预处理后的含硫酸、盐酸、硝酸、氢氟酸等酸浓度较高的废水，采取回收再利用也是不失为较好的治理方法。目前，较普遍采用的方法有结晶回收法、溶剂萃取回收法和蒸发回收法等，现分别简述如下：

① 结晶回收法。此法用于回收含硫酸浓度高的废水，它是将硫酸废水中的硫酸变成硫酸亚铁后回收。对废水量小的含硫酸废水可采用自然结晶法，即在含硫酸废水中加入一定量的铁屑，使其与废

水中的硫酸彻底反应后生成硫酸亚铁。还可采用真空冷冻法，使含硫酸废水与被处理的钢铁件反应后，生成硫酸亚铁沉淀并分离回收，可分离含酸废水中的可溶性盐、油类、悬浮物及其他金属离子等。

② 溶剂萃取回收法。利用溶剂萃取剂与含酸废水中的各种金属离子萃取和反萃取，实际上也是氧化还原过程，这种方法可回收硝酸、盐酸和氢氟酸。

③ 蒸发回收法。此法是利用硝酸、氢氟酸的蒸气压比水蒸气压高的性质，蒸发冷却后回收废酸的，其过程是利用蒸发设备，将氢氟酸、硝酸混入含酸废水后注入高温加热装置中进行加热，使之变成高压蒸气并进入酸蒸气贮存装置后，再分别进入不同的分离装置和冷却装置进行回收，多余气体用真空排气装置排至冷却装置回收处理。对于含油废水和酸洗、脱脂“二合一”槽液处理后的冲洗废水的治理方法，一般是采用高压力的压缩空气，使废水产生很多气泡而吸附油、酸的方法。

（2）涂装生产过程中的废水治理　其治理的重点是电泳涂装前、后的冲洗废水。电泳涂装废水的治理方法有：混凝法、生物治理法和超滤膜治理法等。20 世纪 80 年代后，广泛推广使用的是超滤膜治理法。这种治理方法效果很好，它既能清除废水中的有机离子或化合物，也能对电泳槽的工艺参数进行调整，并回收工件表面粘附的颜料和树脂等。现分别简述如下：

1）混凝法：在电泳涂装废水中，加入有机高分子混凝剂或无机混凝剂，使废水中的油剂、乳化物、悬浮物及金属物凝聚成块从而净化治理。这种方法需要一套复杂的设备，因而应用很少。

2）生物治理法：采用生物治理法治理电泳废水，是具有 20 世纪 80 年代较高技术水平的治理方法。它主要是将一种微生物投入到电泳废水中，使微生物在其中产生氧化作用，也称为微生物化学作用，使废水中的各种有害物质氧化分离成胶体物和其他物质，采用人工培育的生物治理转盘就是其中的治理物之一。采用微生物对电泳废水治理的条件是需要有一定的存活温度，pH 值应接近中性，有一定氧气等存活条件。因为这些条件限制，所以国内应用很少。

3）超滤膜治理法：超滤膜治理是目前电泳生产线常用的一种方

法。它既能稳定电泳槽液，又能减少电泳废液排放浓度。目前，使用的超滤膜有三种：管式超滤膜、中空纤维式超滤膜和卷式超滤膜。卷式超滤膜因其体表面积大，使用寿命长，耐反洗，正在逐渐取代前两种方法。超滤装置由预过滤器、超滤装置、水泵、管路和闸阀等组成。它使用聚氯乙烯硬质塑料管为支撑体，再加上卷式超滤膜及支管等。其简要操作过程是：在超滤装置进口阀关闭的情况下，起动水泵，然后在出口阀打开的状态下，开启进口阀，也就是将泵的进口阀慢慢打开，并使压力达到规定值，调整出口阀压力使之达到全装置运行压力。运行时，打开装置盖板，随时观察处理膜的透过水量、涂料透过量及各组件是否工作正常。现在超滤设备已经成为电泳生产线的必备装置。

2. 涂装废气治理

涂装过程中的废气，有涂装前表面预处理过程中产生的废气和涂料涂装过程中产生的废气，其中主要是涂装过程中产生的废气。而涂装过程中产生的废气又主要是干燥过程中和喷涂过程中大量挥发或蒸发的有机溶剂气体。

（1）喷涂过程中产生的废气治理　喷涂操作时若无喷涂室，任漆雾在厂房内或室外流动，则将严重污染环境和大气。若有喷涂室并在附近设置通风装置，则仍会有大量过喷漆雾和有机溶剂气体进入涂装现场或排出，如果没有有效地治理方法，则会对环境污染、对人们的健康带来危害，这种操作环境应尽量避免。目前，国内外有效地治理方法有：吸附治理法、吸收治理法、水清理法等。现分别简述其治理过程如下：

1）吸附治理法：采用吸附装置治理废气的方法，是在吸附装置中装入活性炭、氧化铝、硅胶和分子筛等物质。活性炭因其吸附面积大、吸附效率高、管理简便、维修方便，因而活性炭吸附法成为首选方法。其吸附装置的组成由蒸气发生器、双组活性炭罐、螺旋管冷却器、列管冷凝器、油水分离器和直流风机等组成。吸附物需定期更换，以保证其吸附效率。吸附装置还在发展中，并在不断开发新的类型和品种，以便进一步提高其吸附效率。

2）吸收治理法：溶剂吸收法是采用吸收塔设备，设备中装有液体吸收剂。对吸收剂的要求是：无毒、不燃、易于再生和无腐蚀性。柴油加水的吸收剂可治理大量的二甲苯溶剂气体，但效果只能达到50%~60%，大多是在吸附后再做处理，即采用蒸馏过滤后回收再利用或者烧掉。

3）水清理法：此法适用于大批量喷涂的某些特定形状工件的废气治理。对于一般工件，可采用图6-1所示的双圆环形排风洗涤收集装置。图6-2所示的为大型汽车生产企业的喷涂室排风洗涤装置。当溶剂及漆雾颗粒由排风卷入水中，并由循环水收集槽带回废漆处理装置，在那里含漆及溶剂的废水被抽到污水处理槽中，与加入的碱性污水处理液反应，油漆变成浮渣，然后收集到袋中再做处理，而处理后的水则流入喷涂室进行再循环使用。

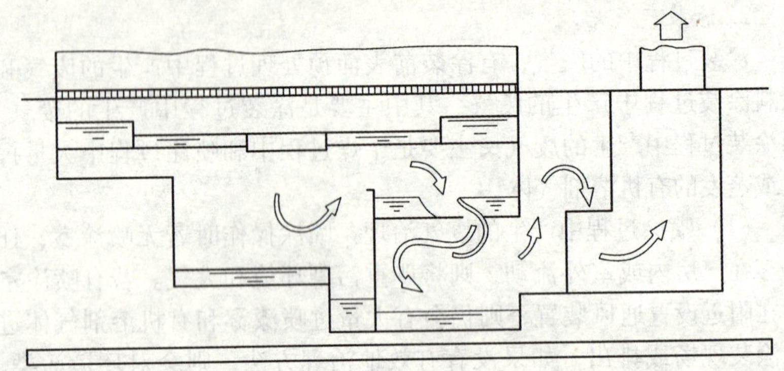

图6-1　双圆环形排风洗涤收集装置示意图

（2）涂膜干燥过程中产生的废气治理　烘干室（炉）产生的废气治理主要是采用催化燃烧法，一般的催化燃烧装置安装在通风排出口处，其工作过程是：由引风机抽进废气，经管道送入热交换器内，对废气进行加热升温，例如苯类溶剂废气的预热燃烧温度为250~300℃；酯类溶剂废气需要加热到400~500℃才可以燃烧。催化燃烧室由耐高温材料制成，并须配有安全控制装置和电气控制装置等配套设备。溶剂废气燃烧后变成二氧化碳和水，就可以排入大气了。催化燃烧法大多用于烘干室排出的废气治理。催化燃烧法虽然有设备费用较高、能量消耗较大等缺点，但由于国家环保标准要求不断提高，也已开始普及应用。

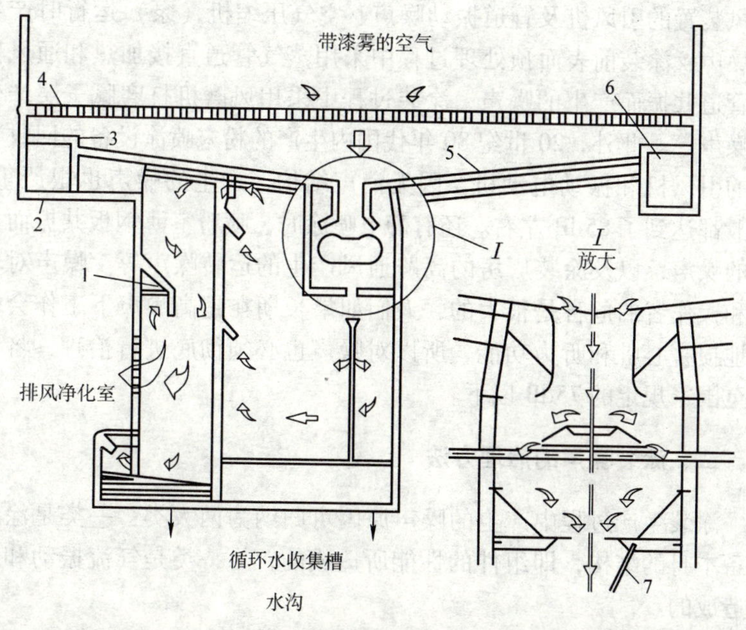

图 6-2　大型汽车喷涂室排风洗涤装置示意图

1—挡水板　2—水沟　3—可调节的溢流口　4—喷涂室的格栅底板
5—淌水板　6—循环水　7—排风缝隙口可调节板

3. *涂装废渣治理*

涂装过程中产生的废渣治理方法比较简单，例如涂装前表面预处理产生的废渣中有很多可以回收利用，其中硫酸亚铁、磷化沉淀物经过处理可变成磷肥等。其他有害废渣，可以采用直接燃烧法烧掉即可。烧掉时，必须在密封的容器中进行，燃烧时产生的有毒气体也可在密封的燃烧容器内一并烧掉。

第三节　涂装噪声的产生及治理

一、涂装噪声的产生根源

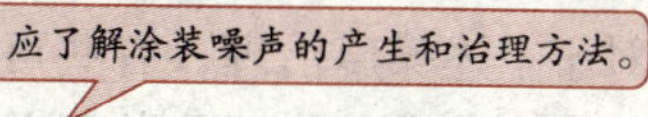

涂装生产过程中的噪声，主要是涂装设备运行产生的。例如，

通风装置的引风机及管道振动噪声、空气压缩机（泵）运行时产生的噪声、涂装前表面预处理过程中采用蒸气管道直接加热和通风机及管道共振而产生的噪声、涂装过程中采用风磨机打磨腻子层产生的噪声等。此外，20 世纪 80 年代国内生产的粉末喷涂设备的回收装置的引风机和振动电动机，因无消声结构，产生的噪声也很严重，一般都达到了 85dB 左右。还有静电喷涂时，喷粉室薄钢板共振而产生的噪声，以及涂装厂房的高跨通风产生的运转噪声等。噪声对环境和操作者的危害是很大的，人们如果长期在超高噪声下工作会极大地损害心脏和听力功能，所以对噪声也必须彻底进行治理，将其降至国家规定的 75dB 以下。

二、涂装噪声的治理方法

涂装生产过程中产生的噪声原因可归纳为两大类：一类是涂装设备本身的结构，即组件的性能所造成的；另一类是气流振动和共振造成的。

1. 设备产生噪声及治理方法

在涂装过程中，由于涂装设备本身的组件性能、工作形式不同会产生很大噪声。例如设备组件材质的强度、刚度不足，阻止振动性不够而产生噪声。各种通风机、引风机组件的装配精度差，配件之间的间隙大而产生撞击、摩擦，或由于润滑不良而产生噪声。通风机和引风机由于叶片形状不理想、平衡精度差，而各叶片装配、组成整体叶轮之后平衡精度更差，以及轴与轴套之间的装配精度等，都将造成运行中由于转速高而产生噪声。引风机越大，转速越高，则噪声越大。由于喷涂室壁板太薄，连接通风管道的钢板也很薄，由于惯性共振而产生噪声也很厉害。又如普通喷涂方法的喷涂室或粉末静电喷涂的回收装置和喷粉室，从较大转数和风量的引风机开始，经回收装置至连接喷粉室的管道及喷粉室壁都会产生共振发出噪声，尤其是几套设备组装一起时其噪声更是大得惊人。

对于上述噪声治理，有些可采用隔声罩，将引风机和振动电动机罩起来，或者是将回收装置单独设置在与喷粉室隔绝的另一个室内，以砖石水泥结构的墙隔开以降低噪声影响。在涂装场所，对于

喷涂室的通风装置的主副风机及管道也可以设置在喷涂室外或安装隔声罩。只要转数够用，引风量合适，则应尽量采用功率小、转速低的风机，以减少噪声。对于通风管道及喷涂室的室壁材料，可加强支撑或采用较厚板材，以减少共振产生的噪声。对于空气压缩机（泵）和引风机，可采用性能好的消声器安装在进口处和出口处，以减小噪声。对于喷涂室及通风管道也可以涂上阻尼材料减小噪声。

2. 气流产生的噪声及治理方法

薄壁管道和薄壁喷涂室。特别是通风管道，当受到气流压力冲击后将同惯性振动一并产生噪声。设计管道时，应有足够厚度和强度，可加支撑和紧固件，在管道连接处或较长管分段，并装上橡胶垫圈可进行减振，也可用阻尼声音较好的材质将管道包起来，以降低噪声。

3. 施工过程中工具产生的噪声及治理方法

对于因采用风磨机而产生的噪声，可采用安装隔声罩，将风磨机罩起来而仅留出砂轮在外而进行打磨。还可在打磨操作前对转动组件进行润滑，同时操作时不要用力过大，也可以降低噪声。

复习思考题

1. 涂装生产过程中的三废是怎样产生的？如何进行治理？每种试举一例具体说明。

2. 在汽车涂装生产线上有哪些噪声源？你单位是如何治理的？请举例说明。

3. 涂装生产过程中表面预处理废水主要有哪些？可分别采用什么方法进行治理？

第七章

涂装车间设计知识*

培训学习目标 了解涂装生产线设计的基本概念及其设备的平面布置；掌握涂装估工估料知识。

随着大批量涂装流水线生产的出现以及对涂膜质量要求的不断提高，涂装工艺及施工手段日趋复杂，特别是对高装饰性工业产品的生产线来说，涂装生产线设计的好坏，不仅影响产品质量，而且也直接影响企业的经济效益。现代化的涂装车间除了要具有工艺水平高，自动化程度高的涂装设备，以确保涂膜质量和生产能力外，还要有完善的环保和消防设备，资源、能源利用合理，涂装成本低，方便生产管理，并对不同的涂装材料及不同的涂装对象有一定的适应能力。由此可见，涂装车间设计是一项复杂的多专业的综合性技术工作。对从事涂装工作的人员来说，掌握一定的涂装生产线设计常识是十分重要的，现简要介绍一下涂装车间设计的有关知识。

第一节 涂装车间设计工作概述

涂装车间设计包括：工艺设计，设备设计，建筑及公用设计等。工艺设计贯穿整个涂装车间设计。一般在扩初设计阶段，主要进行工艺设计。在对初步设计方案进行审查论证后，方可进入施工图设计阶段，在施工图设计阶段，设计师要对扩初设计进行优化、深化，然后向其他专业提出设计任务书及相应的工艺资料，有时要向有关专业公司提出招标书。在各专业完成总图设计后，要对各专业的设

计进行审查会签，必要时要把各专业的设计在平面图上汇总，发现问题及时反馈给相应专业进行调整。当某些专业由于种种原因不能满足工艺要求时，工艺设计师应及时拿出调整方案。此外，设计师还要负责各专业之间互提资料的协调工作。在所有专业设计完成后，设计师要绘制最终的安装施工平面图。工艺设计文件包括：工艺说明书，平面布置图，设备明细表等。在工艺说明书中，要对工厂（车间）现状、新车间的任务、生产纲领、工作制度、年时基数、设计原则、工艺过程、劳动量、设备、人员、车间组成面积、材料消耗、物料运输、节能及能耗、职业安全卫生、环境保护、工艺概算、经济技术指标等进行全面描述，并列出相应的计算数据。向其他专业提出要求资料，主要有：设备设计任务书，动力用量（水、电、蒸汽、压缩空气、煤气）及使用点，废水、废气、废渣排量及其排放点，对建筑、采暖、通风、照明等要求的资料等。

在某些情况下，车间建成投产前的技术准备工作也可能需要工艺设计师来做，如涂料及辅助材料的选择、消耗定额表的编制、工艺操作规程的编制及投料调试操作规程等。总之，作为工艺设计师，不仅要完成纸面上的设计任务，还应配合施工和生产准备，使用户较全面地了解设计意图的各个环节。

第二节　涂装车间设计基础资料

应了解涂装车间设计的基础资料内容。

原始资料和设计基础数据是进行工艺设计的前提条件，是设计原则确定及设计计算的依据。资料是否齐全准确，将直接影响设计质量，甚至会导致车间设计的严重错误，造成巨大的损失。

一、原始资料

原始资料应在企业所在地收集或是有关部门提供。

1. 自然条件

自然条件包括：涂装车间所在地的夏季室外平均温度及最高气温，冬季室外平均气温及最低气温，四季的空气相对湿度，全年主导风向。在风沙（或灰尘）较大的地区，还应包括大气含尘量。

2. 地方法规

地方法规主要有：三废排放法规安全卫生法规以及消防法规。如果当地没有特殊规定，可采用国家标准代替。

3. 工厂标准

工厂标准主要是指企业有关涂装设备（或涂装车间）的各种标准。

4. 厂房条件

如果是老厂房改造，需要有：厂区布置总图，车间工艺平面布置图、厂房建筑的平面图、立面图及剖面图，厂房柱子及柱网基础图，屋架及屋面资料等。如果没有相应图样，则必须用文字予以详细说明。如果是新建厂，应有：由工艺设计者提出的厂房条件，由建筑及总体布置设计者确定。

5. 动力能源

动力能源包括：水、电、蒸汽、热水、煤气、天然气、燃油、压缩空气等可供使用的设备技术参数，以及工业水水质分析报告。如果是在老厂房改造，还应包括管网及动力入口等。

6. 工厂状况

工厂状况主要是指老厂房改造前的情况，重点是以下各方面：车间生产产品的型号、名称、产量、质量，生产性质，工艺水平和工艺特点，车间的主要设备、人员分类及数量，车间的职业安全卫生、环保方面的情况，能源利用及消耗情况，薄弱环节和存在的主要问题等。

7. 产品资料

产品资料包括：被涂物的产品图样（要有外形尺寸、材质质量、涂装面积）、对涂膜质量的要求（企业标准）和产量。

二、设计基础数据

应了解涂装设计基础数据内容。

设计基础数据是根据原始资料和国家有关规定以及一些常规范例对某些原始资料进行整理或计算，并结合工厂的实际情况确定出关键数据，并以此作为其他所有计算的基础。有时资料整理计算还要结合具体设计方案进行。

1. 车间任务说明

主要说明涂装车间与相邻车间的关系，工件由哪里来到哪里去，涂装车间所承担的任务内容和范围，产品零件的结构特点及对涂膜质量的要求和质量标准。涂装标准是涂装车间设计的重要基础资料，是选用涂料、确定涂装工艺和质量检查验收的依据。它一般是标注在被涂物图样上或规定在产品技术条件中。

2. 生产纲领

所谓生产纲领是指被涂零件的年产量，一般应列表说明。对于汽车、摩托车等大批量生产的产品，其生产纲领表的内容见表7-1。对于配件厂及成批、小批、单件生产的产品，其生产纲领表的内容见表7-2。上述表格的内容也可根据不同产品及生产性质有所增减。在多种产品或零件同时使用一条生产线的情况下，必须填写生产纲领明细表。

表7-1　大批量产品的生产纲领表

序号	产品型号	单位	外形尺寸 $\frac{L}{mm}\times\frac{W}{mm}\times\frac{H}{mm}$	单位产品涂漆件			年生产纲领						
				件数	重量/kg	表面积/m^2	每挂具			总挂具数	重量/t	表面积/m^2
							件数	重量/kg	表面积/m^2			

表7-2　成批、小批、单件产品的生产纲领表

序号	零件名称	重量/kg	面积/m^2	外形尺寸 $\frac{L}{mm}\times\frac{W}{mm}\times\frac{H}{mm}$	类别	每类件数	每挂件数	需挂具数	年生产纲领		
									数量	重量/t	表面积/m^2

根据生产纲领表的内容，说明车间属于成批、小批、单件、还是大批量生产，并列出涂装生产线通过的最大件、最重件的各种参数，以确定涂装生产线的设计通过能力。若有协作件时，还应说明本车间与其他车间或与外厂的工序、协作任务和内容。

3. 工作制度和工时基数

涂装车间的工作制度，一般应是与前道工序车间的工作制度相适应，每班的工作时间一般执行国家的规定，即一班、二班为8h，第三班为7h。年时基数以工作日250天/年计，在某些情况下，可根

据工厂要求和实际情况对工时基数进行调整，但无论如何不能因年时基数确定不当，使设备利用率过低或满足不了年生产纲领的要求，无法实现预计产量。工作制度和工时基数一般要列表说明，见表7-3。表中所列数据为常规数据，可供参考。当车间中不同工段工作制度不同时，需要分别列出。

表 7-3　工作制度和工时基数

序　号	部门名称	采用班次	每班工作时间/h			年时基数/h			备　注
			1班	2班	3班	设备	工作位置	工人	
			8	8	7	4016	4016	2008	

注：每班的工时准确的数值应为每个生产班次的生产时间，即每班的总时间减去休息时间。

4. 生产节拍计算

生产节拍是每件产品（或每个挂具）的生产间隔时间。可用下式计算

$$t = \frac{FK \times 60}{A}$$

式中　t——生产节拍时间（min/件或 min/挂）；

F——设备工时基数（min）；

K——负荷的不均衡因素（设备利用系数）；

A——纲领数（台/年或挂/年）。

生产节拍是涂装车间的重要基础数据，可根据它和每套产品的涂装工作量的大小来选择涂装车间的生产方式（间歇生产方式或流水生产线连续生产方式）以及涂装工序间的运输方式。

第三节　涂装工艺的选择与设计知识

涂装车间设计过程中要重视工艺设计和平面布置，不能进行简单的“串糖葫芦式”的布置。工艺方案的优劣直接影响产品的质量、生产效率和产品的成本，以及环保。工业涂装工艺设计是选择工艺方案的过程，是根据产品涂膜质量要求（或标准）和产量将工艺流程、所选用的涂装材料、涂装设备、现场条件等进行最优化组合。

其中，涂装材料、涂装设备以及现场条件从属于工艺方案，涂装材料和设备选择得不好，尚可更换，而工艺方案选择得不好，平面布置不合理，建成后则无法更改，将给未来生产带来诸多的不便，而且其影响是长期的，某些生产技术质量问题更是难以解决。另外，涂装材料必须按照工艺要求来选择，涂装设备必要按照工艺要求设计选用，如果工艺设计中对涂装设备的工艺要求提得不恰当，将直接影响所选择的设备质量、功能、先进性和可靠性。

一、涂装工艺过程及处理方式的确定

拟定涂装工艺的基础是涂膜的技术要求和车间的生产任务。现代涂装工艺日趋复杂，但无论如何复杂都可以把整个工艺过程的工序分为主要工序和辅助工序。以汽车涂装为例，可把整个工艺过程分为预处理、涂装、烘干、后处理四个主要工序。习惯上把底漆前的表面预处理称为前处理。实际上中涂和面漆前的打磨、擦净，也可看成为中涂及面漆前的前处理。涂底漆（电泳涂装）、喷中涂、喷面漆这些都是涂装工序。后处理一般是指表面修饰、喷防护蜡和包装等。根据产品及不同生产方式、运输方式，可把一个主要工序进行分解，分解成若干子工序完成，再附加一些辅助工序于主要工序之中，就构成了完整的工艺过程。各工序的处理方式，主要是看被涂物的结构特点。不同的结构，在前处理及电泳后的冲洗方式不同。对于结构简单的工件，以喷射处理为主；对于结构复杂的工件，以浸渍处理为主；其他工序的处理方式，是依据产量的不同而有所差异，即产量越大，自动化程度应越高。

二、涂装工艺流程表

工艺过程确定后，一般以工艺流程表的形式描述，见表7-4。

表7-4　工艺流程表

序　号	工序内容	处理方式	区段长度/m	输送机链速/（m/min）	工艺温度/℃	工艺时间/min	备　注

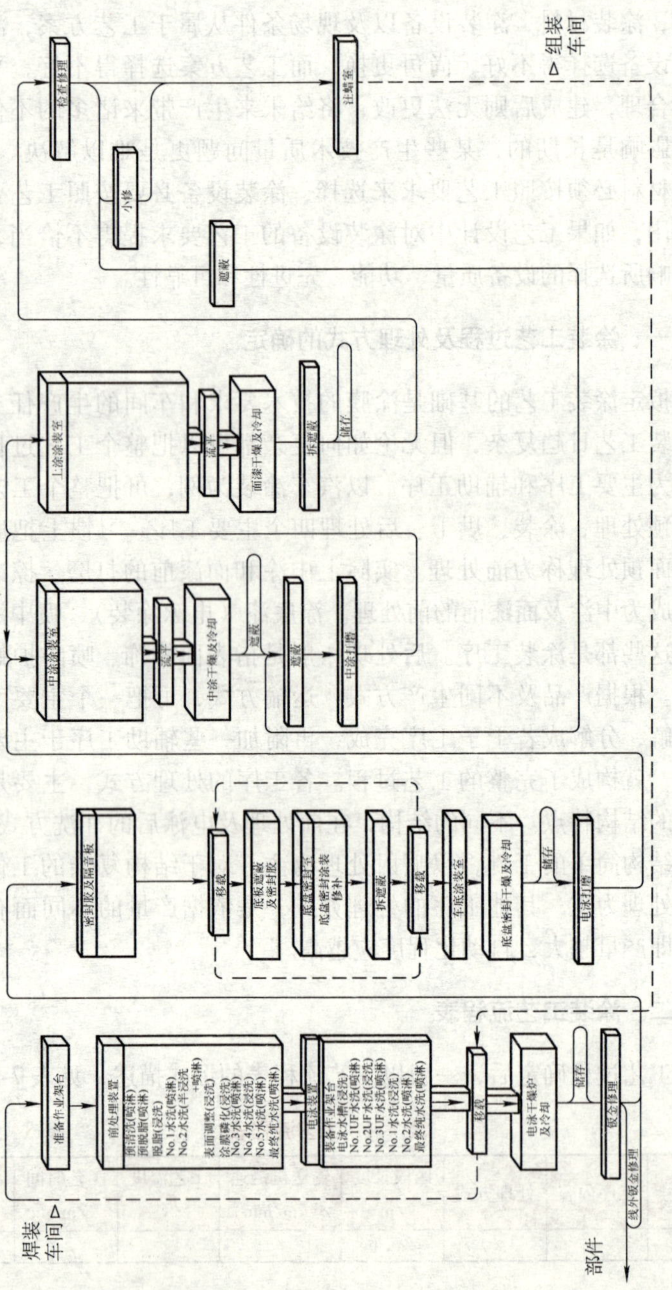

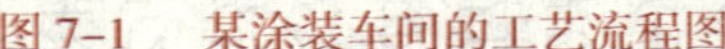

图 7-1　某涂装车间的工艺流程图

三、涂装车间的工艺流程图

涂装车间各中工艺关系及物流关系。通过文字描述往往不能清晰表述，可通过工艺流程示意图表述，即可很清晰的反映出来。图7-1为某涂装车间工艺流程示意图，可供参考。

第四节　涂装工艺设备平面布置

一、涂装工艺设计

涂装工艺设计要对物流、车间分区以及工件返修、备品生产、跑空、产品编组和厂房结构有清晰的划分，其具体内容如下：

（1）物流合理　车间的物流要合理，物流合不合理，关键要杜绝多交叉、过多上下、不必要的往返，做到物流衔接良好；同时还应充分考虑各种生产用辅助物料、人员流动与疏散以及各种生产辅助器具的流通等。

（2）车间分区　工艺设备平面布置应考虑分区，例如高温区（如烘干炉）、灰尘区（如打磨、修饰等）、手工操作区（如焊缝密封）、洁净区（喷涂室），这些区域的划分要合理，要相互隔开。涂膜装饰性要求高的产品，涂膜表面不允许有任何的赃点，因此，不仅要求喷涂室内空气要洁净，喷涂室周边环境也要保持洁净，这时除洁净区内外还要设置高洁净区及超高洁净区。

（3）充分考虑返修及备品　在涂膜外观要求高的情况下，产品的合格率不可能达到100%，必然有部分工件要进行返修，同时在某些情况下还要生产一定数量的备品，这些返修件及备品会占用正常的生产时间，如果在设计中不考虑它们的数量，会对最终的实际合格品的产量造成影响。如果在物流方面没有充分考虑到返修件及备品的生产，会给整个生产带来诸多的不便，如工件无法下线返修、备品件无法在合理的工序下线等，同时还会占用正常生产节拍，影响涂装生产线的生产效率。

（4）必须考虑跑空　在正常的生产管理制度下，涂装生产线开始生产后是不允许停线的，以汽车车身涂装为例，如果需要停线和下班，不仅前处理电泳生产线要跑空，中涂、面漆生产线以及各烘干炉也必须排空。工件停留在前处理槽或电泳处理槽中，会发生工件表面生锈及电泳涂层再溶解的现象；带有湿涂膜的工件如果在空气中暴露时间过长，会造成涂膜缺陷，同时还会受到空气中灰尘颗粒的污染；工件如果滞留在烘干室内，可能会使工件局部过热及过烘烤现象，造成工件表面光色不均匀。因此，合理的工艺设计必须考虑跑空。

（5）产品编组　随着人们对涂装产品装饰性要求的提高以及产品生产种类的增加，在涂装车间内对产品编组也是工艺设计所必须考虑的。产品编组既要考虑到颜色又要考虑不同产品的编组。产品涂装往往是中间工序，其后一般会有装配等其他工序，因此在产品离开涂装车间前的编组还要充分考虑涂装后续工序的生产组织方式，这就需要涂装车间的工艺人员同其后续工序的工艺人员有良好的沟通，这样才能制定出灵活可靠的编组方式。

（6）车间分布　典型的现代化涂装车间一般为多层结构，主要设备在二层；一层是辅助设备（如输调漆间、变电间、污水处理、维修间等）；三层主要是排风系统、烘干炉、以及部分缓冲线等。

应掌握涂装工艺设备平面布置知识。

二、涂装工艺设备平面布置知识

工艺设备平面布置设计在整个涂装车间设计中是一项极为重要的部分。它是根据工艺过程的需要，把机械化设备、非标设备及辅助设备合理地结合起来并布置在涂装车间内，以确保最大限度的工作便利、最优越的工位和输送设备之间的联系，以及最小的车间内部物流量。它是工艺设计文件的主要组成部分，是所有计算结果的综合。它在生产用设备及用具的数量和特征、工作人员的数量、特征作业组织方式和车间内及其相邻车间之间运输关系等方面，均应给予明确的说明。总之，它可以形象地反映涂装车间全貌，也是编写工艺说明书、进行机械化设备设计、非标设备及土建公用专业设计的重要依据。这是一项复杂的工作，应从多方案中选择最佳方案，

因此需要反复几次才能最后完成。

1. 平面图设计

进行设备平面布置，主要依据是车间任务、设计原则、基础资料数据及对机械化设备、非标设备的计算数据。一般正常设计应遵循以下原则：

1）根据车间规模，选择平面图尺寸，一般比例为1∶100。

2）在老厂房改造的情况下，首先按厂房原有资料，绘制好厂房平面图。如为新建厂房，则应按总布置图设计要求，结合工艺需要，确定厂房的长、宽、高尺寸。

3）根据工艺流程表、机械化运输流程图及有关的设备外形尺寸计算数据，从工件入口端开始进行设备布置设计。

4）布置时要注意不能使设备主体距离厂房柱子或墙壁太近。要预留出公用动力管线、通风管线的安装空间以及涂装设备的安装和维修空间。在老厂房改造因某种特殊情况，不能保留出必要的间隙时，要尽可能想办法使公用动力管线避开设备。

5）要充分考虑附属设备所需面积（如输送链的驱动站和拉紧装置，前处理、电泳、喷涂设备的辅助设备等）。原则上附属设备应尽量靠近主体设备，其中供料及废料排出设备要考虑足够的操作面积并有输送通道。

6）敞开的人工操作工位除了需要保证足够的操作面积之外，还要考虑工位器具、料箱、料架的摆放位置以及相应的材料供应输送通道。

7）从车间总体上充分考虑物流通道、安全消防通道及安全疏散门，如果是多层厂房，还要考虑布置安全疏散楼梯的可能性。

8）按照不同的功能对工作环境不同的条件要求，可把整个涂装车间原则上按底漆、密封线、中涂及面漆喷涂区、烘干区、人工操作区、辅助设备区，以及清洁度的要求不同等进行分区布置，便于设备、生产管路和车间清洁度的控制，也便于热能回收利用等。

9）对公用专业设备及一些附属部门所需要的面积，例如厂房采暖空调机组、中央控制室、化验室、车间办公室、各种材料及备品库、设备及工具维修间、厕所、配电间、动力入口等，应预留出来。

10）在布置远近结合的的过渡性方案时，平面布置上应充分考虑将来扩建容易，原则上扩建部分应与已有部分隔开，不因扩建而影响正常生产，可在很短的时间内实现过渡。

11）在老厂房改造的情况下，设备布置要充分考虑老厂房的结构特点，尽可能不对老厂房进行改动。必须改动时，要考虑改动的可能性。

12）平面图中各种设备的外形尺寸、定位尺寸要清楚。一般的定位基线时，轴线或柱子中心线有时也可以墙面为基准（不提倡），各设备都应有编号（称为平面图号）。机械化输送设备要注明运行方向。

13）由于平面图上反映的内容较多，所以必须使用图例符号，各地区设计部门均有自己习惯采用的图例符号，并对图中各种标志加以说明。

14）平面布置图应包括平面图、立面图和剖面图。必要时。还要画出涂装车间在总图中的位置。如果一张图样不能完全反映布置情况，可用多张图样来表示，原则是使看图的人很容易了解车间的全貌，对在图中表示不清楚的部门，应在图样说明栏中加以说明。

2. 平面图说明和车间组成面积

由于平面图具有局限性，不可能全面反映涂装车间的各个方面，尤其是一些供进行技术经济分析的数据等无法在平面图中给出，所以要在工艺说明书中对涂装车间平面图予以描述，包括涂装车间在总平面图中的位置，与相邻车间的关系，平面布置的特点，运输方式的特点，各工作区及车间工段的划分和组成情况等，并列出车间组成的面积表。

3. 工艺施工平面图（工艺设备平面安装图）

在对各专业设备完成选定后，要绘制工艺设备安装平面图。安装平面图不仅可以用来指导设备安装，也是公用动力等专业施工图设计及进行生产准备不可缺少的资料。与扩初设计平面图或设备选定之前所绘制的平面图相比，安装平面图所包含的内容要全面且准确，不仅要准确标注与主体设备安装有关的定位尺寸，而且要明确给出排水点、电、气、送排风点等的坐标位置及连接关系。

从某种意义上来说，安装平面图的绘制过程可看作为涂装车间设备及公用设施的预安装过程。在绘制过程中，要注意检查各专业设计中存在的问题，如各设备之间的衔接，机械化运输和非标设备之间，设备和公用设施之间等是否存在相互关联现象，发现问题及时请各专业进行协调和更正。对于规模较大的涂装车间，在公用动力等专业设计完成后，要在图上进行汇总，及时发现存在的问题。由于涂装车间比较复杂，各专业之间在设计过程中不可能考虑得很全面，尤其对安装时是否发生干涉的问题往往无法预料，因此在施工平面图绘制过程中及时发现存在的问题非常重要。所以，公用施工平面图不是一次性绘制完成的，而是贯穿设备设计及建筑、公用动力等设计的全过程。

复习思考题

1. 涂装车间设计需要哪些原始资料和基础数据？
2. 涂装工艺中有哪些主要内容？
3. 进行涂装车间设备平面布置时需要采用哪些资料？应注意什么？
4. 涂装车间设计包括哪些内容？

第八章

理论培训与操作指导*

培训学习目标 能讲授中、高级专业技术理论知识，能指导中、高级工人进行实际操作。

第一节 理论培训

一、中级涂装工理论培训内容

1）化学基础知识是涂装专业基础知识的基础，也是中级涂装工理论培训的基础。化学基础知识培训要掌握物质的量的概念及其单位、气体摩尔体积、物质的量浓度的概念及计算方法；常见有机物的性质、组成和用途；重点掌握烷烃、烯烃、炔烃、芳香烃、卤代烃等常见有机物的性质、组成及用途。

2）涂料基础知识要掌握树脂的定义，树脂特性和影响因素，涂料对树脂的要求，树脂种类及名称。涂料中的溶剂要掌握溶剂选用原则，常用有机溶剂的分类及性能，配置混合溶剂的原则。助剂要掌握助剂的种类和性能，常用助剂的名称及适用范围。掌握表面活性剂的有关知识、种类、组成、性质及表面活性剂除污原理。

3）涂料调配及选用是中级涂装工现场理论培训的重点，必须很好地掌握。色彩基本知识要了解颜色的形成原理，三原色及极色重点学习，了解颜色的三属性和颜色的视觉效应。颜色表示方法要了

解标准色卡表示法、孟塞尔颜色系统表示法。颜色的影响因素有哪些。涂料的选择与调制要了解配色基本原理，涂料调色方法要掌握人工经验调色法和仪器调色法，了解涂料调色失败的原因。涂料的选择要掌握涂料的选用原则，涂料的选择方法，涂料的配套使用原则，涂料的调制用具及调制方法，涂料调制注意事项。

4）常用涂料涂装的质量标准及性能测试方法是生产高品质产品的保证，要很好地掌握。涂料的质量标准应掌握涂料产品取样规定及注意事项，了解部分常用涂料检验项目、质量指标和检验方法。涂装质量标准方面应了解产品（例如汽车）面漆涂装主要质量指标。涂膜性能测定方法应掌握涂膜干燥性能、遮盖力、涂膜厚度、流平性等测定方法。涂装工艺参数及其测定方法要重点掌握。涂装工艺参数测定准确性是生产高质量车身的前提，应掌握预处理工艺参数及成分测定方法、电泳涂装工艺参数及测定方法、静电喷涂工艺参数及测定方法、涂装用水的质量测定、涂装温度、湿度的测定方法。

二、高级涂装工理论培训内容

1）高级工涂装专业基础知识是学习高级涂装工理论的基础，应该很好地掌握。应掌握金属腐蚀的分类、化学腐蚀、电化学腐蚀、金属腐蚀的原因（内部原因和外部原因）和分类；金属腐蚀原理要掌握原电池与腐蚀电池的概念，掌握电化腐蚀的原理，干蚀原理；了解金属腐蚀的原因后，要掌握金属防腐方法：钝态法、覆膜法、环境处理法、阴极保护法。

2）色彩知识与应用，应掌握色彩基本知识中光与色的关系、光色的产生、光的波长与色的关系、物体的颜色的显示、颜色的表示和特性、颜色的色相、明度和纯度的含义、颜色的基本色、颜色对比、颜色调配的层次、色彩的感觉和作用。色彩配合要掌握涂料配色前的准备事项、涂料配色方法、颜料的配色方法。色彩在涂装中的应用要掌握涂料与颜料配色的原则、配色的色料选择。美术型涂装应了解皱纹漆、锤纹漆的应用。

3）涂料选择及涂装工艺：了解涂装类型，涂料的选择与涂膜

作用。涂装工艺首先要了解涂装方法的种类、各种涂装方法的优缺点、各种涂装方法的适用范围、涂装方法的选择和应用；其次要重点掌握各种涂装方法的基本技术特点，尤其是空气喷涂、电泳涂装、静电喷涂、粉末涂装等普遍应用的涂装方法的基本技术特点，了解涂装方法的现状及发展前景，掌握主要涂装工序的作用及内容。

4）估工及估料：掌握涂装前估工的依据，制定工时定额的方法，了解工业涂装中常见的涂装作业经验工时，专用工位数和人员数及劳动量的计算。涂装前的估料要掌握原材料消耗定额的制定方法，了解工业涂装常用材料的经验消耗定额，掌握涂装前估料的步骤。

5）涂料与涂膜的缺陷及防治措施：从事涂装工作的现场检验人员和涂装工，必须熟知各种涂膜缺陷产生原因及防止方法，才能及时排除涂装中出现的涂层质量事故并及时采取补救措施，确保得到高质量的涂装产品，并尽可能延长涂料的使用寿命。培训时从常见的涂膜缺陷、现象、原因以及防治措施的角度出发，了解涂料在生产、储存中发生的缺陷及防治；涂装过程中发生的缺陷及防治；涂装后发生的缺陷及防治。

6）电泳涂装：重点掌握电泳涂装工艺及各工序的功能，电泳涂装工艺参数及其影响应重点掌握，这是生产高质量电泳涂装产品的关键。

7）粉末涂装：掌握粉末涂装过程中常见缺陷产生原因及防治方法。

8）涂膜（层）的干燥固化：掌握非转化型涂料和转化型涂料涂膜（层）固化的机理，掌握涂膜（层）干燥固化的三种方法，掌握固化设备的分类及选用的基本原则，了解热风循环固化设备的类型、主要结构及各结构的组成及作用。了解远红外辐射固化设备的原理、主要结构及各结构的组成及作用。

9）涂装运输设备及其操作：了解滑撬输送机的特点，滑撬输送机系统和地面反向积放输送机的比较，滑撬输送机系统的基本单元及其功能。

第二节 操作指导

一、中级涂装工操作指导内容

1）涂装前表面预处理操作是涂漆前的重要工序，其操作内容要熟练掌握：机械法表面处理除锈时，掌握甩砂机的操作方法；掌握干喷砂、湿喷砂除锈方法中磨料选择、喷砂设备的选用、空气压力的选择、喷砂距离的选择；有色金属涂装前表面预处理时，要掌握锌及锌合金的表面预处理的方法；铝及铝合金表面预处理方法，通过铝及铝合金表面预处理训练能进行实际操作；掌握木质品表面预处理的几种方法和操作；掌握塑料制品表面化学预处理方法和操作。

2）刷涂操作：掌握立式及卧式家具的刷涂技巧，能进行不同漆种的刷涂操作，能进行门窗、墙面及水泥、木地板的刷涂操作。

3）浸涂操作：了解浸涂的种类，掌握浸涂设备一般故障分析和排除方法。

4）流涂操作：掌握流涂设备一般故障分析和排除方法。

5）辊涂操作：掌握辊涂设备构造及一般故障分析和排除方法。

6）空气喷涂：了解典型机械产品涂装工艺，掌握喷涂设备工具的正确操作及一般故障分析和排除方法。空气喷涂设备中喷涂室的种类及操作方法；空气喷涂工具中喷枪的结构及操作方法，根据教材中手工空气喷涂的操作训练进行实际操作训练，掌握喷涂要点及注意事项，有条件的话可进行半自动化生产线的喷涂操作训练。

7）高压无气喷涂：掌握高压无气喷涂设备的结构、正确操作及一般故障分析和排除方法。

8）静电喷涂操作：静电操作已在大型汽车制造厂普遍采用，需要重点掌握静电喷涂设备的结构及维护保养方法。

9）粉末涂装操作：掌握粉末涂装设备构造及维护保养方法。

10）电泳涂装：电泳涂装已在大型汽车制造厂普遍采用，需要重点掌握电泳涂装工艺参数及测定方法，电泳设备的结构、正确操作和维护保养方法。

二、高级涂装工操作指导内容

要确保涂膜达到质量要求，就必须了解和掌握涂料与涂膜的检测方法，同时应了解常用检测设备的性能和操作方法，例如掌握常用涂料、涂膜检测设备的操作方法；涂料物理性能测定方法；溶剂型涂料的检测方法；粉末涂料的质量指标及检测方法；电泳涂料的质量指标及检测方法。涂料施工性能检测应根据涂料种类不同掌握不同检测项目方法，例如溶剂型涂料的施工性能主要检测干燥性、遮盖力、流挂性、流平性、打磨性、重涂性、抗污气性、回粘性、磨（抛）光性、大面积涂刷性等；粉末涂料的施工性能主要检测安息角、流出时间等；电泳漆的施工性能主要检测 *L* 效果、库仑效率、破坏电压、泳透率、*GEL* 分率、加热减量、再溶解等。

试 题 库

知识要求试题

一、判断题（对画√，错画×）

1. 磷化液中总酸度的点数与游离酸度点数的比值称为酸比。（ ）

2. 亚硝酸钠在涂装工艺中常用作黑色金属涂装前的防锈剂和磷化催化剂。（ ）

3. 提高脱脂温度可以增加脱脂效果。（ ）

4. 提高磷化溶液的总酸度，磷化反应的速度加快，且形成的磷化膜薄而细致。（ ）

5. 锌离子（Zn^{2+}）能加速磷化反应，使磷化膜层较细致并呈现闪光。（ ）

6. 磷化是大幅度提高金属表面涂膜耐腐蚀性的一种工艺方法。（ ）

7. 磷化材料绝大部分为无机盐类。（ ）

8. 磷化处理材料主要成分为不溶于水的酸式磷酸盐。（ ）

9. 磷酸锌膜重量由膜厚所决定。（ ）

10. 磷酸锌膜结晶厚度有较大的附着力。（ ）

11. 磷酸盐膜的耐碱性由 P 比支配，P 比越高的膜在碱性溶液中溶解越多。（ ）

12. 磷化液的总酸度直接影响磷化液中成膜离子的含量。（ ）

13. 磷化处理方法有浸渍法和喷射法两种。（ ）

14. 促进剂是提高磷化速度的一种成分。（ ）

15. 槽液的搅拌装置是用来搅拌和加热槽液的。（ ）

16. 阳极电泳所采用的电泳涂料是带负电荷的阴离子型。（ ）

17. 电泳过程伴随着电解、电泳、电沉积、电渗四种电化学物理现象。（ ）

18. 电泳涂料的泳透力可使被涂装工件的凹深处或被遮蔽处表面均能涂上涂料。（ ）

19. 电泳涂装适合所有被涂物涂底漆。（ ）

20. 阴极电泳的最大优点是防腐蚀性优良。（ ）

21. 电泳槽的出口端设有辅槽。（ ）

22. 电泳槽自配槽后就应连续循环，停止搅拌不应超过2h。（ ）

23. 电泳槽内外管路都应用不锈钢管制成。（ ）

24. 静电场的电场强度是静电涂装的动力，它的强弱直接关系到静电涂装的效果。（ ）

25. 静电涂装涂料具有静电环保效应，其涂装效率可达80%～90%。（ ）

26. 静电涂装所采用的涂料粘度一般比空气喷涂所用涂料的粘度要高。（ ）

27. 电喷枪是静电涂装的关键设备。（ ）

28. 静电粉末振荡涂装法分为静电振荡法和机械振荡法两种。（ ）

29. 静电粉末喷涂法的主要工具是静电粉末喷枪。（ ）

30. 涂料的自然干燥仅适用于挥发性涂料。（ ）

31. 对流加热是烘干的唯一加热方式。（ ）

32. 静电粉末涂装室一般采用干室。（ ）

33. 粉末涂装回收的粉末涂料不可重新使用。（ ）

34. 涂料储运过程中应遵循化工产品中有关涂料的运输保管规定。（ ）

35. 涂料储存保管温度一般为5～35℃，相对湿度不超过70%。（ ）

36. 涂料的入库和发放应遵照先入先出的原则。（ ）

37. 流挂是指在喷涂和干燥过程中垂直或斜曲表面涂膜形成自上而下的流痕或下边缘较厚的现象。（ ）

38. 露底和盖底不良是一个概念。（ ）

39. 在涂装强溶剂涂料（如硝基漆）时，容易产生咬底现象。（ ）

40. 咬底的产生原因之一是底层涂料未干（处在半干不干状态）就涂面层涂料。（ ）

41. 浮色、发花与涂膜形成过程中产生的对流现象密切相关。（ ）

42. 鲜映性不良就是涂层的装饰性差。（ ）

43. 涂膜（层）在正常干燥后如果发生不干返粘现象，可加入催化剂进行调整。（ ）

44. 涂料施工后出现返粘现象，说明涂料质量不好。（ ）

45. 涂料开桶后若发现粘度太高，只要加入稀释剂调节就可使用。（ ）

46. 涂料开桶后若发现粘度过低，则要退回涂料厂家进行调换。（ ）

47. 涂装施工时产生流挂，只和施工人员操作方法有关系。（ ）

48. 消除涂料中颗粒的方法就是加强过滤。（ ）

49. 所用涂料表面张力偏高，流平性、释放性差易产生缩孔。（ ）

50. 只有在涂膜较薄时才会出现桔皮缺陷，涂膜较厚时就不会出现桔皮缺陷。（ ）

51. 涂装时，涂料粘度过大、流平性差易产生桔皮缺陷。（ ）

52. 风化是涂膜的一种不可逆的破坏现象，是一种比粉化更为严重的涂膜破坏状态。（　）

53. 如果涂料中含有水分，则涂膜容易产生白霜。（　）

54. 涂料中渗入油或水，就会在施工后产生缩孔。（　）

55. 涂料开桶后发现有沉淀现象，则一定是因为涂料已经超过保质期。（　）

56. 涂料施工时有颗粒，多是因为涂料中含有碎漆导致的。（　）

57. 涂面漆后底涂层被咬起，可能的原因是两涂层之间有水。（　）

58. 咬底是指涂完面漆后，底涂层的涂料颜色返到上面来了造成的。（　）

59. 桔皮缺陷，是在喷涂时涂膜出现类似的桔皮、柚子皮那样的皱纹。（　）

60. 涂膜在打磨后再次放光，说明涂料质量较好。（　）

61. 涂装施工时，应避免色差的产生，以保持其较高的装饰性。（　）

62. 各种涂料的成膜机理是一样的。（　）

63. 涂膜烘干不良是因为烘干温度较低所致。（　）

64. 涂膜烘干时间越长越好。（　）

65. 电泳漆为水性涂料，不会出现针孔、缩孔等问题。（　）

66. 电泳涂膜会在未干燥前冲刷掉。（　）

67. 电泳后的湿涂膜表面未冲洗干净，从电泳槽中带出的槽液使涂膜产生再溶解，会产生针孔。（　）

68. 电泳槽中混入了油可通过在电泳槽循环系统中增设脱脂过滤袋去除。（　）

69. 磷化膜不均匀会导致涂膜粗糙。（　）

70. 涂膜在使用过程中，受紫外线、大气污染的作用，会使涂膜颜色减褪、变浅。（　）

71. 涂膜的厚度与使用时环境温度有关系。（　）

72. 油污可分为极性油污和非极性油污。极性油污有较强烈地吸

附在基体金属上的倾向，清洗较困难，要靠化学作用或较强的机械作用力来脱除。 ( )

73. 表面活性剂的作用能降低油污与水及油污与金属表面之间界面张力而产生的湿润、渗透、乳化、增溶、分散等多种作用。

( )

74. 阳极电泳涂料使用的成膜聚合物是阳离子型树脂，常用的都是多羟基的聚合物，中和剂为有机酸。 ( )

75. 阴极电泳涂料所用的成膜聚合物是阳离子型树脂，在树脂骨架中含有多数的胺基，中和剂为有机酸，如甲酸、乙酸、乳酸等。

( )

76. 汽车用的丙烯酸树脂面漆可分为热塑性和热固性两大类，前者要靠热、触媒或两者结合的作用才能固化成膜，而后者随溶剂的挥发而干燥。 ( )

77. 热固性粉末涂料的涂膜性能（外观装饰性、附着力、机械强度等）显著地优于热塑性粉末的涂膜。 ( )

78. 耐水砂纸号码代表所用磨粒的粒度，号码越大，粒度越粗。

( )

79. 在汽车涂装中使用的阴极电泳涂料，按耐腐蚀性能分为三级，即优质防腐级、良好防腐级和一般防腐级。 ( )

80. 涂装车间设计是一项复杂的技术工作。 ( )

81. 涂装车间设计包括工艺设计、设备设计、建筑和共用设施设计。 ( )

82. 涂装车间设计的第一步应是设备设计。 ( )

83. 工艺设计贯穿整个涂装车间项目设计。 ( )

84. 工艺设计有时也被称为概念设计。 ( )

85. 在各专业完成总图设计之后，即可进行设备施工。 ( )

86. 工艺设计中不包含工艺说明书。 ( )

87. 工艺设计时，可以不包含三废的治理设计。 ( )

88. 车间建成投产前的技术准备工作有时也需要由工艺设计人员来做。 ( )

89. 原始资料和设计基础数据是进行工艺设计的前提条件。（　）

90. 原始资料应由工艺设计人员自已去实地收集整理。（　）

91. 涂装所在地自然条件是指气候、温度、湿度、风向及大气含尘量等情况。（　）

92. 设计依据要符合环保要求。（　）

93. 涂装车间设计只要符合工厂标准即可。（　）

94. 在进行旧厂房改造时，要注意完整地提供原有资料。（　）

95. 动力能源有时被简称为五气动力点。（　）

96. 生产纲领即是被涂零件的班产量。（　）

97. 按照国家规定，工厂可一天开四班。（　）

98. 工厂开三班时，第三班的工作时间为 7h。（　）

99. 目前在设计时，工厂的年时基数为 250 天。（　）

100. 工厂的年时基数为不可变项目。（　）

101. 现代涂装车间可把工艺过程分为主要工序和辅助工序。（　）

102. 以汽车车身为例，生产过程可简单分为预处理、涂装、后处理三个主要工序。（　）

103. 涂装车间工艺就是工艺流程表。（　）

104. 工厂（车间）平面图一般的比例为 1:200。（　）

105. 车间设计时不用预留安全通道。（　）

106. 涂装材料管理是生产时非常重要的环节。（　）

107. 进厂检验是把住质量关的第一道工序。（　）

108. 涂装车间密封是防止灰尘进入。（　）

109. 车间的“3S”管理是指“整理”、“整顿”和“清扫”。（　）

110. 车间的“5S”管理与“3S”管理完全不同。（　）

111. 车间的“5S”管理比“3S”管理多了“清洁”和“素养”两项。（　）

112. 车间的“5S”管理中“清扫”和“清洁”内容相同。（ ）

113. 涂装工艺卡不是按工件的涂层质量分的，而是按涂装生产线分的。（ ）

114. 涂装生产过程中，涂装环境的清洁度对涂装质量的影响极大，其他条件（如温度、湿度、风速等环境条件）对涂装质量也有影响，都在生产管理之列。（ ）

115. 温度和相对湿度对有机溶剂型涂料的喷涂主要影响其挥发速度；对于水溶性涂料可以影响涂膜的流平性或产生流挂。（ ）

116. 空气喷涂是由空气和涂料混合使涂料雾化，雾化程度取决于喷枪的中心气孔和辅助空气孔喷射出来的空气流速和空气量。（ ）

117. 采用旋杯式静电喷枪，风速应控制在0.3～0.5m/s；采用空气静电喷枪，风速应控制在0.1～0.3m/s。（ ）

118. 根据工艺流程表、机械化运输流程图及有关的设备外形尺寸计算数据，从工件出口端开始进行设备布置设计。（ ）

119. 涂装材料可以在露天堆放，但是必须是环境良好的情况下。（ ）

120. 调制好的涂料一般不能操作三天的使用量，并应存装在清洁的密封容器中。（ ）

121. 在实际静电涂装时，最适宜的条件是希望保持气温在20℃以上，湿度在80%以下。（ ）

122. 钣金冲压件上涂漆比铸件上涂漆的消耗定额要大。（ ）

123. 平面布置图应包括平面图、立面图和剖面图。必要时，还要画出涂装车间在总图中的位置。（ ）

124. 为保证涂装车间的空气新鲜，喷涂室内的风速和微正压均应设置独立的供排风体系。（ ）

125. 涂装施工前的估工，就是操作前对完成一定数量的涂装生产任务所用的员工人数进行粗略的估算。（ ）

126. 阴极电泳的涂层质量与阳极电泳的涂层质量无明显区别。（ ）

127. 电泳涂装是采用电化学及物理化学技术应用于涂装生产的一门技术。（ ）

128. 电沉积是电泳涂装的最主要反应。（ ）

129. 阴极电泳涂料呈碱性。（ ）

130. 国内新开发的水性涂料主要包括水性电泳涂料和水性乳胶漆。（ ）

131. 辐射固化涂料包括紫外线固化涂料和电子束固化涂料。（ ）

132. 国外发达国家汽车用面漆正向水性涂料发展。（ ）

133. 国内外涂料正向着高装饰、高保护、低毒害、低污染、高效、节能的方向发展。（ ）

134. 喷涂室按捕集漆雾的方式及装置的不同可分为干式和湿式两大类。（ ）

135. 先进的地面输送设备是地面反向积放式输送机。（ ）

136. 阴极电泳涂装用的阳极，按形式可分为板式和管式两种。（ ）

137. 粉末回收装置中旋风分离器的回收效率最高。（ ）

138. 高速旋杯式喷涂机使涂料雾化主要靠离心力和静电力作用。（ ）

139. 使用高速旋杯式自动喷涂机喷涂时，旋杯的转速越高越好。（ ）

140. 粉末涂装得到的涂膜厚度一次只能在 30μm 以下。（ ）

141. 粉末涂装的缺点之一是换色困难。（ ）

142. 国内涂装领域涂膜快速固化技术是高红外线快速固化技术。（ ）

143. 高红外线快速固化技术不利于水性涂料的烘干。（ ）

144. 目前国内制造涂装用纯水的新技术是反渗透（RO）技术。（ ）

145. 利用超滤技术和反渗透技术相结合，可以实现电泳槽液和

后冲洗系统全封闭循环。（ ）

146. 电泳槽液中混入有害离子时需采用超滤才能排除。（ ）

147. 旋杯喷枪的喷涂形状是空心圆形。（ ）

148. 超滤装置不仅起到搅拌作用，而且还可以起到稳定电泳槽液作用。（ ）

149. 阴极电泳涂装时被涂物作为阳极。（ ）

150. 电泳槽按其形状，可分为船形和长方形两种。（ ）

151. 静电喷涂法与涂料的电阻值无关。（ ）

152. 阴极电泳涂料粒子带负电荷。（ ）

153. 高固体分溶剂型涂料，具有无溶剂污染，施工时涂料利用率高，一次涂层可达到要求厚度，节省能耗等优点。（ ）

154. 通过式适用于大批量流水生产线生产的大型件涂装；干式喷涂室适用于小批量生产的涂装。（ ）

155. 排风系统是将喷涂室内的被漆雾污染的空气直接排出厂房，并使排风量和送风量达到一定的平衡。（ ）

156. 滑橇输送机是依靠滑橇来实现喷涂工件运输的，具有自由分流、合线、积放存储、垂直升降、可实现多层空间布置等优点。（ ）

157. 超滤系统过滤装置是一种选择性透过膜，允许水、小分子溶剂和低相对分子质量的树脂通过，通过它的电泳涂料，即可分离出超滤液。（ ）

158. 在现代化的阳极液系统中，阳极液的电导率是手动控制的，当电导率超过设定值上限时，将排放阳极液，加入新鲜纯水，直到电导率符合设定值为止。（ ）

159. 旋杯式静电喷涂设备，是在喷涂工作时，旋杯高速旋转（30000r/min 左右），涂料滴在旋杯表面依靠离心力被甩出，在甩出的同时附上高压静电，在静电力和离心力的共同作用下得到最佳的雾化效果。（ ）

160. 当槽液电导率低于规定值下限时，可用纯水置换超滤液来降低。（ ）

161. 静电场的电场强度主要取决于电压和极距（即被涂物与放

电极之间的距离）。它与电压高低成反比，与极距成正比。（ ）

162. 工业三废通常是指废水、废气、废料。（ ）

163. 涂料污染主要是指有机溶剂型涂料的使用污染。（ ）

164. 涂装生产过程中的废水主要来自工件预处理和涂装施工过程中的废水。（ ）

165. 工业废水不仅在生产过程中产生，也在生产后清理阶段产生。（ ）

166. 现代化电泳生产线的闭环式水循环已完全解决了工业废水的污染问题。（ ）

167. 金属涂装前的表面预处理工序是大量产生工业废气的工序。（ ）

168. 喷漆车间里的大量涂料微粒飘散是严重的废气污染。（ ）

169. 空气辅助型喷涂污染大于静电喷涂污染。（ ）

170. 金属涂装前表面预处理会产生大量工业废渣。（ ）

171. 涂装生产过程中的粉尘，由于粉末涂装的出现和广泛应用而显得突出起来。（ ）

172. 粉末喷涂室如果密封不好会造成严重的粉尘污染。（ ）

173. 因为表面活性剂是脱脂用的，因而它对环境没有坏处。（ ）

174. 磷化处理液中因为含有磷，因而它对土壤是有好处的废液。（ ）

175. 涂装废渣如果不经处理就倒掉，会严重危害土壤和水源。（ ）

176. 空气辅助喷漆因为涂料雾化完全，因而空气中溶剂与涂料飞散得多，污染比较严重。（ ）

177. 涂料滴入眼中应立即用溶剂冲洗。（ ）

178. 水性涂料是涂料向无公害发展的一个方向。（ ）

179. 含有六价铬的工业废渣应进行填埋处理，防止铬向外扩散。（ ）

180. 含有有机溶剂的废气通常是通过燃烧进行净化处理的。 ( )

181. 含酸废水可以用中和法来处理。 ( )

182. 20 世纪 80 年代后，广泛推广使用超滤膜治理法治理电泳涂装废水。 ( )

183. 含六价铬的废水可用中和法来进行处理。 ( )

184. 在很多涂装生产线上是用水幕法或水旋法来收集多余涂料的。 ( )

185. 涂装生产过程中的噪声，主要是涂装设备运行时产生的。 ( )

186. 风道中产生的噪声可通过加厚壁板来减轻和消除。( )

187. 噪声对人身体的危害不大，不应作为污染来管理。( )

188. 刷涂时，只要涂料不滴在周围就没有污染。 ( )

189. 涂装操作时，不仅飞散的涂料是污染，溶剂挥发也给周围的环境带来许多污染。 ( )

190. 腻子里的有机物也会给环境带来危害。 ( )

191. 废酸液和废碱液可以先通过混合后中和处理，然后再投放药剂的方式来处理，可降低成本，减少污染。 ( )

192. 将涂装前表面预处理的废料收集利用，既可消除污染，又可增加效益。 ( )

193. 涂装中的涂料、废渣，主要含有有机树脂、颜料、填料和有机溶剂等化学污染物。 ( )

194. 废水中含有预处理液中的所有化学物质和有害金属盐、重金属离子以及各种油类制剂。 ( )

195. 结晶回收法用于治理含盐酸量大的废水。 ( )

196. 蒸发回收法是利用水蒸气的气压比硝酸、氢氟酸蒸气压低的性质，蒸发冷却后回收废酸的。 ( )

197. 对于涂装生产过程中的噪声，国家规定的要求是降至 78dB 以下。 ( )

二、选择题（将正确答案的序号填入括号内）

1. 下面哪一个不是预处理脱脂效果不佳的原因（　　）。

A. 脱脂时间过短　　B. 脱脂温度偏低

C. 脱脂剂浓度偏低　　D. 脱脂剂浓度偏高

2. 下面哪一个不是磷化膜过薄的产生原因（　　）。

A. 总酸度过高　　B. 磷化时间不够

C. 磷化时间过长　　D. 促进剂浓度高

3. 在电泳涂装中，涂装质量最好的方法是（　　）。

A. 阳极电泳法　　B. 阴极电泳法

C. 白泳涂装法　　D. 自泳涂装法

4. 在粉末涂装方法中，最有发展前途的是（　　）。

A. 流化床涂装法　　B. 静电涂装法

C. 静电流化床法　　D. 粉末熔融涂装法

5. 由于设备工具的结构组成及使用涂料的特点等原因，（　　）的涂料利用率高、环境污染少。

A. 电泳涂装法　　B. 静电涂装法

C. 粉末涂装法　　D. 空气喷涂法

6. 20世纪80年代中期，国内新出现的涂装方法是（　　）。

A. 粉末涂装法　　B. 阴极电泳法

C. 高压无气喷涂法　　D. 静电涂装法

7. 电泳过程的最终过程为（　　）。

A. 电泳　　B. 电渗　　C. 电沉积　　D. 电解

8. 锌盐磷化膜由 $Zn_3(PO_4)_2 \cdot 4H_2O$ 与 $Zn_2Fe(PO_4)_3 \cdot 4H_2O$ 组成，分别以H及P代号表示。P比是两种磷酸盐结晶含量之比，其表达式为（　　）。

A. P/H　　B. P/（P+H）

C. H/P　　D. H/（H+P）

9. 下列哪个是常用的热塑性粉末涂料（　　）。

A. 环氧粉末涂料　　B. 丙烯酸粉末涂料

C. 聚丙烯粉末涂料　　D. 聚酯粉末涂料

10. 下列哪种粉末涂装法要求粉末涂料流动温度和分解温度相差较大（　　）。

A. 等离子喷射法　　B. 流动床浸渍法

C. 火焰喷射法　　D. 静电粉末喷涂法

11. 在电泳涂装过程中，当涂料的固体分被吸收到阴极上并沉积下来时，水分在电场的持续作用下从涂膜中渗析出来，引起涂膜脱水的化学物理现象是什么（　　）。

A. 电渗　　B. 电泳　　C. 电沉积　　D. 电解

12. 挥发型溶剂涂料、自干涂料和触媒聚合型涂料适用哪种固化方式（　　）。

A. 加速干燥　　B. 烘烤干燥　　C. 自然干燥　　D. 照射固化

13. 下列哪项不是涂料生产过程中造成失光的原因（　　）。

A. 配料时加入的溶剂、稀释剂不当，质量不好

B. 稀释剂与催干剂加入量过多，造成涂膜表面干燥过快而失光

C. 加入油料不对，产生了聚合反应

D. 溶剂的强弱与成膜物质不配套

14. 下列哪项不是涂料生产过程中造成起皱的原因（　　）。

A. 涂料中加入的油料、催干剂不当

B. 配料的组分比例不对

C. 涂料的混炼时间不足，混溶不好，反应不充分

D. 加入的干性油、半干性油或不干性油量不准确

15. 下列哪项不是防治涂装过程出现的流挂现象（　　）。

A. 先薄喷一道，表干后正常喷第二道

B. 在喷涂前确保被涂物表面彻底清洁，光滑的涂膜表面应预先打磨过

C. 检查涂料的粘度及喷涂气压

D. 建立良好的防尘清洁管理制度

16. 涂料开桶后发现粘度太稠，其产生原因一般是（　　）。

A. 原料中部分组分密度过大

B. 颜料研磨时间不足，方法不当

C. 溶剂加入量太少

D. 催化剂使用不当

17. 流挂是涂料下面哪一种现象（　　）。

A. 涂料干燥后涂层表面呈一个个的小球状或线状顶端呈一小圆珠的流淌

B. 涂料开桶后粘度太稀

C. 涂层干燥后外观呈桔皮状

D. 涂料干燥成膜后的表面收缩而产生麻点

18. 涂膜表面颜色不均匀，呈现色彩不同的斑点或色纹的现象，称为（　　）。

A. 发白　　B. 发花　　C. 浮色　　D. 渗色

19. 涂料中有颗粒可采用下面哪种方法消除（　　）。

A. 倒掉不用

B. 用稀释剂调整

C. 取两桶涂料混合搅拌均匀后再用

D. 用过滤网过滤

20. 涂料失光的主要原因是（　　）。

A. 涂料中有油或水　　B. 溶剂、稀释剂使用不当

C. 加入油料不对产生聚合　　D. 涂装环境较脏

21. 喷涂后涂膜出现桔皮状，可采用下列（　　）方法消除。

A. 加入清漆进行调整　　B. 多加入颜料分

C. 调整涂料粘度和操作手法　　D. 再烘干一次

22. 涂料盖底特性较差，与生产过程有关的原因是（　　）。

A. 生产涂料时混入了水分　　B. 生产涂料时较潮湿

C. 颜料分调配不准　　D. 少加颜料，多加稀释剂

23. 涂料干燥成膜后外观呈现收缩（聚合或缩合）而产生麻点、阴阳面、色度不同等缺陷的原因是（　　）。

A. 缩孔　　B. 桔皮　　C. 起皱　　D. 干结

24. 下列原因中不能导致涂料干结的是（　　）。

A. 油料聚合过度　　B. 树脂聚合过度

C. 溶剂投入量太大　　D. 高酸价树脂与盐类发生作用

25. 下面哪些缺陷可能在涂料储存过程中产生（　　）。

A. 起皱　　B. 浑浊　　C. 发笑　　D. 失光

26. 涂料开桶后发现浑浊的产生原因可能是（　　）。

A. 颜料发生沉淀引起　　B. 包装桶破裂

C. 脂类溶剂水解与铁容器反应　　D. 涂料粘度过高

27. 下面哪些方法可以防止流挂（　　）。

A. 提供清洁的压缩空气

B. 底层涂料干燥后再涂面层涂料

C. 搅拌涂料，仔细过滤

D. 严格控制涂料的施工粘度和施工温度

28. 下面哪一条原因可抑制产生流挂（　　）。

A. 喷涂距离过近，角度不当　　B. 涂料粘度过低

C. 涂料搅拌均匀　　D. 涂料中含有密度大的颜料

29. 下列能控制涂料中颗粒的因素是（　　）。

A. 超过保质期一段时间的涂料也可使用

B. 在露天环境下进行涂装操作

C. 涂料开封后立即使用

D. 严格控制涂料施工环境的清洁度

30. 下列导致涂料产生咬底现象的是（　　）。

A. 涂面漆后，底涂层被咬起脱离的现象

B. 涂料喷涂时，涂膜产生像桔皮的现象

C. 涂料表面有流淌的痕迹

D. 喷涂涂膜过厚

31. 涂料在涂装中，不时有底层涂料颜色跑到面层表面形成不均匀混色的现象称为（　　）。

A. 咬底　　B. 桔皮　　C. 流淌　　D. 渗色

32. 下面哪些方法不能控制渗色？（　　）

A. 在含有有机颜料的涂层上，不宜涂异种颜料的涂料

B. 涂封底漆颜料

C. 底层干透后再涂下道漆

D. 清除底层着色物质后再涂上层漆

33. 下面哪种方法能消除桔皮缺陷（　　）。

A. 提高涂料粘度　　B. 控制走枪速度和喷涂距离
C. 使用快蒸发溶剂　　D. 使用较低的喷涂压力

34. 下列哪种方法不能消除涂层色差（　）。
A. 将涂料粘度调到适合值
B. 减少生产线补漆
C. 换色时洗净输漆管路
D. 控制烘干温度，保证烘干良好

35. 可能引起涂装后发花的原因是（　）。
A. 涂料施工粘度较低　　B. 被涂物外形复杂
C. 底涂层溶剂未完全挥发　　D. 涂料中颜料分散不良

36. 关于缩孔下列说法正确的是（　）。
A. 涂装工具、工作服不会导致缩孔产生
B. 涂装环境不清洁能引起缩孔产生
C. 在喷涂前用裸手检查底材质量
D. 普通压缩空气不会引起缩孔

37. 下面哪些条件不会引起干燥不良（　）。
A. 干燥、高温的涂装环境
B. 涂膜厚度均匀，薄厚适中
C. 节约资金，少用催干剂
D. 被涂物清理干净，无水及油等杂质

38. 涂装过程中最容易产生颗粒的过程是（　）。
A. 涂料的运输过程　　B. 涂料的烘干过程
C. 涂装过程　　D. 涂料储存过程

39. 涂料涂装成膜后，表面呈轻微白色的现象称为（　）。
A. 缩孔　　B. 流挂　　C. 失光　　D. 白霜

40. 关于涂料使用的状态，下面哪些描述是正确的（　）。
A. 涂料表面有一层保护膜　　B. 涂料颜色均匀
C. 涂料下部有沉淀　　D. 涂料非常粘稠

41. 下面能导致涂料咬底的原因是（　）。
A. 涂料未干透就进行下道涂装
B. 涂层过薄

C. 涂料配套性较好

D. 下涂层未进行打磨

42. 电泳涂膜被再溶解后会发生下列什么现象（　　）。

A. 涂膜变薄　　B. 涂膜光泽增高

C. 产生缩孔　　D. 表面发黄

43. 下面哪一项不是导致电泳涂膜过厚的原因（　　）。

A. 槽液固体分含量过高　　B. 泳涂电压偏高

C. 泳涂时间过长　　D. 槽液电导率低

44. 下列哪些方法可以解决涂料盖底不良的问题（　　）。

A. 加强涂料进厂检验　　B. 清洁涂装环境

C. 减少涂料的底、面漆色差　　D. 选择良好的溶剂

45. 涂膜干燥不良的原因可能是（　　）。

A. 涂料太稀　　B. 涂料的表干剂使用量过多

C. 涂料的干燥环境不适合　　D. 涂装环境湿度过高

46. 关于电泳涂装，下列说法正确的是（　　）。

A. 电泳涂装技术性强，涂膜出现缺陷少

B. 电泳涂装同样会产生针孔、缩孔等缺陷

C. 电泳涂膜越厚越好

D. 电泳涂装 pH 值控制要求严格

47. 粉末涂装不易出现的缺陷有（　　）。

A. 颗粒　　B. 流挂　　C. 发花　　D. 针孔

48. 下面哪一项不是导致粉末涂装涂膜厚薄不均匀的原因（　　）。

A. 供粉不均匀，粒度不一　　B. 喷枪与被涂物之间距离不当

C. 操作不当　　D. 磷化膜粗厚疏松

49. 涂膜返铜光的防治方法不可以采用（　　）。

A. 除尽压缩空气里的油　　B. 选择耐候好的品种

C. 保持周围环境的清洁　　D. 底层涂料打磨后再喷涂

50. 表面活性剂的临界胶束浓度（CMC）的顺序是（　　）。

A. 离子型 > 两性型 > 非离子型

B. 非离子型 > 两性型 > 离子型

C. 两性型 > 离子型 > 非离子型

D. 离子型 > 非离子型 > 两性型

51. 下列不是磷化的分类方法的是（　　）。

A. 磷化成膜体系　　B. 磷化膜厚度

C. 磷化温度　　D. 磷化时间

52. 现今采用的焊缝密封涂料和车底涂料 PVC 是什么（　　）。

A. 氯乙烯　　B. 聚氯乙烯

C. 聚氯乙烯树脂　　D. 聚氨酯

53. 哪一项不是选择面涂涂料的依据（　　）。

A. 抗崩裂性　　B. 良好的打磨性

C. 耐潮湿性和防腐蚀性　　D. 耐候性

54. 下面哪一个不是磷化膜成膜不完全的原因（　　）。

A. 总酸度不够　　B. 磷化温度低

C. 促进剂浓度低　　D. 游离酸度高

55. 下面哪一个不是未来阴极电泳漆的发展方向（　　）。

A. 不含重金属和有机溶剂的阴极电泳漆

B. 节能、降低电泳漆的烘干温度

C. 提高电泳漆烘干温度

D. 进一步提高电泳漆的性能

56. 下面哪一个不是中涂涂料的功能（　　）。

A. 具有良好的填充性，消除底层微小的凸凹缺陷

B. 与底层和面涂层具有良好的结合力

C. 具有良好的遮盖力

D. 具有良好的防腐蚀性

57. 汽车车身空腔部分喷蜡的目的是（　　）。

A. 提高耐腐蚀性　　B. 增加耐候性

C. 提高耐潮湿性　　D. 增加耐药剂性

58. 涂装车间设计不包括（　　）。

A. 工艺设计　　B. 设备设计

C. 建筑及共用设施设计　　D. 外围环境设计

59. 工艺设计有时又被称作（　　）。

A. 长期设计　B. 概念设计　C. 生产设计　D. 设备设计

60. 下面哪些内容不是设计的原始资料（　）。

A. 工厂状况　B. 产品资料

C. 环保要求　D. 外围环境设计

61. 车间设计的自然条件通常不包括（　）。

A. 周围交通是否便利　B. 环境湿度

C. 大气含尘量　D. 冬季最低温度

62. 下面哪些内容不属于动力能源的内容（　）。

A. 电力　B. 水力　C. 风力　D. 压缩空气

63. 生产纲领是指车间每（　）的产量。

A. 年　B. 天　C. 月　D. 班

64. 根据国家规定，一天开三个班总共工作时间为（　）h。

A. 24　B. 23　C. 25　D. 22

65. 工厂中只有在第（　）班时为7h工作。

A. 四　B. 二　C. 三　D. 白

66. 年时基数是指每年的工作天数，通常为（　）天。

A. 365　B. 300　C. 150　D. 250

67. 进厂检验之所以重要，因为它是涂料入厂第（　）道工序。

A. 一　B. 三　C. 最后　D. 中间

68. 涂装车间的空气压力对于外界环境应为（　）。

A. 负压　B. 正压　C. 平衡　D. 气流流动

69. 调漆间通风换气为每小时（　）次。

A. 10~20　B. 5~10　C. 10~12　D. 15~18

70. 涂装车间因为有大量涂装废气，因而（　）。

A. 要保持良好的通风　B. 保持车间负压排风好

C. 保持正压，废气不泄漏　D. 定期让废气燃烧后排放

71. 涂装现场的"3S"管理不包括（　）。

A. 整理　B. 整顿　C. 清扫　D. 清洁

72. 涂料储存时应注意（　）。

A. 气温越低，涂料越不易变质

B. 放在阳光下保持稳定

C. 材料的导电良好

D. 长期储存，以防将来不够用

73. 在涂料储存时，不应该（　　）。

A. 在5～30℃下储存　　B. 露天摆放涂料

C. 短期储存，使用更新　　D. 严禁周围烟火

74. 调制涂料时要注意（　　）。

A. 取过一个空桶就可以使用　　B. 开桶后立即调制涂料

C. 雨后立即开桶调制涂料　　D. 用清洁的桶调制涂料

75. 在进行厂房设计时，设备距离厂房柱子或墙壁要（　　）。

A. 不要太近，要有预留空间　　B. 紧紧贴着

C. 要保持1m以上　　D. 越远越好

76. 车间中的安全通道和安全疏散门（　　）。

A. 可有可无　　B. 只留一个　　C. 没有必要　　D. 一定要有

77. 在画车间平面图时，其比例通常为（　　）。

A. 1:1　　B. 1:50　　C. 1:100　　D. 1:200

78. 厂房中所需要的水、电、压缩空气、蒸汽和煤气被统称为（　　）。

A. 动力电　　B. 五气动力　　C. 物料供应　　D. 重要供应

79. 在进行涂装车间设计时，当各专业完成总图设计后要（　　）。

A. 立即进入下一步工作　　B. 停工休息

C. 大功告成　　D. 审查会签

80. 涂装车间设计的第一步是（　　）。

A. 土建设计　　B. 厂房设计　　C. 工艺设计　　D. 设备设计

81. 下面哪一项是贯穿于涂装车间项目的设计（　　）。

A. 工艺设计　　B. 公用设施设计

C. 建筑设计　　D. 设备设计

82. 车间设计时的原始资料（　　）。

A. 不是很重要

B. 向政府部门索要

C. 向有关部门购买

D. 自己去收集或要求有关部门提供

83. 对于环保法规，有些地区没有特殊要求，就应该（　　）。

A. 可以置之不理　　B. 遵照国家规定

C. 自己制定　　D. 找消防部门解决

84. 以汽车车身为例，涂装生产过程可分为（　　）。

A. 预处理、涂装

B. 涂装、后处理

C. 预处理、涂装、后处理

D. 预处理、涂装、烘干、后处理

85. 进行车间生产管理时，采用“5S”或“3S”，它们之间（　　）。

A. 完全不同　　B. 只有少数相同

C. “5S”是“3S”的发展　　D. 完全相同

86. 在进行设备设计布置时，根据设备的外形尺寸，应从（　　）端进行设计。

A. 末端　　B. 中间　　C. 任意处　　D. 入口

87. 对于公用部门、公用设备及附属部门设计时（　　）。

A. 不应在考虑范围内　　B. 应预留相应面积

C. 非常重要，优先考虑　　D. 可有可无

88. 对于涂装车间的设备操作不应（　　）。

A. 任其运转，偶尔看看　　B. 专人负责

C. 有操作规程　　D. 定期维修

89. 下列哪项不是喷涂生产的环境管理（　　）。

A. 工件的清洁度

B. 施工人员的防尘措施

C. 检查涂膜的均一性和膜厚与干燥程度

D. 空调喷涂室的应用

90. 将一个颗粒剖开后，观察到它的内部是一个与中涂漆同色的灰粒，造成该颗粒的原因是（　　）。

A. 中涂颗粒没有被打磨掉

B. 中涂打磨粉尘造成

C. 工装漆渣脱落造成的

D. 喷漆用尼龙手套的纤维造成的

91. 按洁净度要求涂装车间分成三级，其中高级洁净区是指哪个区域（　　）。

A. 预处理　　B. 电泳

C. 密封、打磨、精修　　D. 喷漆作业区

92. 涂装环境对涂膜的质量影响极大，其中，气温应在（　　）℃范围内。

A. 10～30　　B. 15～30　　C. 10～25　　D. 15～20

93. 涂装环境对涂膜的质量影响极大，其中，空气相对湿度应在（　　）℃范围内。

A. 45%～70%　　B. 45%～75%

C. 50%～75%　　D. 40%～75%

94. 底材应很好的干燥，底材表面的温度较气温低时易结露。所以，底材表面温度必须比大气温度高（　　）℃。

A. 2～3　　B. 1～2　　C. 1～3　　D. 1～4

95. 对于一般的涂装车间，适宜的通风换气量为室内总容积的（　　），调漆间的通风换气量为（　　）。

A. 2～4 倍，10～12 次/h　　B. 2～4 倍，8～10 次/h

C. 4～6 倍，8～10 次/h　　D. 4～6 倍，10～12 次/h

96. 目前国内外汽车行业用的阴极电泳涂料正向（　　）化方向发展。

A. 薄膜　　B. 中厚膜　　C. 厚膜　　D. 中膜

97. 高固体分涂料一般是指施工时固体分达到质量分数为（　　）以上的涂料。

A. 40%　　B. 50%　　C. 60%　　D. 70%

98. 以欧洲为主的工业发达国家，汽车用中间涂料和面漆已向（　）化发展。

A. 溶剂　　B. 水性　　C. 粉末　　D. 静电

99. 浸涂方法中清除工件多余涂料装置最先进的方法是(　　)。

A. 手工法　B. 机械法　C. 滴落法　D. 静电法

100. 高压无气喷涂设备的使用始于20世纪（　）年代。

A. 50　B. 60　C. 70　D. 80

101. 高压无气喷涂设备所采用的动力源较先进的是（　）。

A. 电动式　B. 气动式　C. 油压式　D. 水轮式

102. 空气喷涂溶剂型涂料所采用的涂料供给装置中，较先进的输送金属底漆的方式为（　）。

A. 涂料增压箱　B. 盲端式循环系统

C. 二线式循环系统　D. 三线式循环系统

103. 下面几种烘干炉中比较节能的一种是（　）。

A. 直通式　B. 桥式

C. ∏字型（A字型）　D. 封闭式

104. 粉末涂装时换色最快需要（　）h。

A. 0.5　B. 1　C. 1.5　D. 2

105. 在电泳涂装所发生的电化学物理现象是（　）发生电解反应。

A. 乳液　B. 水　C. 色浆　D. 中和剂

106. 在电泳涂装发生的电化学物理现象中，（　）现象使涂膜脱水，从而使涂膜致密化。

A. 电泳　B. 电解　C. 电渗　D. 电沉积

107. 在通常情况下，阴极电泳涂装槽液的固体分质量分数应控制在（　）内。

A. 10%～15%　B. 15%～20%

C. 18%～20%　D. 20%～25%

108. 电泳涂装时，当泳涂电压低于某一电压值时，几乎泳涂不上涂膜，这一电压称为（　）。

A. 工作电压　B. 临界电压　C. 破坏电压　D. 极限电压

109. 国内阴极电泳涂装始于20世纪（　）。

A. 50年代初期　B. 60年代中期

C. 80年代中期　D. 90年代末期

110. 静电涂装时，静电场的电场强度与（　）有关。

A. 电压　　B. 极距
C. 电压与极距　　D. 工件的形状

111. 根据经验，静电涂装最适宜的电场强度为（　　）V/cm。
A. 1000～2000　　B. 2000～3000
C. 3000～4000　　D. 4000～5000

112. 利用高速旋杯喷涂工件时，喷径的大小主要取决于（　　）。
A. 空气压力大小　　B. 涂料的流量
C. 旋杯的转速　　D. 电场强度

113. 高红外线快速固化技术中，高红外元件的起动时间大约需要（　　）s。
A. 1～2　　B. 1～3　　C. 2～4　　D. 3～5

114. 在涂装用水方面，只要原水电导率在（　　）μS/cm 以下，利用单级反渗透即可实现。
A. 200　　B. 300　　C. 400　　D. 500

115. 高红外线快速固化技术最显著的特点是（　　）。
A. 节能　　B. 固化速度快
C. 设备占地面积小　　D. 温度易控制

116. 在磷酸锌系磷化过程中，促进剂是指（　　）。
A. H_3PO_4　　B. $Zn(H_2PO_4)_2$
C. O　　D. $Zn_3(PO_4)_2$

117. 磷酸铁系磷化处理液 pH 值为（　　）。
A. 3～4　　B. 4～5　　C. 6～7　　D. 4.5～6

118. 磷酸锌重量不与（　　）有关。
A. 结晶的形状　　B. 膜厚　　C. 孔隙率　　D. 附着力

119. 喷雾式处理所得磷化膜厚度为（　　）μm。
A. 2～6　　B. 10～30　　C. 5～50　　D. 20～50

120. 浸渍式处理所得磷化膜厚度为（　　）μm。
A. 2～10　　B. 10～30　　C. 5～50　　D. 20～50

121. 对磷化效果没有影响的是（　　）。
A. 总酸度　　B. 磷化物大小

C. 游离酸度　　　　　　　　D. 促进剂含量

122. 电泳涂装首先产生的电化学物理现象是（　　）。

A. 电解　　　　B. 电泳　　　　C. 电沉积　　　　D. 电渗

123. 电泳涂装最终过程为（　　）。

A. 电解　　　　B. 电泳　　　　C. 电沉积　　　　D. 电渗

124. 涂膜厚度与沉积涂层的电阻（　　）。

A. 呈正比　　　　B. 呈反比　　　　C. 不呈比例　　　　D. 无关系

125. 浸涂方法中清除工件多余涂料装置最先进的方法是（　　）。

A. 手工法　　　　B. 机械法　　　　C. 滴落法　　　　D. 静电法

126. 电泳槽液因故障停止搅拌时间不应超过（　　）。

A. 0.5h　　　　B. 1h　　　　C. 2h　　　　D. 3h

127. 电泳漆运动速度为（　　）m/s。

A. 0.1~0.2　　　　B. 0.2~0.3　　　　C. 0.3~0.4　　　　D. 0.4~0.5

128. 管内槽液流速为（　　）m/s。

A. 0.5~1.5　　　　B. 1.5~2.5　　　　C. 2.5~3.5　　　　D. 3.5~4.5

129. 系统每小时通过过滤器的循环次数为（　　）次。

A. 2~4　　　　B. 3~5　　　　C. 4~6　　　　D. 5~7

130. 电泳最后去离子水洗后烘干前，应在空气中干燥（　　）min，不能潮湿。

A. 1　　　　B. 2　　　　C. 3　　　　D. 4

131. 低温烘干一般是在（　　）℃以下。

A. 30　　　　B. 50　　　　C. 80　　　　D. 100

132. 大批量生产流水线烘干时间一般都限制在（　　）min 之内。

A. 20　　　　B. 25　　　　C. 30　　　　D. 35

133. 每平方米工件需新鲜超滤液（　　）L。

A. 0.5~1　　　　B. 1~1.5　　　　C. 1.5~2　　　　D. 2 以上

134. 现在轿车涂装（　　）以上已采用电泳底漆。

A. 70%　　　　B. 80%　　　　C. 90%　　　　D. 100%

135. 电泳涂装的涂料利用率能达到（　　）以上。

A. 80%　　B. 85%　　C. 90%　　D. 95%

136. 阴极电泳涂膜具有比阳极电泳涂膜更（　）防腐蚀能力。

A. 好一些　　B. 差的　　C. 优良的　　D. 相近的

137. 目前国内应用较广的粉末涂装工艺是（　　）。

A. 静电振荡流化床　　B. 静电喷涂

C. 粉末电泳　　D. 流化床

138. 国内阴极电泳涂装已在（　）行业广泛应用。

A. 轻工　　B. 铸造　　C. 电器　　D. 汽车

139. 底涂层质量高的是（　　）所形成的涂层。

A. 溶剂型涂料　　B. 阴极电泳涂装

C. 高固体分涂料　　D. 富锌底漆

140. 目前国内粉末涂料主要应用在（　）行业。

A. 汽车　　B. 家电　　C. 轻工　　D. 建筑

141. 国内先进的地面输送机并应用于涂装生产的是（　）。

A. 地面反向积放式输送机　　B. 普通地面推式输送机

C. 滑橇输送机　　D. 鳞板式地面输送机

142. 目前国内应用较广泛的超滤元件是（　　）。

A. 管式　　B. 板式　　C. 卷式　　D. 中空纤维式

143. 在下列粉末回收装置中，哪种回收效率最高（　）。

A. 旋风分离器　　B. 烧结板过滤器

C. 袋式过滤器　　D. 板式过滤器

144. 电泳后冲洗最后一道冲洗用纯水电导率控制在（　）μS/cm 以下。

A. 10　　B. 20　　C. 30　　D. 50

145. 进入电泳槽前被涂物的滴水电导率应不大于（　）μS/cm。

A. 10　　B. 20　　C. 30　　D. 50

146. 被涂物出电泳槽至清洗槽的间歇时间不应大于（　）min。

A. 0.5　　B. 1　　C. 1.5　　D. 2

147. 采用高速旋杯式自动喷涂机喷涂工件时，旋杯距工件的距离应控制在（　）cm 内。

A. 10~15　B. 15~20　C. 20~25　D. 25~30

148. 粉末喷涂时的粉末粒子直径大小在（　）μm内较好。

A. 10~20　B. 20~30　C. 20~60　D. 30~50

149. 采用高速旋杯式自动静电喷涂机时，涂料液滴雾化直径可达到（　）μm。

A. 20~30　B. 30~50　C. 50~100　D. 100~200

150. 静电喷涂时喷房内的风速为（　）m/s。

A. 0.1~0.2　B. 0.2~0.3　C. 0.3~0.4　D. 0.4~0.5

151. 高压无气喷涂设备最初采用的动力源是（　）。

A. 气动式　B. 电动式　C. 油压式　D. 无气式

152. 目前国内外采用比较普遍的喷涂室是（　）。

A. 文丘里型　B. 喷射水洗型

C. 水幕喷洗型　D. 旋风动力管型

153. 电泳涂装所采用的机械化运输设备目前比较先进的是（　）。

A. 自行葫芦　B. 积放式悬挂输送机

C. 摆杆输送机　D. 龙门式自动行车输送机

154. 磷化处理是一次性粉末涂装所必须的工序，磷化膜的厚度应保持在（　）g/m^2 以下。

A. 1　B. 3　C. 5　D. 7

155. 下面哪一种烘干技术的固化速度最快（　）。

A. 远红外烘干法　B. 高红外烘干法

C. 热风对流烘干法　D. 辐射烘干法

156. 不是上送风下抽风型喷涂室的是（　）。

A. 文丘里型　B. 喷射水型

C. 水幕喷洗型　D. 旋风动力管型

157. 不是阴极电泳涂装用的阳极形式的是（　）。

A. 板式　B. 柱状　C. 管式　D. 弧形

158. 生产过程中的三废通常是指（　）。

A. 废水、废气、废油　B. 废水、废渣、废件

C. 废水、废气、废渣　D. 废油、废渣、废气

159. 涂装过程中废气源主要有（　　）。

A. 压缩空气泄漏　　B. 其他厂房空气污染

C. 氟里昂飞散　　D. 过喷漆雾和有机溶剂飞散

160. 下面哪些废水属于涂装中废水（　　）。

A. 酸洗废水　　B. 喷漆时冲洗废水

C. 磷化废水　　D. 表面钝化废水

161. 下面哪处废水中含有六价铬（　　）。

A. 磷化废水　　B. 表调废水　　C. 钝化废水　　D. 酸洗废水

162. 下面哪种方法正在国际上普遍用来治理废水污染（　　）。

A. 混凝法　　B. 填埋法　　C. 超滤法　　D. 生物治理法

163. 涂装过程中产生的废气通常是由下面哪种方法来治理的（　　）。

A. 水过滤法　　B. 燃烧法　　C. 自然排放法　　D. 酸过滤法

164. 涂装三废不包括（　　）。

A. 废料　　B. 废水　　C. 废气　　D. 废渣

165. 下面哪些方法不能消除六价铬（　　）。

A. 酸洗法　　B. 氧化还原法

C. 离子吸附法　　D. 电解法

166. 涂装中不能产生下面哪些废渣（　　）。

A. 树脂胶体废渣　　B. 重金属离子废渣

C. 有机、无机颜料　　D. 金属屑

167. 喷涂室内不能产生哪种有害物质（　　）。

A. 废油　　B. 废水　　C. 废气　　D. 废渣

168. 含酸废水不能用什么方法回收治理（　　）。

A. 结晶法回收　　B. 溶剂萃取法回收

C. 自然排放法回收　　D. 蒸馏法回收

169. 喷涂过程中产生的废气可用下列哪些方法治理（　　）。

A. 离子吸附法　　B. 冷凝法　　C. 生物治理法　　D. 吸收法

170. 下面哪些方法不能治理涂装废水（　　）。

A. 混凝法　　B. 生物治理法

C. 吸收法　　D. 超滤膜治理法

171. 下面关于噪声的说法中正确的是（　　）。
A. 噪声只有大到一定强度才对人有危害
B. 音乐不能成为噪声
C. 噪声对人身体的影响不大
D. 噪声不可能被治理

172. 噪声不可能由下面哪种途径产生（　　）。
A. 设备产生噪声　　B. 自然环境产生噪声
C. 气流产生噪声　　D. 电动、气动工具产生噪声

173. 对于设备产生的噪声可采用（　　）治理。
A. 没有办法处理，只好听之任之
B. 不起动设备，减少噪声
C. 更改设计，重选设备
D. 可采用隔音罩或将设备单独封闭

174. 水源中含油量在（　　）mg/L 值以上时鱼类就会死亡。
A. 0.01　　B. 0.05　　C. 0.0001　　D. 0.003

175. 粉尘的危害有哪些（　　）。
A. 对人的听力有损害　　B. 污染天空臭氧层
C. 可能导致爆炸　　D. 污染水源和生物

176. 下面设备哪些能产生废气（　　）。
A. 空压机及其附件　　B. 电动排风机等
C. 涂料烘干炉　　D. 废漆处理间

177. 涂装废气对人体的严重影响主要表面是（　　）。
A. 血压降低，白血球减少　　B. 使人立刻停止呼吸
C. 使人脸色红润　　D. 使人变得懒惰

178. 操作工得了矽肺病，可能是由（　　）导致的。
A. 废水　　B. 废渣　　C. 废油　　D. 粉尘污染

179. 下列排放物中属于第一类工业废水的是（　　）。
A. 氟化物　　B. 硝基苯　　C. 汞及无机物　　D. 硫化物

180. 目前使用的涂料仍然以（　　）涂料为主。
A. 有机溶剂型　　B. 无机溶剂型
C. 水溶液　　D. 粉末

181. 在各种涂装方法中，以（　　）产生的废气最为严重。

A. 静电粉末喷涂　　B. 粉末喷涂

C. 高压无气喷涂　　D. 手工喷涂

182. 含碱废水的治理方法主要采用（　　）。

A. 化学凝聚法　B. 中和法　C. 电解处理法　D. 物理法

183. （　　）大多用于烘干室排出的废气治理。

A. 吸附法　B. 吸收法　C. 催化燃烧法　D. 水清理法

技能要求试题

一、轿车车身金属漆的局部修补

1. 考件图样（图1）

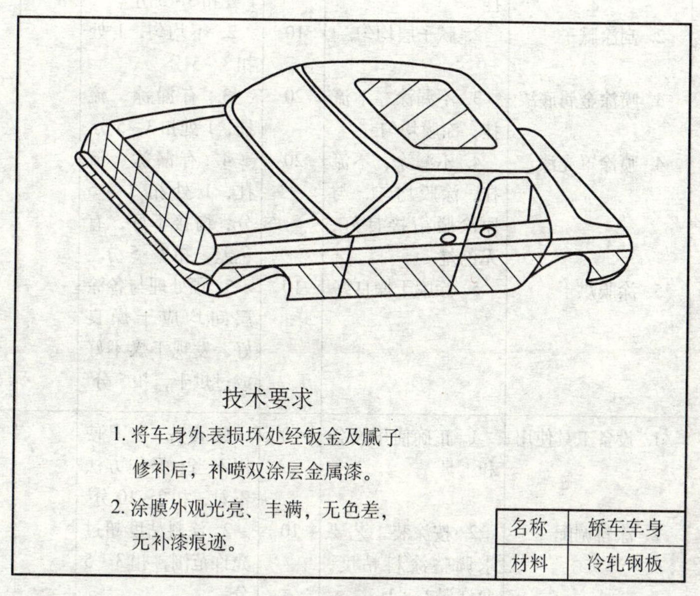

图1 轿车车身

2. 考核要求

（1）主要项目　涂底涂层后打磨，要求底涂层无划痕，刮涂腻子层良好；喷涂金属底漆，涂层均匀；喷涂罩光漆，涂膜均匀，无流挂；补涂部位烘干良好，内饰物无高温影响，无漆雾；补涂部位涂膜颜色均匀，与原涂膜衔接良好，无明显色差。

（2）一般项目　按工艺要求调整涂料粘度；正确使用涂装设备和工具。

(3) 安全文明生产　按规定穿戴好劳动保护用品；严格执行安全操作规程，做到文明生产。

(4) 工时定额　按时完成。超工时定额5% ~20%扣2 ~10分。

3. 评分表（见表1）

表1　轿车车身金属漆的局部修补评分表

考核项目	考核内容	考核要求	配分	评分标准	扣分	得分
主要项目	1. 喷涂底漆	1. 不漏涂、不流挂	10	1. 有漏涂、流挂，1处扣3 ~5分		
	2. 刮涂腻子	2. 腻子层均匀	10	2. 不均匀，1处扣3 ~5分		
	3. 喷涂金属底漆	3. 不漏涂、不流挂，涂膜均匀	20	3. 有漏涂、流挂，1处扣3 ~5分		
	4. 喷涂罩光漆	4. 不漏涂、不流挂，涂膜均匀，与原涂膜衔接良好，无色差	20	4. 有漏涂、流挂，1处扣3 ~5分；衔接不好，有色差，扣3 ~5分		
	5. 涂膜烘干	5. 涂膜干燥良好	10	5. 预处理与各涂层间均应干燥良好，发现干燥不好或过烘干，扣5分		
一般项目	1. 设备工具使用	1. 正确使用设备和工具	10	1. 设备、工具使用不当，操作方法不对，扣2 ~10分		
	2. 涂料调配	2. 按涂装工艺要求调整涂料粘度，允许误差±1s	10	2. 涂料粘度超过允许范围，扣3 ~5分		
安全文明生产	1. 国标安全生产法规或企业自定有关实施规定	1. 按要求穿戴好劳保用品	5	1. 劳保用品穿戴不符合规定，扣1 ~5分		
	2. 企业有关文明生产的规定	2. 严格执行安全操作规程，做到文明生产	5	2. 遵守安全规程不严格，文明生产不达标，扣1 ~5分		
工时定额	8h内完成	按工时完成		超工时，5% ~10%，扣2 ~10分		

二、轿车车身金属漆的喷涂

1. 考件图样（图2）

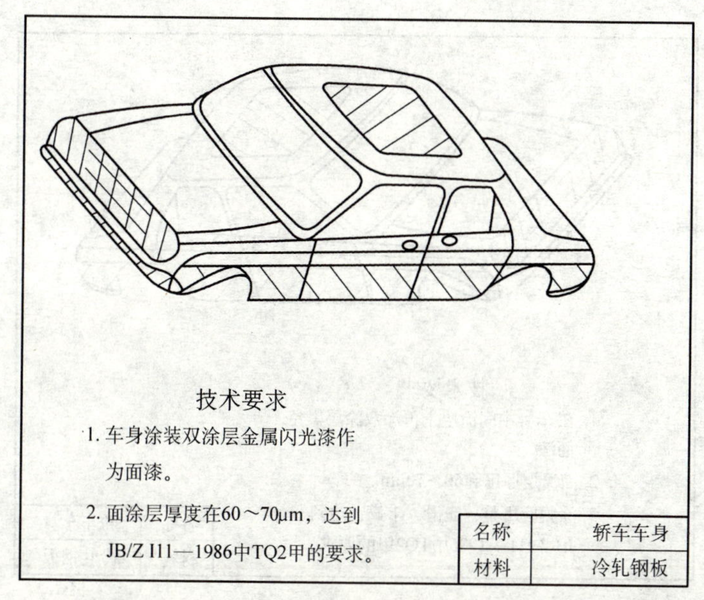

图2 轿车车身

2. 考核要求

（1）主要项目 中间涂层缺陷打磨安全，无坑疱；喷涂金属底漆，涂层均匀，平滑，无少漆、流挂、突起，厚度为（15±5）μm；喷涂罩光漆，无流挂，无漏涂，涂膜光滑平整，厚度在(40±5）μm；涂面漆前擦净表面，无浮灰；涂膜烘干良好。

（2）一般项目 按工艺要求，分别调整金属底漆和罩光漆的粘度；正确使用涂装设备和工具。

（3）安全文明生产 按规定穿戴好劳动保护用品；严格执行安全操作规程，做到文明生产。

（4）工时定额 按时完成。超工时定额5%～20%扣2～10分。

3. 评分表（略）

三、高级轿车车身双涂层单色漆的喷涂

1. 考件图样（图3）

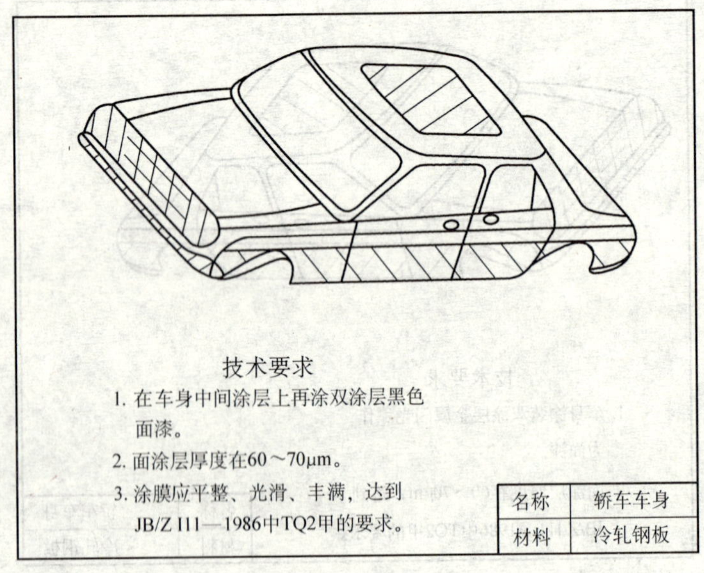

图3　高级轿车车身

2. 考核要求

（1）主要项目　涂中间涂层后打磨，要求打磨完全；涂面涂层前擦净表面，无浮灰；喷涂底色漆，涂层均匀，无流挂，无漏涂，厚度为（15±5）μm；喷涂罩光漆，要求涂膜丰满，光亮，无流挂，无漏涂，涂膜烘干良好，厚度为（40±5）μm。

（2）一般项目　按工艺要求，分别调整金属底漆和罩光漆的粘度；正确使用涂装设备和工具。

（3）安全文明生产　按规定穿戴好劳动保护用品；严格执行安全操作规程，做到文明生产。

（4）工时定额　按时完成。超工时定额5%～20%扣2～10分。

模拟试卷样例

一、判断题（对画✓，错画×，每题2分，共50分）

1. 磷化是大幅度提高金属表面涂层耐腐蚀性的一种工艺方法。（ ）

2. 电泳过程伴随着电泳、电解、电沉积、电渗四种电化学物理现象。（ ）

3. 静电粉末振荡涂装法分为静电振荡法和机械振荡法两种。（ ）

4. 对流加热是烘干的唯一加热方式。（ ）

5. 露底和盖底不良是一个概念。（ ）

6. 所用涂料表面张力偏高，流平性、释放性差，涂膜易产生缩孔。（ ）

7. 涂装时，涂料粘度过大，流平性差，涂膜易产生桔皮现象。（ ）

8. 电泳漆为水性涂料，不会出现针孔、缩孔等问题。（ ）

9. 电泳后的湿涂膜表面未冲洗干净，从电泳槽中带出的槽液使涂膜产生再溶解，会产生针孔。（ ）

10. 表面活性剂的作用能降低油污与水及油污与金属表面之间界面张力而产生的湿润、渗透、乳化、增溶、分散等多种作用。（ ）

11. 涂装车间设计包括工艺设计、设备设计、建筑和共用设施设计。（ ）

12. 工艺设计贯穿整个涂装车间项目设计。（ ）

13. 原始资料和设计基础数据是进行工艺设计的前提条件。（ ）

14. 涂装车间设计只要符合工厂标准即可。（ ）

15. 车间的"5S"管理比"3S"管理多"清洁"和"素养"两项。 （ ）

16. 钣金冲压件上涂漆比铸件上涂漆的消耗定额要大。 （ ）

17. 涂装施工前的估工，就是操作前对完成一定数量的涂装生产任务所用的员工人数进行的粗略估算。 （ ）

18. 国内新开发的水性涂料主要包括水性电泳涂料和水性乳胶漆。 （ ）

19. 国外发达国家汽车用面漆正向水性涂料发展。 （ ）

20. 先进的地面输送设备是地面反向积放式输送机。 （ ）

21. 国内涂装领域涂膜快速固化技术是高红外线快速固化技术。 （ ）

22. 利用超滤技术和反渗透技术相结合，可以实现电泳槽液和后冲洗系统全封闭循环。 （ ）

23. 工业三废通常是指废水、废气、废料。 （ ）

24. 含有有机溶剂的废气通常是通过燃烧进行净化处理的。 （ ）

25. 20 世纪 80 年代后，广泛推广使用超滤膜治理法治理电泳涂装废水。 （ ）

二、选择题（将正确答案的序号填入括号内，每题 2 分，共 50 分）

1. 下面哪一个不是预处理脱脂效果不佳的原因（ ）。

A. 脱脂时间过短　　B. 脱脂温度偏低

C. 脱脂剂浓度偏低　　D. 脱脂剂浓度偏高

2. 电泳过程的最终过程为（ ）。

A. 电泳　　B. 电渗　　C. 电沉积　　D. 电解

3. 涂料中有颗粒可采用下面哪种方法消除（ ）。

A. 倒掉不用

B. 用稀释剂调整

C. 取两桶涂料混合搅拌均匀后再用

D. 用过滤网过滤

4. 喷漆后出现桔皮，可采用下列（ ）方法消除。

A. 加入清漆进行调整　　B. 多加入颜料分

C. 调整涂料粘度和操作手法　　D. 再烘干一次

5. 涂料干燥成膜后外观呈现收缩（聚合或缩合）而产生麻点、阴阳面、色度不同等缺陷的原因是（ ）。

A. 缩孔　　B. 桔皮　　C. 起皱　　D. 干结

6. 关于缩孔下列说法正确的是（ ）。

A. 涂装工具、工作服不会导致缩孔产生

B. 涂装环境不清洁能引起缩孔产生

C. 在喷涂前用裸手检查底材质量

D. 普通压缩空气不会引起缩孔

7. 下面哪一个不是磷化膜成膜不完全的原因（ ）。

A. 总酸度不够　　B. 磷化温度低

C. 促进剂浓度低　　D. 游离酸度高

8. 下面哪一个不是中涂涂料的功能（ ）。

A. 具有良好的填充性，消除底层微小的凸凹缺陷

B. 与底层和面涂层具有良好的结合力

C. 具有良好的遮盖力

D. 具有良好的防腐蚀性

9. 涂装车间设计不包括（ ）。

A. 工艺设计　　B. 设备设计

C. 建筑及共用设施设计　　D. 外围环境设计

10. 下面哪些内容不是设计的原始资料（ ）。

A. 工厂状况　　B. 产品资料

C. 环保要求　　D. 外围环境设计

11. 下面哪些内容不属于动力能源的内容（ ）。

A. 电力　　B. 水力　　C. 风力　　D. 压缩空气

12. 涂装现场的“3S“管理不包括（ ）。

A. 整理　　B. 整顿　　C. 清扫　　D. 清洁

13. 涂料储存时应注意（ ）。

A. 气温越低，涂料越不易变质

B. 放在阳光下保持稳定

C. 注意材料的导电良好

D. 长期储存，以防将来不够用

14. 厂房中所需要的水、电、压缩空气、蒸汽和煤气被统称为（　　）。

A. 动力电　　B. 五气动力　　C. 物料供应　　D. 重要供应

15. 下面哪一项是贯穿于涂装车间项目的设计（　　）。

A. 工艺设计　　B. 公用设施设计

C. 建筑设计　　D. 设备设计

16. 下列哪项不是喷涂生产的环境管理（　　）。

A. 工件的清洁度

B. 施工人员的防尘措施

C. 检查涂膜的均一性和膜厚与干燥程度

D. 空调喷涂室的应用

17. 目前国内外汽车行业用的阴极电泳涂料正向（　　）化方向发展。

A. 薄膜　　B. 中厚膜　　C. 厚膜　　D. 中膜

18. 以欧洲为主的工业发达国家，汽车用中间涂料和面漆已向（　　）化发展。

A. 溶剂　　B. 水性　　C. 粉末　　D. 静电

19. 下面几种烘干炉比较节能的一种是（　　）。

A. 直通式　　B. 桥式

C. Π字型（A 字型）　　D. 封闭式

20. 电泳涂装时，当泳涂电压低于某一电压值时，几乎泳涂不上涂膜，这一电压称为（　　）。

A. 工作电压　　B. 临界电压　　C. 破坏电压　　D. 极限电压

21. 静电涂装时，静电场的电场强度与（　　）有关。

A. 电压　　B. 极距　　C. 电压与极距　　D. 工件的形状

22. 高红外线快速固化技术最显著的特点是（　　）。

A. 节能　　B. 固化速度快

C. 设备占地面积小　　D. 温度易控制

23. 国内先进的地面输送机并应用于涂装生产的是（　　）。

A. 地面反向积放式输送机　　B. 普通地面推式输送机

C. 滑橇输送机　　D. 鳞板式地面输送机

24. 下面哪些废水属于涂装中废水（　　）。

A. 酸洗废水　　B. 喷漆时冲洗废水

C. 磷化废水　　D. 表面钝化废水

25. 涂装过程中产生的废气通常是由下面哪种方法来治理的（　　）。

A. 水过滤法　B. 燃烧法　C. 自然排放法　D. 酸过滤法

答案部分

一、判断题

1. ✓ 2. ✓ 3. ✓ 4. ✓ 5. ✓ 6. ✓ 7. ✓ 8. ×

9. × 10. × 11. × 12. ✓ 13. ✓ 14. × 15. × 16. ×

17. ✓ 18. ✓ 19. × 20. ✓ 21. ✓ 22. × 23. × 24. ✓

25. ✓ 26. ✓ 27. × 28. ✓ 29. ✓ 30 × 31. × 32. ✓

33. × 34. ✓ 35. ✓ 36. ✓ 37. ✓ 38. × 39. ✓ 40. ✓

41. ✓ 42. ✓ 43. ✓ 44. × 45. × 46. ✓ 47. × 48. ✓

49. ✓ 50. × 51. ✓ 52. ✓ 53. ✓ 54. ✓ 55. × 56. ✓

57. × 58. × 59. ✓ 60. × 61. ✓ 62. × 63. × 64. ×

65. × 66. ✓ 67. ✓ 68. ✓ 69. ✓ 70. ✓ 71. ✓ 72. ✓

73. ✓ 74. × 75. ✓ 76. × 77. ✓ 78. × 79. ✓ 80. ✓

81. ✓ 82. × 83. ✓ 84. ✓ 85. × 86. × 87. × 88. ✓

89. ✓ 90. ✓ 91. ✓ 92. ✓ 93. × 94. ✓ 95. ✓ 96. ×

97. × 98. ✓ 99. ✓ 100. × 101. ✓ 102. × 103. ✓ 104. ×

105. × 106. ✓ 107. ✓ 108. ✓ 109. ✓ 110. × 111. ✓ 112. ×

113. × 114. ✓ 115. ✓ 116. ✓ 117. × 118. × 119. × 120. ✓

121. × 122. × 123. ✓ 124. ✓ 125. × 126. × 127. ✓ 128. ✓

129. × 130. ✓ 131. ✓ 132. ✓ 133. ✓ 134. ✓ 135. × 136. ✓

137. × 138. ✓ 139. × 140. × 141. ✓ 142. ✓ 143. × 144. ✓

145. ✓ 146. ✓ 147. ✓ 148. ✓ 149. × 150. ✓ 151. × 152. ×

153. × 154. ✓ 155. × 156. ✓ 157. × 158. × 159. ✓ 160. ×

161. × 162. × 163. ✓ 164. ✓ 165. ✓ 166. × 167. × 168. ✓

169. ✓ 170. ✓ 171. ✓ 172. ✓ 173. × 174. × 175. ✓ 176. ✓

177. × 178. ✓ 179. ✓ 180. ✓ 181. ✓ 182. ✓ 183. × 184. ✓
185. ✓ 186. ✓ 187. × 188. × 189. ✓ 190. ✓ 191. ✓ 192. ✓
193. ✓ 194. ✓ 195. × 196. ✓ 197. ×

二、选择题

1. D 2. C 3. B 4. B 5. C 6. B 7. B 8. B
9. C 10. C 11. A 12. C 13. C 14. B 15. D 16. C
17. A 18. B 19. D 20. B 21. C 22. D 23. A 24. C
25. B 26. B 27. D 28. C 29. D 30. A 31. D 32. C
33. B 34. A 35. D 36. B 37. C 38. C 39. D 40. B
41. A 42. A 43. D 44. C 45. A 46. B 47. B 48. D
49. D 50. A 51. D 52. C 53. B 54. D 55. C 56. D
57. A 58. D 59. B 60. D 61. A 62. C 63. A 64. B
65. C 66. D 67. A 68. B 69. C 70. A 71. C 72. C
73. B 74. D 75. A 76. D 77. C 78. B 79. D 80. C
81. A 82. D 83. B 84. D 85. C 86. D 87. B 88. A
89. C 90. B 91. C 92. B 93. C 94. B 95. D 96. C
97. D 98. B 99. D 100. B 101. A 102. B 103. C 104. A
105. B 106. C 107. C 108. B 109. C 110. C 111. C 112. C
113. B 114. C 115. B 116. C 117. D 118. D 119. C 120. A
121. B 122. A 123. D 124. A 125. B 126. C 127. B 128. C
129. C 130. C 131. D 132. C 133. B 134. C 135. D 136. C
137. B 138. D 139. B 140. B 141. C 142. C 143. B 144. A
145. C 146. B 147. D 148. C 149. C 150. B 151. A 152. D
153. C 154. B 155. B 156. C 157. B 158. C 159. D 160. B
161. C 162. D 163. B 164. A 165. A 166. D 167. A 168. C
169. D 170. C 171. A 172. B 173. D 174. A 175. C 176. C
177. A 178. D 179. C 180. A 181. D 182. B 183. C

参 考 文 献

[1] 机械工业职业技能鉴定指导中心．中级涂装工技术［M］．北京：机械工业出版社，1999.

[2] 机械工业职业技能鉴定指导中心．高级涂装工技术［M］．北京：机械工业出版社，1999.

[3] 曹京宜，等．涂装表面预处理技术与应用［M］．北京：化学工业出版社，2004.

[4] 彭义军．汽车涂装技术［M］．北京：电子工业出版社，2005.

[5] 王锡春．最新汽车涂装技术［M］．北京：机械工业出版社，1998.

读者信息反馈表

感谢您购买《涂装工（技师、高级技师)》一书。为了更好地为您服务，有针对性地为您提供图书信息，方便您选购合适图书，我们希望了解您的需求和对我们教材的意见和建议，愿这小小的表格为我们架起一座沟通的桥梁。

姓　名		所在单位名称	
性　别		所从事工作（或专业）	
通信地址		邮　编	
办公电话		移动电话	
E-mail			
1. 您选择图书时主要考虑的因素（在相应项前面画✓） （　）出版社（　）内容（　）价格（　）封面设计（　）其他 2. 您选择我们图书的途径（在相应项前面画✓） （　）书目　（　）书店（　）网站（　）朋友推介（　）其他			
希望我们与您经常保持联系的方式： ☐ 电子邮件信息　☐ 定期邮寄书目 ☐ 通过编辑联络　☐ 定期电话咨询			
您关注（或需要）哪些类图书和教材：			
您对我社图书出版有哪些意见和建议（可从内容、质量、设计、需求等方面谈）：			
您今后是否准备出版相应的教材、图书或专著（请写出出版的专业方向、准备出版的时间、出版社的选择等）：			

非常感谢您能抽出宝贵的时间完成这张调查表的填写并回寄给我们，您的意见和建议一经采纳，我们将有礼品回赠。我们愿以真诚的服务回报您对机械工业出版社技能教育分社的关心和支持。

请联系我们——

地址　北京市西城区百万庄大街 22 号　机械工业出版社技能教育分社

邮编　100037

社长电话　(010) 88379080　88379083　68329397（带传真）

E-mail　jnfs@ mail. machineinfo. gov. cn